高等学校规划教材

新型纤维材料概论
XINXING XIANWEI CAILIAO GAILUN

主　编　张袁松

副主编　杨旭红　刘月玲

编写者（以姓氏笔画为序）：
刘月玲　　杨旭红　　张光先
张袁松　　赵　晓　　董　震
蓝广芊　　薛旭婷

西南师范大学出版社
国家一级出版社　全国百佳图书出版单位

内容提要

本书系统介绍了各类新型纤维材料,包括新型天然纤维、新型纤维素纤维、新型蛋白质纤维、新型化学合成纤维、差别化纤维(仿生与仿真纤维)、高性能纤维、功能性纤维、绿色环保纤维的特性、结构与性能的关系以及其应用领域。

本书可用作纺织院校纺织、服装等专业的教材,也可供纺织、染整、化纤、材料和相关专业从事研究、生产、管理和产品开发的技术人员参考。

图书在版编目(CIP)数据

新型纤维材料概论/张袁松主编. — 重庆:西南师范大学出版社,2012.1
ISBN 978-7-5621-5623-9

Ⅰ. ①新… Ⅱ. ①张… Ⅲ. ①合成纤维—高等学校—教材 Ⅳ. ①TQ342

中国版本图书馆 CIP 数据核字(2011)第 252887 号

新型纤维材料概论

主　编　张袁松

责 任 编 辑:伯古娟
书籍设计:CASTALY 周　娟　尹　恒
照　　排:夏　洁
出版、发行:西南师范大学出版社
　　　　　(重庆·北碚　邮编:400715)
　　　　　网址:www.xscbs.com
印　　刷:重庆共创印务有限公司
幅面尺寸:185mm×260mm
印　　张:13.75
字　　数:358 千字
版　　次:2012 年 3 月第 1 版
印　　次:2020 年 8 月第 2 次印刷
书　　号:ISBN 978-7-5621-5623-9
定　　价:45.00 元

前　言

　　纤维材料是材料科学领域中的重要组成部分，近半个世纪以来，新型纤维材料层出不穷，它们的物理、化学性质各异，应用广泛，不仅应用于纺织服装行业，而且广泛应用于建筑、交通、水利、农业、国防、医疗卫生等行业。新型纤维材料及其制品总的发展趋势是环保、高功能、高性能，其生产原理、生产工艺具有较高的科技含量，已逐渐成为国民经济和社会发展的基础性产业。新型纤维材料的开发也是纺织服装行业升级换代、提高科技水平、增加产品附加值的有效途径。

　　本书共分为八章，对新型纤维材料的种类、纤维结构、物理化学性能、生产与应用等主要方面进行了较全面的介绍。

　　本书由西南大学张袁松担任主编，苏州大学杨旭红、太原理工大学刘月玲担任副主编，负责整体构思和统稿。其中第一章由南通大学董震编写，第二章、第四章由苏州大学杨旭红编写，第三章由西南大学张光先编写，第五章由太原理工大学刘月玲编写，第六章由西南大学蓝广芊编写，第七章由西南大学赵晓编写，第八章由西南大学薛旭婷编写。在本书的编写过程中，硕士研究生谢吉祥、蒋瑜春对全篇进行了文字修订，西南师范大学出版社对编排提供了大力帮助和支持，特此感谢！

　　由于编写水平有限，对本书存在的不足之处，敬请批评指正。

编者
2012 年 1 月

目 录

第一章　新型天然纤维 ……………………………………………………………… 001
　第一节　天然彩棉 ………………………………………………………………… 001
　第二节　大麻纤维 ………………………………………………………………… 006
　第三节　罗布麻纤维 ……………………………………………………………… 012
　第四节　木棉纤维 ………………………………………………………………… 014
　第五节　菠萝叶纤维 ……………………………………………………………… 017
　第六节　蜘蛛丝 …………………………………………………………………… 020

第二章　新型再生纤维素纤维 ……………………………………………………… 029
　第一节　高湿模量黏胶纤维（Modal 纤维）…………………………………… 030
　第二节　Lyocell 纤维 ……………………………………………………………… 032
　第三节　竹浆纤维与竹炭纤维 …………………………………………………… 041
　第四节　与纤维素相关的新型纤维 ……………………………………………… 046

第三章　新型蛋白质纤维 …………………………………………………………… 056
　第一节　再生大豆蛋白纤维 ……………………………………………………… 057
　第二节　再生牛奶蛋白纤维 ……………………………………………………… 063
　第三节　接枝蛋白面料 …………………………………………………………… 074

第四章　新型合成纤维 ……………………………………………………………… 085
　第一节　聚乳酸（PLA）纤维 …………………………………………………… 085
　第二节　水溶性维纶（PVA）纤维 ……………………………………………… 091
　第三节　新型聚酯纤维 …………………………………………………………… 095

第五章　差别化纤维 ………………………………………………………………… 103
　第一节　异形纤维 ………………………………………………………………… 104
　第二节　复合纤维 ………………………………………………………………… 108
　第三节　超细纤维 ………………………………………………………………… 111
　第四节　纳米纤维 ………………………………………………………………… 115
　第五节　其他差别化纤维 ………………………………………………………… 117
　第六节　仪征化纤产品专辑 ……………………………………………………… 127

第六章　高性能纤维 ……………………………………………………………… 135
第一节　芳族聚酰胺纤维 …………………………………………………… 135
第二节　超高分子量聚乙烯纤维 …………………………………………… 138
第三节　碳纤维 ……………………………………………………………… 140
第四节　玻璃纤维 …………………………………………………………… 144
第五节　其他新型高性能纤维 ……………………………………………… 147

第七章　功能性纤维 ……………………………………………………………… 151
第一节　抗菌纤维 …………………………………………………………… 151
第二节　阻燃纤维 …………………………………………………………… 161
第三节　抗静电及导电纤维 ………………………………………………… 166
第四节　防辐射纤维 ………………………………………………………… 174
第五节　其他功能性纤维 …………………………………………………… 182

第八章　生态纤维与生态纺织品的评价 ………………………………………… 195
第一节　纤维加工过程中的有害物质 ……………………………………… 195
第二节　国际生态纺织品的标准 …………………………………………… 199
第三节　生态纺织品的主要检测指标和方法 ……………………………… 205

第一章　新型天然纤维

第一节　天然彩棉

天然彩棉早就在自然界中存在,但由于纤维通常比较粗短、可纺性差,且有的天然彩棉颜色太浅,因此一直未能得到很好的开发利用。直到20世纪70年代,随着国际社会对环保的日益重视,人们才重新借助于生物技术,开始了对彩棉的研究。目前规模化生产的彩棉是利用生物基因工程等现代科学技术培养出来的新型棉花,棉纤维在田间吐絮时就具有了各种天然色彩,故称为"天然彩色棉"。它在生产过程中没有染整过程,顺应了广大消费者不断追求保健、舒适、天然的消费时尚和要求,引起了世界上许多国家的高度重视。世界上已经有多达18个国家开展了天然彩棉的研究与开发,而且已经开始了一定规模的彩棉商品化生产和销售。我国的四川、新疆、甘肃、河南等地已建立了彩棉生产基地,有的已经具备从棉花育种、种植、纺织加工、服装生产到市场销售一体化的能力。

一、天然彩棉的形态特征

天然彩棉的横截面和纵截面见图1-1和图1-2。由图可以看出:天然彩棉的纵向和白棉相似,都是不规则转曲的扁平状体,中部较粗,根部稍细,梢部最细。成熟度好的纤维纵向呈转曲的带状,转曲数较多;成熟度较差的纤维呈薄带状,且卷曲数很少。天然彩棉的卷曲数比白棉少。彩棉纤维的横截面与白棉相似,均呈腰圆形,中间带有胞腔。不同的是,绿色棉的横截面积小于白棉,即比白棉纤维细,次生胞壁比白棉薄很多,而胞腔远远大于白棉,呈U字形。棕色棉的横截面与白棉相似,纤维次生胞壁和横截面比绿棉丰满,但胞腔大于白棉。彩棉色素主要分布在纤维次生胞壁内靠近胞腔的部位。棕棉色泽比较一致,主要呈现黄色和棕色;绿棉则比较复杂,除黄绿色之外,还有红棕色和黄色。棕色天然彩棉较绿色天然彩棉成熟度高。

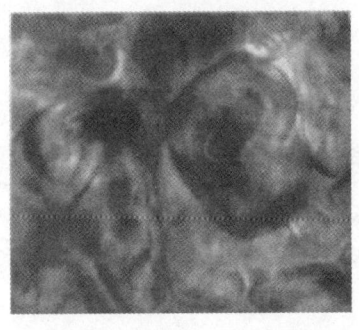

图1-1　天然彩棉的横截面　　　图1-2　天然彩棉的纵截面

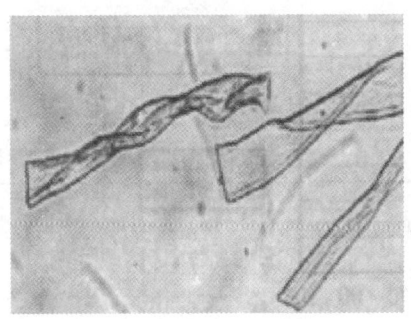

二、天然彩棉的性能

(一)天然彩棉的物理性能

我国天然彩棉的基本类型有棕色、绿色两大类,其物理指标见表1-1。目前我国生产的彩棉大多属于细绒棉,长绒棉较少。从表中可以看出,与白棉相比,天然彩棉的主体长度小于29 mm,仅为白棉的2/3~4/5,强度偏低,成熟度差异大,且大多低于1.5,整齐度较差,短绒率高于15%。

棉纤维的长度与纺纱工艺及纱线的质量关系十分密切,一般长度越长,整齐度越高,短绒含量越少,可纺的纱越细,纱线的条干越均匀,强度越高,毛羽越少。而成熟度几乎与各项物理性能都有密切关系。成熟度正常的棉纤维天然转曲多,抱合力大,弹性好,有丝光,对加工性能和成纱品质都有益。天然彩棉的物理性能对成纱强力和质量都很不利。一般来说,天然彩棉的质量水平处于乌斯特(USTER)97公报50%水平,部分指标达到25%水平。目前,天然彩色棉纱的可纺细度为:环锭纺58.3~7.29 tex,气流纺97.2~36.4 tex。所以,天然彩棉的使用多通过与普通白棉混纺的方式来改善纱线的条干、强力,以达到丰富花色品种、提高产品品质的目的。彩棉比例越大,纺纱难度越高。目前常用的彩棉/白棉的混纺比多为75/25、40/60和10/90。

表1-1 天然彩棉的物理机械性能

品种	主体长度 /mm	品质长度 /mm	强度 /(cN·tex^{-1})	成熟度系数	整齐度/%	短绒率/%	棉结 /(粒·g^{-1})
白棉	28~32	30~32	19~23	1.5~2	49~52	≤12	80~200
棕色棉	21~28	25~31	14~16	1.3~1.8	44~48	15~30	120~200
绿色棉	22~28	25~31	16~17	1.2~1.5	45~47	15~20	100~150

另外,由于气候条件和转基因技术的不同,目前开发出的两种颜色的棉——棕色棉和绿色棉在性能上也有差异,一般棕色纤维的品质好于绿色。现有的四省彩色棉花的性能指标因产地的不同也略有差异,这可能与彩棉生长的气候、环境有关。

(二)天然彩棉的化学性能

天然彩棉不经过染色步骤,但仍需经过上浆、退浆、煮练及后整理等工序,生产过程中会接触到一些酸、碱及少量的氧化剂、还原剂等,化学试剂的浓度、温度、处理时间等会对彩棉的颜色造成一定影响。

1. 碱对棕色棉色光的影响

纯碱和烧碱对棕色棉色光的影响见表1-2。

表1-2 纯碱和烧碱对棕色棉色光的影响

浓度/%	温度/℃	ΔL 纯碱	ΔL 烧碱	Δa 纯碱	Δa 烧碱	Δb 纯碱	Δb 烧碱	ΔE 纯碱	ΔE 烧碱
1.0	25~30	-2.43	-3.10	0.05	1.37	-2.44	-1.17	3.44	3.93
	95~100	-6.13	-4.34	0.56	1.70	-2.07	1.39	6.49	4.86

续表

浓度/%	温度/℃	ΔL 纯碱	ΔL 烧碱	Δa 纯碱	Δa 烧碱	Δb 纯碱	Δb 烧碱	ΔE 纯碱	ΔE 烧碱
5.0	25~30	−1.00	−2.84	0.08	0.70	−3.34	−1.68	3.48	3.14
	95~100	−5.97	−4.09	0.85	1.44	−2.20	1.08	6.41	4.47

(表中 ΔL：明度差值；Δa：色彩系数，偏红绿；Δb：色彩系数，偏黄蓝；ΔE：色差)

从表中可以看出，碱处理使棕色棉的明度下降，颜色加深，彩棉颜色的深浅对碱液温度很敏感。从色光变化上看，碱处理使红光增加，蓝光减少，碱处理后总色差增大比较明显。

2. 酸对棕色棉色光的影响

醋酸和硫酸对棕色棉色光的影响见表1-3。

表 1-3 醋酸和硫酸对棕色棉色光的影响

浓度/%	温度/℃	ΔL 纯碱	ΔL 烧碱	Δa 纯碱	Δa 烧碱	Δb 纯碱	Δb 烧碱	ΔE 纯碱	ΔE 烧碱
0.2	25	−0.19	−1.25	0.5	0.24	0.65	−0.52	0.84	1.37
0.4	25	−0.12	−1.3	1.11	1.24	0.83	−0.07	1.39	1.80

在常温下，酸处理使棕色棉的明度下降，颜色加深，红光稍增加。醋酸处理的蓝光稍有增加，而硫酸处理的蓝光稍有降低。总色差随着酸浓度的增加而增加，彩棉颜色对硫酸更敏感些。

3. 氧化剂、还原剂对棕色棉色光的影响

常见的氧化剂双氧水和次氯酸钠对棕色棉色光的影响见表1-4，还原剂保险粉对棕色棉色光的影响见表1-5。

表 1-4 双氧水和次氯酸钠对棕色棉色光的影响

浓度/% (g·L^{-1})	温度/℃	ΔL H_2O_2	ΔL NaClO	Δa H_2O_2	Δa NaClO	Δb H_2O_2	Δb NaClO	ΔE H_2O_2	ΔE NaClO
1.0	25	—	1.66	—	−2.96	—	1.38	—	−3.66
2.1	25	0.62	1.99	−3.17	−4.12	0.31	1.80	3.24	−4.92
4.0	95 100	3.85	—	−3.66	—	1.01	—	5.41	—

表 1-5 保险粉对棕色棉色光的影响

浓度/(g·L^{-1})	温度/℃	ΔL	Δa	Δb	ΔE
1.0	8 590	1.04	−1.63	2.31	−2.79
2.0	8 590	2.69	−3.20	1.61	−2.69

由表1-4和表1-5中可以看出，棕色棉在氧化剂双氧水、次氯酸钠以及还原剂保险粉的作用下，明度都有所增加，颜色均变浅，红光减少，蓝光增加，氧化剂的影响更显著些。所以，在去除杂质及进行其他后整理时要避免氧化剂和还原剂的作用。

三、天然彩棉的优缺点

(一)天然彩棉的优点

天然彩棉是采用生物工程改性技术得到的,在种植中可以不使用化学物质。另外,在纺织加工过程中,彩棉产品不经化学药品漂染,只需采用生物酶处理技术,加工出的纺织品可避免一般纺织品印染着色后化学残留物的存在,而彩棉纤维本身含有的对人体健康有益的活性成分却能得以保留。彩棉是天然纤维素纤维,具有可降解性,因此,彩棉真正实现了从纤维生产到成衣加工全过程的"零污染"。

(二)天然彩棉的缺点

人工育成的彩棉最大的缺陷就是色素性状的遗传不稳定,在种植过程中,非常容易发生分解或变异,其表现为:一是纤维见光后其色泽容易变淡或褪色。例如,在同一棉铃中,绿色棉纤维吐絮后呈绿色或淡绿色,光照后呈灰绿色,遇光时间长则变为黄绿色;二是种植过程中会分离出白色类型,影响纤维颜色的一致性。不同产地或同一产地的彩棉常常深浅不一,甚至同一棉株上的彩棉也可分离出有色、白色和中间色,色杂现象很突出。因此,当前彩棉的研究多集中在色彩上。目前彩棉颜色较稳定的仅有绿色和棕色,且多为古朴色,目前还在实验中的颜色有蓝色、红色、鸭蛋青等。彩棉的研究除致力于颜色品种的研究外,另一个重点就是彩棉的性能,如强力、抗皱性等。据美国农业生活技术公司宣布,他们已培育出带有外源基因的"不皱棉花",这种基因来自能够产生"PHB"聚合物的细菌。将这种细菌的基因导入棉花的细胞,生长出来的新棉花不仅具有原来的吸水、柔软等特性,而且其保温性、强度、抗皱性均高于普通的棉花,用其制成的衬衫可免烫,从而消除了含有大量甲醛的抗皱剂对人体的危害。

四、天然彩棉的鉴别

天然彩棉的原棉价格大约是普通白棉的2~4倍,市场上经常出现白棉染色后充当彩棉的现象,白棉在染色后外观与彩棉非常相似,可通过以下几种方法进行鉴别。

(一)纤维横截面比较

天然彩棉的色彩呈片状,色彩分布不均匀,主要分布在次生胞壁及细胞腔内,而染色棉的色彩则均匀分布在整个细胞内,细胞腔内色彩淡一些,这点可用于鉴别彩棉与染色白棉。天然彩棉染色后的色彩分布与染色白棉基本相似。

(二)剥色效果比较

根据对样品进行剥色处理后掉色现象的不同,可鉴别天然彩色棉与染色棉。二甲基甲酰胺、连二亚硫酸钠均可作为剥色处理剂。常见的还原染料或活性染料在剥色剂的作用下会从白棉上脱离并溶解到溶剂中,使溶液显色,而天然彩棉几乎不掉色,溶剂清澈。

(三)洗涤效果比较

天然彩棉纤维的生长发育过程中在其特有的基因控制下自然形成色彩,由于色彩形成于纤维的次生胞壁内,透过次生胞壁,色彩度就不会十分鲜艳。所以,其色彩透明度较差,用它制成的纺织品会给人一种朦胧、柔和的感觉以及返朴归真的视觉效果。

天然彩色棉制品的鲜亮度不及印染面料,但彩色棉经过有限次的洗涤后,颜色会一次比一次更鲜艳。其原因大概是:随着洗涤次数的增加,外部蜡质减少,鲜艳度逐渐增强,这与染色棉纺织品越洗越旧有着质的区别,这也是识别天然彩色棉制品与印染或色纺产品的一种方法。

五、天然彩棉的生产加工

由于天然彩棉同白棉相比,长度短,细度小,强度低,物理指标差,外观质量差,在纺织生产上应注意合理配置工艺,以保证产品质量。

(一)纺纱工序

(1)清花梳棉工序:应遵循"早落、少碎、多排、渐进开棉"的原则,减少纤维被打击损伤和搓成棉结;采用一道豪猪打手,降低打手速度,适当减少锡林和盖板的针面负荷,同时减少锡林和盖板的隔距以加大对棉层的梳理,减少两针面间搓成棉结的现象,降低成纱结杂。

(2)精并粗及细纱工序:适当减少精梳落棉隔距,使落棉率控制在22%以内,采取调整并条罗拉隔距、降低罗拉速度等措施;粗纱机采用重加压的方法,可有效减少绕花和集聚现象,控制条干均匀度,同时,适当增大粗纱、细纱捻系数,减少粗纱断头和烂纱,改善细纱强力和毛羽。

(二)织造工序

(1)浆纱工序:由于彩棉纤维含有棉籽壳、脂肪、蜡质等天然杂质,因而在浆纱前必须经过少量渗透剂的适当煮练,除去这些杂质,提高纱线的洁净度和吸湿性能,有效地改善纱线条干和上浆效果,满足后道工序的要求。渗透剂可以选择脂肪醇聚氧乙烯醚(JFC),它是一种非离子表面活性剂,完全符合环保助剂的要求。

上浆时遵循"高浓低黏、小张力、重渗透兼顾披覆、环保"的原则,采用全淀粉浆。另外,由于天然彩棉的成本比较高,采用片纱上浆方法损耗大、浪费多,织轴纱线排序易乱,不利于织造的进行,所以一般采用绞纱上浆。

(2)织造工序:考虑到彩棉纱强力较低,织造时易断头,工艺应采取"小开口、早开口、迟投梭、小张力"的配置方式,提高梭口的清晰度,可有效减少开口不清造成的疵点。

(三)后整理工序

天然彩棉一般不经过染整工序,后整理较为简单。只是为了提高产品的尺寸稳定性、布面平整度和手感,使产品柔软、布面光洁滑爽、色泽柔和,通常经过烧毛、退浆、柔软、预缩即可。由于彩棉色泽对酸、碱有一定的敏感性,特别是不耐酸,因此,在前处理过程中,宜选用生物淀粉酶退浆和环保型弹性体硅油柔软技术,在低温和松式工艺条件下进行处理,不但能有效去除织物上的淀粉浆,改善手感,而且能保持彩棉的色泽。

天然彩棉经生态整理后,色泽加深。除日晒牢度为3级以外,皂洗、摩擦、汗渍牢度、起毛起球均可达到5级左右,其强力损失小于常规处理,柔软度也好于常规处理。

六、彩棉的发展方向

目前,天然彩棉主要有棕色、绿色和褐色三大系列,存在变色、褪色、掉色、沾色等问题,且绿色彩棉的日晒牢度较差,这些都使天然彩色棉的染整加工技术成为一门新的技术。

利用天然彩色棉和白棉混纺以及巧妙地应用天然彩色棉的变色现象,可以设计出丰富多彩的面料。天然彩棉色彩和品质的改进与提高是关系到我国今后彩棉产业发展兴衰成败的两个关键因素。应用常规育种技术,在一定程度上能够逐渐改变天然彩棉的品质和性状。相比之下,纤维长度较易改变,强度、细度、衣分率、色素稳定性及色彩多样性却很难在短时间内获得重大突破,因此,用染色的色牢度去要求天然彩棉是不现实的。

近20年来,人们对绿色纺织品的呼声越来越强烈,消费越来越大,对天然彩棉的使用寄予了很大的期望,但增加天然彩棉的新色彩及彩棉固色的实质性工作进展缓慢。如果能研究培育出新的色彩类型并在色素稳定性方面有重大突破,将对天然彩棉的发展具有重要意义。

第二节　大麻纤维

大麻又名汉麻、火麻,俗称线麻,系大麻科一年生草本植物,英文名 Hemp,拉丁文名 Cannabis Salival,品种多达150个左右。根据用途的不同,一般可分为纤维用、油用与药用三类;根据收获期的不同,又可分为早熟与晚熟两个品种。我国是大麻的主要生产国,产地遍布全国,其中以山东、河北、山西等北方省份居多。近年来,我国大麻产量占世界总产量的1/3,居世界第一位。大麻纺织品具有防霉抑菌、防紫外线、吸湿透气、耐热耐晒、生态保健、无刺痒感等特点,同时还具有优良的吸湿性和散热性。大麻还有极好的耐腐蚀性,耐水性居天然纤维之首。大麻纤维的可纺性能次于苎麻,优于亚麻。此外,大麻在种植过程中不需要使用杀虫剂和肥料,不会造成土地污染,且种植期较短,生长迅速,播种后大约150~200天就可收割,适应性和生命力极强,在较冷的气候条件下也可以种植。大麻在生长过程中可以吸收土壤里的重金属,净化土壤,是一种非常环保的天然纤维,越来越受到消费者的青睐。

一、大麻纤维的发展历史

早在公元前3000~4000年,已有人开始利用大麻纤维纺纱织布,并开始穿大麻纤维做成的衣服。大麻的起源中心在中亚的喜马拉雅山和西伯利亚中间地带,之后又传播到西亚和埃及,公元前1000~2000年在欧洲局部种植,公元500年之后在欧洲广泛种植,直到公元800~1000年大麻的种植达到了第一个顶峰期,此时大麻已广泛应用于食品和纺织品。

在美国,从内战结束到1912年,几乎所有的大麻都种在肯塔基州。40年代晚期至50年代早期,世界范围内的大麻种植面积超过了600万亩[①],1949年仅南斯拉夫一个国家的大麻种植面积就超过140万亩。19世纪之前,大麻一直是绳索用纤维的主要原料,19世纪中叶,大麻成为主要的纺织用纤维原料之一。近代以来,由于大麻中含有的THC成分被大量用来制造兴奋剂和毒品,从而使得世界上许多国家对大麻谈虎色变。1925年,日内瓦麻醉控制国际大会后,由于埃及和土耳其提议,毒品大麻(Cannabis)、可卡因麻醉剂和鸦片一起被列为受控物质。自1930年开始,多数国家明令禁止种植大麻,大麻的产量逐年下降,大麻的应

---

① 亩,面积单位,1亩≈666.7 m²

用研究也因而趋于停顿状态。此外,大麻种植的衰败还有其他几个原因:一是在英美国家,工业革命尤其是1793年轧棉机的出现,1850年摘棉机的发明,1871年剥棉机的诞生,使得棉花种植和加工的效率大大提高;二是合成纤维的出现,使得麻袋、麻绳、麻线、麻布丧失了部分市场;三是大麻沤制脱胶造成水源严重污染;四是大麻纤维中木质素含量过高,造成纺织加工困难;五是石油代替大麻油作为燃油。上述原因造成了大麻的应用面越来越少,从而种植面积也越来越少,世界工业大麻的种植面积在20世纪90年代早期下降到有史以来的最低点,大麻的应用处于衰落状态。

90年代,国外陆续解除禁令,但大麻的研究及其成果并不明显。大麻复苏的真正原因是因为大麻植物是多种工业产品的原材料——包括韧皮纤维、杆芯纤维、种子、大麻油、种子食品等,由此延伸到各个产业(农业、纺织、轻工、化工、医药、建筑、汽车、能源等)。由于大麻的多功能作用,大麻的种植又广泛起来。1995年仅美国大麻产品总零售额就超过4 000万美元,而全球总零售额达到7 500万美元(不包括中国大陆),大麻应用开始复苏。我国尽管未曾禁止过种植大麻,但在国际大麻市场形势影响下,80年代中期之前开展的种植也不多,远远少于对苎麻、亚麻的研究。因此,如今的大麻,无论是在前处理、纺纱加工、生产制造的工艺流程、设备及后整理上,还是在检验标准与仪器及最终加工成纺织品的品种和档次等诸多方面,都有待进一步加强研究。

二、大麻纤维的结构

大麻纤维属韧皮纤维,纤维的结构可看作由三层组成。首先是被氧桥连接成的葡萄糖基链状大分子平行排列和取向,形成结晶结构;其次是由结晶部分和空隙组成纤维素骨架;最后是在结晶结构内部以及结晶区与空隙之间,充满着胶质。随着大麻的生长,它们分层淀积,组成纤维的细胞壁。此外,在纤维与纤维之间,也平行分布着胶质。在显微镜下,可以看到含有棕色树脂的胶质存在。由此可知,大麻纤维束的含胶具有三个层次:纤维与纤维之间的胶质系统、纤维内部的胶质系统和链状分子之间的胶质系统。

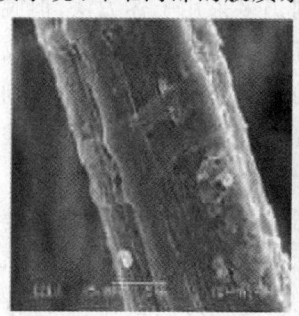

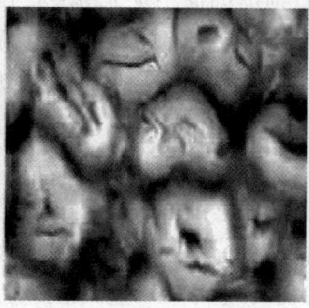

(a)大麻纤维的纵向　　(b)大麻纤维的横截面　　(c)大麻纤维的钝形顶端

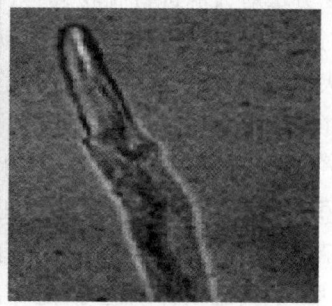

图1-3　大麻纤维的形态结构

在显微镜下观察(如图1-3所示),大麻纤维的横截面形状较为复杂,有不规则的多角形、多边形以及椭圆形等多种形状,其横截面中空,中腔呈线形或椭圆形,约占横截面积的1/2~1/3,纤维胞壁具有裂纹与小孔。大麻纤维的纵向呈圆管形,具有横节和许多裂纹与小孔,无天然转曲,纤维顶端呈钝圆形,不像苎麻那样顶端尖锐。

大麻纤维长度一般为7~50 mm,宽度为15~30 μm,纤维颜色呈黄灰色至褐色,这与生长条件和品种有关。经过漂白以后,颜色呈白色并带有光泽。纤维比重为1.49左右,聚合度为2 200~2 300,约为亚麻的70%,棉的一半,苎麻的1/8。大麻单纤维过短,一般小于25 mm,且纤维的长度整齐度差,为保证纺纱效果和成纱质量,必须用胶质将单纤维粘连成纤维束即"工艺纤维",进行纺纱加工。所以,纺织加工的大麻原料一般是部分脱胶的束纤维。

大麻的主要化学成分是纤维素,此外,还含有一定数量的半纤维素、木质素和果胶等。大麻、苎麻、亚麻的化学组成见表1-6,由表可知大麻纤维中的纤维素含量较低,而其他非纤维素成分含量较高,尤其以木质素最明显,其含量高达苎麻的6.14倍,其次是果胶物质和半纤维素。木质素是一种芳香族化合物,对许多化学试剂的稳定性都较高,不易被去除,因此给大麻的脱胶带来很大的困难。

表1-6　大麻、苎麻、亚麻的化学组成成分/%

品种	纤维素	半纤维素	木质素	果胶	脂蜡质	水溶物	灰分
大麻	57.01	17.84	7.31	5.80	1.96	10.08	1.30
苎麻	73.59	13.26	1.19	4.04	0.54	7.35	3.53
亚麻	66.27	16.67	7.01	2.59	2.72	4.71	0.41

三、大麻纤维的脱胶

大麻要制成纺织品,必须具有一定的可纺性,即要具备一定的纤维长度、细度、强度及摩擦性,使纺纱过程可以顺利进行。这就要求对大麻进行部分脱胶,脱胶质量的好坏直接关系到纺织过程是否可以完成以及最终产品质量的好坏。因此,脱胶工艺在目前的大麻研究中一直具有举足轻重的地位。大麻的脱胶方法主要有以下几种。

(一)化学脱胶

在对大麻进行化学脱胶取得成功之前,人们大多采用露水浸渍、堆积发酵、青茎晒制等微生物方法对大麻进行脱胶,甚至目前欧洲的不少大麻生产国仍多采用上述方法,但脱胶效果相对较差,后加工难度大,且劳动强度高,耗时长,成本也高,容易引起环境问题。我国目前的大麻纺织企业大多数采用化学脱胶工艺,视原麻品质和纺纱工艺的不同要求,分别在高温高压或常温常压下进行。常用的化学脱胶基本工艺路线为:原麻扎把→装笼→浸酸→水洗→煮练→水洗→敲麻→漂白→水洗→酸洗→水洗→脱水→给油→脱水→烘干。

目前的化学脱胶方法尽管在工业化应用上取得了突破性进展,但还不够完善,主要是得到的精干麻的质量及其稳定性还有待进一步提高,而且方法本身也存在着很大的缺点,需在强酸、强碱、高温条件下进行,能耗高,环境污染严重,耗水量大,处理时间长,且对纤维的损伤较大。

(二)生物脱胶

现在环境污染问题已为全球所关注,生物技术在麻纺织上的应用已显出强大的生命力。进入20世纪80年代以来,化学脱胶的严重污染和高成本引起了人们对微生物脱胶的深入研究。但大量的研究集中于苎麻、亚麻等麻类作物,关于大麻的生物脱胶研究报道较少,尚处于实验室阶段。主要存在的问题是生物脱胶后的大麻仍含有较多的胶质,整个工艺离工业化生产还有很大距离。就目前的研究状况看,现有实际应用的生物脱胶法尚需结合化学脱胶法使用。主要原因是菌种的酶活力还不够高，菌株适应性差，抗菌能力弱，另外有关原麻预处理、化学法辅助处理、脱胶过程条件控制以及反应器性能等研究都是有待开展和加强的薄弱环节。

但是，生物脱胶法其广阔的开发前景是毋庸置疑的，利用生物酶对原麻进行脱胶，可降低脱胶成本，减少环境污染，提高精干麻的制成率和精梳梳成率，且酶脱胶后纤维蓬松软曲，平均长度增加，短纤率明显降低，麻粒、毛羽明显减少，细纱品质指标明显提高，纤维素与木质素、半纤维素的分离效果相当好，且生物脱胶方法因为无需使用有害化学助剂而对环境的污染较少。Robin Anson 也认为，在密闭环境下，用二氧化硫加上催化酶可在几个小时内达到传统方法 510 天的脱胶效果，处理时间大大缩短。

近年来，人工培养细菌的新型生物脱胶方法备受瞩目。刘自熔等人用 Bacllius－sp. NO.74 菌发酵生产的粗酶制剂进行大麻纤维脱胶实验，比较了不同预处理方式、脱胶时间、酶用量等对脱胶效果的影响，根据脱胶后纤维的残胶率、纤维支数、纤维强力等指标来评估大麻酶法脱胶工艺条件，对大麻酶法脱胶的机理做了初步探索，认为影响脱胶效果的关键酶是果胶酶，但同时复配木聚糖酶、甘露糖酶等多种酶有助于脱胶，影响脱胶效果最主要的因素是酶的用量和大麻的品种。

（三）物理脱胶

利用一定频率的超声波在一定温度的水中产生特有的"空化效应"，对浸在温水中的大麻表面形成强大的冲击和破坏，可以去除大麻纤维表面上的各种胶杂质，且去除效率非常高。超声波脱胶是一种"爆炸型"的剥离过程。它首先使外包胶质层产生大量的裂缝；然后在空化泡的进一步连续作用下，形成胶质小团，并使之剥落而进入水中；最后借助超声波空化泡膨胀及破裂时产生的巨大压力和拉伸力来粉碎剥落的胶质团，使之变成极小的胶质粒，甚至将其分解，这些胶质微粒被稳定地分散在液体中，从而又快又好地完成了大麻脱胶的预处理。超声波的脱胶过程主要是基于强超声波的"空化效应"，利用超声波可以改善和加速大麻脱胶。蒋国华通过实验证明，采用超声波对大麻进行脱胶预处理，具有时间短（只需 15 min）、胶质去除率高、纤维损伤小（精干麻工艺纤维的平均强度较高）等特点，并且发现水温为 50 ℃左右时，产生的"空化效应"最为强烈，对非纤维素的破损程度最强，使大麻中的一些易溶性胶质（如可溶性的果胶物质、分子量较小的半纤维素等）溶解，胶质去除率最高。在"保护环境"呼声很高的今天，这种"清洁生产"具有十分重要的意义。超声波在大麻脱胶预处理中的这种独特加工方式及作用机理，使它具有极大的潜力。

另外，蒸汽爆破技术也开始用于大麻脱胶。蒸汽爆破是将高温高压状态下的液态水和水蒸气作用于纤维原料，并通过瞬间释压过程实现原料的组分分离和结构变化。殷祥刚等人采用闪爆技术处理大麻纤维，分析了闪爆处理前后大麻纤维脱胶、化学组分和理化性能的变化。结果表明，闪爆的大麻纤维经水洗处理后，纤维素的比率显著增加，木质素等非纤维素成分明显降低，而且脱胶效果理想，纤维的上染性能也明显改善。

四、大麻纤维的性能

（一）物理机械性能

表 1-7 为大麻与亚麻、棉纤维强伸性能的比较。由表可知，大麻纤维单纤断裂强度以及

断裂伸长与亚麻接近,此外,大麻纤维是各种麻纤维中细度比较细的一种,平均细度接近于棉,按亚麻工艺路线纺纱,理论上的可纺支数比亚麻、胡麻要高。进一步提高大麻纤维的细度,将使大麻纺织品成为亚麻纺织品的有力竞争者。但大麻纤维的木质素含量较高,脱胶难度较大。如果脱胶过程中木质素去除不彻底,将会给大麻纤维的纺织加工带来较大困难。实验表明,当大麻精干麻的木质素含量低于0.8%时,纤维洁白松散,能够满足纺织染色及后加工的要求。

表1-7 大麻纤维与亚麻和棉纤维的性能比较

性能指标	大麻纤维	亚麻纤维	棉
强度/(cN·tex^{-1})	27~69	27~73	24~25*
伸长率/(%)	1.5~4.2	1.5~4.1	6~8

大麻纺织品特别柔软舒适,手感滑爽细腻,大麻顶端为钝形,无需特别处理就可避免其他麻纺织产品的刺痒感和粗糙感。

(二)吸湿透气性

大麻纤维表面有许多纵线条,分布着许多裂纹,这些裂纹连接到纤维中腔。大麻纤维的中腔较大,约占横截面积的1/2~1/3,比苎麻、亚麻、棉大得多。这种结构产生了优异的毛细效应,再加上大麻纤维分子中含有大量的亲水性基团,使大麻的吸湿、透气及导热性能格外出色。

据国家纺织品质量监督检测中心检测,大麻帆布的吸湿速率达7.34 mg/min,散湿速率为12.6 mg/min,大麻夏布比大麻/棉(大麻55/棉45)混纺布的吸湿速率高27%,散湿速率高32%。这主要是因为:一方面大麻纤维分子中的亲水基团易与水分子结合,其中空的结构能大量填充毛细管凝结水,使大麻纤维吸湿多且快;另一方面大麻纤维表面密布的裂隙和孔洞又对散湿有利。大麻服装与棉织物相比可使人体感觉温度低5℃左右,即使在气温高达38℃及以上的酷暑也不会觉得热不可耐。

(三)抗静电性

干燥的大麻纤维是电的不良导体,其抗电性能比棉高约30%左右,是良好的绝缘材料。但通常情况下,由于大麻纤维的吸湿能力很好,暴露在空气中的大麻产品一般回潮率达到12%左右,所以大麻纺织品能轻易避免静电积聚,也不会因摩擦产生静电和吸附灰尘,从而能够避免静电给人体造成的危害,如皮肤过敏、皮疹、针刺感等。

(四)耐热、耐晒和耐腐蚀性能

大麻纤维的耐热性能比较好,经得起高温的考验,其在370℃时不改变颜色。另外,大麻纤维的耐腐蚀性能好,能长时间耐海水腐蚀,坚牢耐用。此外,大麻纤维耐晒性能良好,在太阳光的长时间照射下强度不受损失。因此,大麻纺织品特别适宜做炼钢、防晒服装及各种特殊功能的工作服,也可做太阳伞、露营帐篷、渔网、绳索、汽车坐垫、内衬材料等。

(五)防紫外线辐射功能

大麻纤维的横截面为不规则的多角形、多边形、扁圆形、腰圆形等,中腔呈线形或椭圆形,常与外形不一。从大麻纤维的分子结构分析,其分子结构中有螺旋线纹,多棱状,较松散。当紫外线照射到纤维上时,一部分形成多层折射被吸收,大部分形成漫反射,这使大麻纤维具有很好的防紫外线辐射的功能。中国科学院物理研究所测试,普通衣着仅能阻隔30%~90%的紫外线,而一般大麻织物无需特别整理,即可屏蔽95%以上的紫外线,大麻帆布甚至能100%阻挡紫外线的辐射。天文医学认为过度的紫外线侵袭会诱发人类的多种疾病,如脑出血、白内障、白血病和皮肤癌等,因此,利用大麻服装来减少紫外线对人体的危害意义重大。

(六)消音吸波功能

当声波入射到多孔纤维材料表面时可进入到细孔中去,引起孔隙内的空气和材料本身振动。由于声波传播时的质点振动速度各不相同,使相邻质点间产生了相互作用的黏滞力或内摩擦力,空气的摩擦和黏滞作用使振动动能(声能)不断转化为热能,从而使声波衰减。大麻纤维的表面纵向有裂纹和孔洞,横向有枝节,纤维中心有细长的空腔,并与纤维表面纵向分布着的许多裂纹和小孔相连,这种多微孔结构使得大麻纤维具有独特的消音吸波功能。

(七)防霉抑菌保健功能

防霉抑菌也是大麻的主要特性之一。经高频等离子发射光谱仪分析测定,大麻纤维中含有多种对人体健康有益的微量元素,同时纤维中含有微量大麻酚物质,这是一种非常优良的杀菌消毒剂。此外,大麻纤维的细长中腔内富含氧气,使得在无氧条件下能生存的厌氧菌无法生存。按美国 AATC90－1982 定性抑菌法测试的结果显示,未经药物处理且经水洗的大麻帆布对分别代表脓肠道菌和真菌的 4 种微生物的抑菌直径分别为:金色葡萄球菌 9.1 mm、绿脓杆菌 7.6 mm、大肠杆菌 10 mm、白色念珠菌 6.3 mm,通常情况下,抑菌直径大于 6 mm 即被认为有抑菌作用。此外,大麻纤维还含有十多种对人体有益的微量元素。因此,大麻纤维及其制品的防霉抑菌保健功能良好。

(八)生态性

棉花在种植期间会有棉铃虫、棉蜘蛛等虫害,需要喷洒较多的杀虫剂,同时棉花生长也需要适当喷施肥料,因此棉花的种植引起了严重的环境和人类健康问题。而大麻的生命力非常强,在种植期间无需杀虫剂和肥料,不会造成土地污染,环境生态良好,英国因此提出了"大麻是未来无害纺织品的来源"的口号。大麻种植期较短,往往一亩地可收获两到三倍于棉花的大麻纤维。此外,大麻纤维具有生物降解性,其最终产品能在自然界中光热和微生物的作用下自行降解。

五、大麻纤维的开发应用

大麻纺织品具有吸湿排汗、防霉抑菌、抗紫外线、抗静电等功能,产品的开发符合原国家纺织工业局提出的采用新材料、新工艺、新技术开发新面料替代进口面料的产业政策,对利用我国丰富的大麻资源开发高档优质产品抢占国际市场,使中国的大麻产品走向世界具有重要的现实意义。

大麻的纺织应用前景广阔。大麻麻骨可制成高质量的压缩板或打浆后作为造纸原料。大麻纤维的应用首先要解决脱胶问题,其中以生物脱胶技术及蒸汽爆破技术最有前途。生物脱胶技术采用微生物或生物酶对大麻进行部分脱胶;蒸汽爆破技术采用蒸汽压力 1.0～1.5 Mpa,通过突然释压时的喷射作用使纤维相互分离,并可通过控制处理强度得到不同品质的纤维。目前,已能纺出 27.78 tex 的纯大麻纱,大麻与其他纺织纤维混纺性能良好。大麻纺织产品具有天然保健功能,大麻/毛混纺织物可防虫蛀,大麻鞋袜能防治脚气,大麻内衣不出汗斑、异味,大麻床上用品润肤护发、舒适爽身。在非纺织应用中,国外已开发出了一系列具有生物降解性能的新大麻产品,如防霉抑菌贮藏盒、包装箱、隔层垫(用于食品、禽蛋、果品的贮藏与运输销售)、高档机械零件(含大麻60%~70%)、大麻纤维加强塑料制品、园林产品等。目前,大麻纺织产品在国际市场上非常畅销,在价格上出现了大麻制品超过亚麻制品的现象。

我国麻纺织业是具有比较优势的国际竞争行业,具有丰富的麻类纤维资源,但我国大麻纺织一直是以纱、布等中间产品为主,80%为初加工产品,麻制成品所占比重较少,对出口的过度依赖和国内消费市场比重低已成为影响大麻纺织业稳定发展的重要原因。因此,拓展潜在的消费市场空间,扩大麻制成品出口,加快结构性调整是产业发展的当务之急。高档的麻类面料及最终麻纺织品、服装的生产则是我国麻纺业发展中最薄弱的环节,我国麻纺行业应在开发麻类最终产品上下大工夫。而开发麻类最终产品的过程中,一要打破行业界线,加强与家用纺织品、产业用纺织品、服装以及印染等上下游产品加工企业的合作,用市场化的办法促进产业链接;二要坚持家用纺织品、产业用纺织品和服装并举的发展方向,拓宽产品开发思路,同时积极推进名牌战略,在产品开发过程中,不能忽视面料的整体创意,推出的产品不能只是一个产品,而是一组面料的创意和开发,最终培育麻纺产品的知名品牌;三要顺应全球纺织品消费趋向天然、环保型纤维产品的大形势,要联合有关科研单位、院校对大麻脱胶技术和大麻纤维理化性能作进一步研究,重视生态麻纺织品的研发,推动大麻纺织品、服装的消费潮流。

第三节 罗布麻纤维

罗布麻又名茶叶花、茶棵子、漆麻、野麻、野茶等,因罗布泊而得名。罗布麻有较强的耐盐碱、耐寒、耐旱、耐沙、耐风等特性,在中国淮河、秦岭、昆仑山以北各省都有分布。我国民间使用罗布麻历史久远,自古以来,西汉时期罗布麻就因入药而知名。罗布麻叶含有大量黄酮、三萜、有机酸、氨基酸等化学成分,制成的罗布麻茶有降血压、降血脂、增加冠状动脉流量的效果,对高血压、高血脂有较好的疗效,尤其对头晕症状、改善睡眠质量有明显效果,同时具有增强免疫、预防感冒、平喘止咳、消除抑郁、活血养颜、解酒护肝、降解烟毒、软化血管、通便利尿等功效。

罗布麻分红麻和白麻两种,罗布泊范围的罗布麻是全国最好的,其中小花红麻稀少珍贵,其比例仅占罗布麻家族中的5%,被称为"麻中极品"。敦煌西湖湿地以及月牙泉畔生长的就是极为珍贵的小花红麻,出品的罗布麻茶叶和罗布麻纺织品远销海内外,深受人们欢迎。

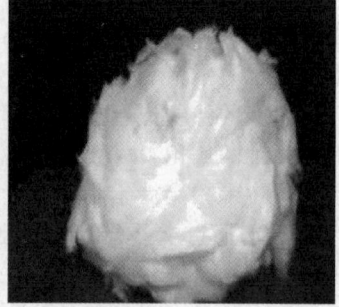

(a)小花罗布麻　　　　　　(b)罗布麻原麻　　　　　　(c)罗布麻纤维

图1-4　罗布麻纤维图

一、罗布麻纤维的制备

罗布麻经过剥麻、晾晒等初加工后成为原麻，原麻中有较多的胶质，必须进行脱胶处理。由于罗布麻单纤维的长度较长，可以和苎麻纤维一样采用单纤维纺纱，故常采用化学脱胶工艺进行全脱胶，这样可除去纤维中的绝大部分胶质，以提高纤维的纺纱性能。化学脱胶的工艺流程为：(原麻)分拣→浸酸→水洗→一煮→二煮→水洗→打纤→漂白→酸洗→水洗→给油→脱水→烘干(精干麻)。经过化学脱胶后的精干麻仍含有少量的(一般只有百分之几)残胶，其中还包括一定量的果胶、半纤维素和木质素等。因此，在纺纱之前还要对精干麻进行给油加湿等预处理，以提高其可纺性能。

二、罗布麻纤维的结构性能

(一)罗布麻纤维外观形态

罗布麻纤维属韧皮植物纤维，它位于罗布麻植物茎秆上的韧皮组织内，纤维细长而有光泽，呈非常松散的纤维束状，个别纤维单独存在。脱胶后的罗布麻单纤维两端封闭，有中腔，纤维中部较粗，两端较细。显微镜下可以观察到纤维纵向的横节竖纹特征，无扭转，横截面呈明显不规则的腰子形。

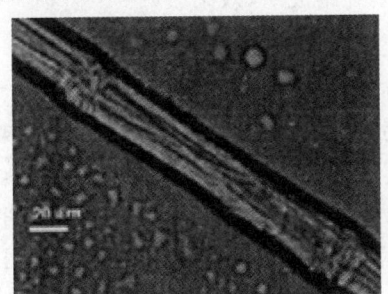

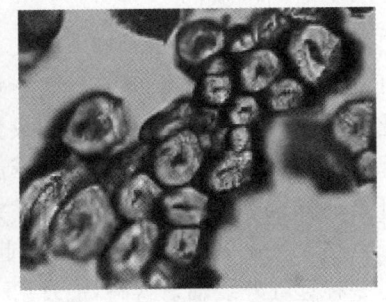

图1-5 罗布麻纤维纵向　　图1-6 罗布麻纤维横截面

(二)罗布麻纤维的化学组成

表1-8 几种麻纤维的化学组成

成分	苎麻	亚麻	罗布麻
纤维素	65%～75%	70%～80%	42%～52%
半纤维素	14%～16%	12%～15%	8%～10%
木质素	0.8%～1.0%	2.5%～5%	9%～13%
果胶	4%～5%	1.4%～5%	7%～13%
水溶物	4%～8%	0.3%～0.6%	15%～18%
脂蜡质	0.5%～1%	1.2%～1.8%	5.5%～7%
灰分	2.6%～3.4%	0.7%	3%～4%

由表1-8可以看出罗布麻纤维的果胶、水溶物含量居麻类各纤维之冠，果胶物质的主要

成分是果胶酸甲酯，它是植物生长纤维素、半纤维素和木质素过程中的营养物质，还起着调节植物内部水分的作用。一般成熟度高的植物内果胶的含量偏低，而纤维素含量偏高。罗布麻纤维中的木质素含量明显高于苎麻、亚麻，木质素并非单一的物质，而是复杂的芳香族聚合物，它是以苯基丙烷单元构成的高聚物。在采用物理或生物脱胶处理后，麻纤维上还存在一些麻屑，这些麻屑就是未能去除干净的木质部分，需用练漂的方法除去。对罗布麻纤维的 X 射线衍射与红外光谱分析发现纤维的内部结构与棉、苎麻极为相似，结晶度与取向度较高。

（三）罗布麻纤维的性能

表 1-9 几种麻纤维的基本性能

指标	罗布麻	苎麻	亚麻
细度/D	3	4.5	2
干强/(g·D^{-1})	6	6.5	6.3
干伸长/%	2.5	2.3	1.8

罗布麻与其他几种麻纤维的性能比较见表 1-9，由表可以看出：罗布麻纤维的强度低于苎麻，细度比苎麻细。罗布麻纤维洁白、质地优良，可以单纤维纺纱，是麻类纤维中品质仅次于苎麻的优良纤维，但由于纤维表面光滑无卷曲、抱合力小，在纺织加工中容易散落，制成率低，且影响成纱质量。若以其单纤维与棉或化学纤维混纺，效果较好。

（四）罗布麻织物的医用功能

罗布麻纤维织成的织物吸湿、透湿性好、强度高，具有丝一般的光泽和手感。其根、茎、叶含黄酮类化合物、强心甙等有药用价值的成分，具有一定的医疗保健性能。罗布麻含量为 35% 以上的保健服饰具有降压、平喘、降血脂等作用，能明显地改善临床症状。

罗布麻纤维的降压原理主要有两方面：一方面，罗布麻纤维中的有效成分通过机体的皮肤渗透，作用于经络、气血、脏腑及局部病灶，起到降压、改善人体微循环的作用；另一方面，罗布麻纤维是一种远红外线辐射材料，能发射 4~16 μm 的远红外光波，这种光波能使人体内老化的大分子团产生共振而裂化重组，使细胞内钙离子活性增强，从而增强细胞的活性，提高血液新陈代谢能力，达到降压的效果。这种远红外光波还能切断不饱和脂肪酸的二重键与三重键，减少血管内血脂数量，从而减少动脉硬化等疾病，增强人体免疫能力。

第四节 木棉纤维

木棉，别名攀枝花、红棉树、英雄树等，属被子植物门，双子叶植物纲，锦葵目木棉科植物。木棉科约有 20 多属 180 多种，分布于热带地区，主要在热带美洲。中国的海南、云南、四川、广西、广东等南部地区都引进了木棉种植。木棉在中国种植及应用历史悠久，南方应用木棉纤维制作被褥的历史可以追溯到晋代。

一、木棉纤维的来源

木棉纤维是一种天然纤维素纤维，与棉纤维相同，它也是一种单细胞纤维。但棉纤维是由种子的表皮细胞生长而成的纤维,纤维附着于种子上,而木棉纤维是果实纤维,纤维附着于木棉果壳体内壁,由内壁细胞发育、生长而成。木棉纤维在果壳体内壁的附着力小,容易分离,纤维初加工比较方便,不需像棉花一样进行轧棉加工,只需手工将种子剔出或在箩筐中筛动,将种子沉淀后就可以获得木棉纤维。

图 1-7　木棉纤维　　　　　图 1-8　木棉花

二、木棉纤维的结构与性能

木棉纤维作为一种天然纤维素纤维,如图 1-9、1-10 所示,其纵向呈光滑的圆柱形,转曲很少,纤维横截面呈圆形或椭圆形,薄壁大而中空,这些特征与棉纤维有很大不同。木棉纤维长度方向呈根部钝圆、中间较粗、前梢较细、两端封闭状。纤维最大的特点在于其具有中空截面,且中空度很高,可达到 90% 左右,这个特点无论在其他天然纤维还是合成纤维中都是难以实现的。由于其中空部分比例大,纤维的密度很低,仅为 0.29 g/cm³,是一种很轻的纤维。

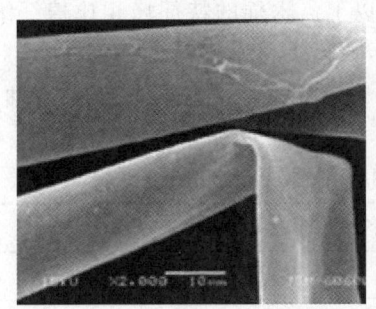

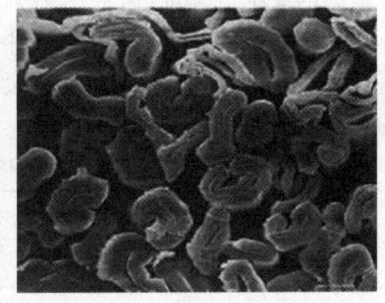

图 1-9　木棉纤维纵向图　　　　　图 1-10　木棉纤维横截面

表 1-10　木棉和棉纤维的性能指标

纤维性能指标	棉	木棉
纵向形态	有天然转曲	圆柱形,表面光滑,转曲少
截面形态	腰圆形截面,有中腔	圆形或椭圆形,薄壁大而中空
公定回潮率/%	8.5	10.7
纤维细度/dtex	1.75	0.9~3.2

续表

纤维性能指标	棉	木棉
纤维长度/mm	23～64	8～34
断裂强度/(cN/tex^{-1})	21	8.4～19.7
断裂伸长/%	8～10	1.5～3.0

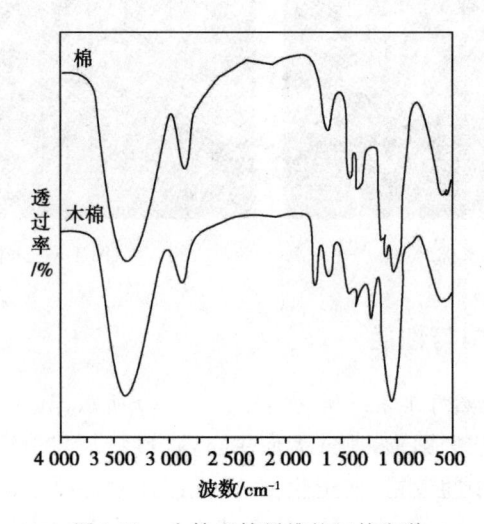

图 1-11 木棉和棉纤维的红外光谱

对棉纤维和木棉纤维的红外光谱分析发现,棉纤维有典型的纤维素吸收特征峰,这是因为棉纤维具有很高的纤维素含量,通常在 97% 以上。木棉的特征峰相比棉纤维有明显的差异,如 2 919 cm^{-1} 处的吸收主要是木棉纤维中半纤维素(木聚糖)的 C—H 不对称伸缩振动引起的,此外 1 456 cm^{-1} 处有一个明显的振动峰,它是半纤维素的—CH$_2$ 弯曲振动引起的。对棉和木棉的化学组成分析结果见表 1-11。

表 1-11 木棉和棉纤维的化学成分

纤维	各成分含量/%						
	纤维素	木质素	木聚糖	蜡质	果胶	蛋白质	水分
棉	97	—	—	0.6	1.2	1.34	7.8
木棉	64.2	16.4	21.9	0.8	0.41	—	7.4

木棉纤维与棉纤维的化学组成有所不同,棉主要由纤维素组成,而木棉则由纤维素、木质素及半纤维素等组成。对木棉和棉纤维的电镜扫描发现:棉纤维表面有明显的纤维素微纤结构,微纤的取向角为 20°～25°,而木棉纤维没有观察到这一纤维素的微纤结构现象,这也说明了木棉纤维不是由与棉相似的单一纤维素组成的。

对棉纤维与木棉纤维的差热分析发现,木棉的热稳定性较低,即木棉的热降解温度较低,这主要是由于木棉纤维中半纤维素含量较高。在组成木棉的三种物质中,木质素的热稳定性最好,半纤维素的热稳定性较差。

三、木棉纤维的应用

木棉纤维的强度低、长度短、纤维卷曲数少,纺纱时纯纺难度很大。与棉混纺时,棉的含量不能低于40%,随着木棉含量的增加,纱线不匀率会增加,强度下降达45%以上。这主要是由于木棉纤维转曲数少,表面光滑,其含量增加时纱线中纤维间的滑移增加,强度下降。此外,木棉纤维强度低、纤维短,其含量提高时,纱线内短绒增加,纱线强度下降。木棉纤维的可纺性虽然不好,但可采用非织造方式加工,用于许多有独特要求的场合。

(一) 絮料填充物

木棉纤维具有薄壁大而中空的结构,利用纤维中形成的大量静止空气,可获得良好的保暖效果,这使得其在被褥、枕头、棉衣被等的絮料填充物方面应用较多。但是,由于木棉纤维压缩弹性较差,填充料容易被压扁毡化,尤其在湿、热环境和反复持久压缩下,产品的柔软舒适性和保暖性衰减较快,蓬松性能会明显降低,局部会出现破洞。将木棉纤维与低熔点纤维、压缩弹性好的化学纤维混合成网后进行热黏合处理可制得柔软舒适、透气及绿色环保的填充料,比市场上的九孔涤纶絮片更有优势。

(二) 浮力材料

美国海岸警卫队对木棉、玻璃纤维、香蒲、马利筋等纤维集合体进行的浮力实验发现:木棉是其中最佳的浮力材料。对木棉和PVC、PE等泡沫塑料填充的救生衣进行的试穿实验结果表明:泡沫塑料救生衣在使用过程中容易老化破损,而木棉救生衣则不存在此问题,具有独特的优势。另外也有研究表明,爪哇木棉在水中能产生自身质量20~30倍的浮力,且不吸水,在水中浸泡30天后浮力仅下降10%,干燥后浮力可恢复。木棉纤维是制作救生圈、救生衣等水上救生用品的高级原料。

(三) 隔热吸音吸油材料

由于木棉纤维中空度较高,纤维管壁内储存的静止空气较多,纤维材料的导热系数较低。声波在纤维内及纤维间传播时,由于多次在中空管壁间碰撞反弹,将产生共振干涉,能量会逐渐衰减。目前在工业上已用作隔热隔音材料,如房屋的隔热层和吸声层填料等。此外,木棉纤维还具有很高的吸油性,可吸收约30倍于自重的油,是聚丙烯纤维的3倍,对植物油、矿物油,无论是水上浮油还是空气中的油分都能吸收。目前已经商品化的吸油过滤材料主要有木棉纤维、聚丙烯非织造布和凝胶化剂等,其中木棉纤维是最早使用的吸油材料,所占市场份额最大。

第五节 菠萝叶纤维

菠萝叶纤维又称凤梨麻、菠萝麻,取自于凤梨植物的叶片中,由许多纤维束紧密结合而成,它与剑麻等纤维一样,属于叶片类麻纤维。菠萝主要产于热带和亚热带地区,我国的主要产地在广东、广西、海南、云南、福建、台湾等地。每隔2~3年,果农在采摘了果实之后,就要翻耕土地,大量的凤梨植物叶片成为农业废料而被焚烧掉,目前不少国家正在开展对各种天然新纤维原料的研究开发和利用,菠萝叶纤维也正受到越来越多的关注。

人类利用菠萝叶纤维已有较长历史。我国南方曾利用菠萝叶纤维纺纱、织布、制衣，菲律宾也是较早将菠萝叶纤维用于服装、家具布以及工业用材料的国家，他们将菠萝叶纤维与绢丝混纺织成较高级的布料制作成在社交场合穿的礼服"巴龙"。近年来，日本也正致力于菠萝叶纤维的研究开发及利用。

一、菠萝叶纤维的结构特征

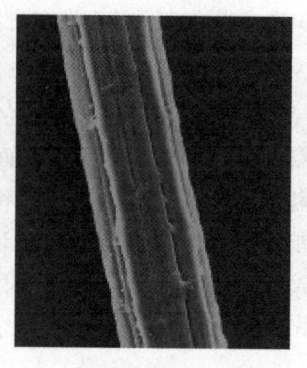

天然菠萝叶　　菠萝叶纤维纵向　　菠萝叶纤维横截面

图 1-12　菠萝叶纤维

菠萝叶纤维外观类似其他麻类纤维，其表面比较粗糙，有纵向裂缝，无天然扭曲，纤维横截面呈卵圆形至多角形。纤维表面有突起，突起上面有许多孔洞，这些孔洞增大了菠萝叶纤维的比表面积，使其具有较好的毛细效应、吸湿性和透气性，菠萝叶纤维散湿速率大于吸湿速率。

二、菠萝叶纤维的性能

（一）化学成分

表 1-12　几种纤维的化学成分/%

纤维	纤维素	半纤维素	木质素	果胶质	水溶物	脂蜡质	灰分
菠萝叶	56～62	16～19	9～13	2～2.5	1～1.5	3.8～7.2	2～3
苎麻	65～75	14～16	0.8～1.5	4～5	4～8	0.5～1	2～5
亚麻	70～80	8～11	1.5～7	1～4	1～2	2～4	0.5～2.5
黄麻	50～60	12～18	10～15	0.5～1	1.5～2.5	0.3～1	0.5～1

由表 1-12 可以看出，菠萝叶纤维的化学组成与其他麻类纤维类似，含有较多的胶杂质。菠萝叶纤维的木质素含量较高，远高于苎麻（0.8%～1.5%）、亚麻，而略低于黄麻，这也说明，菠萝叶纤维的柔软度、可纺性能优于黄麻而次于苎麻、亚麻。同时，为了改善纤维的可纺性，需要减少纤维中胶质含量，提高成纱品质，所以，菠萝叶纤维在纺纱前应采取适当的脱胶处理。其脱胶工艺流程一般为：原料→预酸→煮练→酸洗→水洗→脱水→精练→酸洗→水洗→脱水→抖麻→给油→脱水→烘干。在脱胶过程中，要尽量减少对纤维的损伤，力求保持纤维原有的机械物理性能。

(二)纤维的长度细度指标

从表1-13中可以看出,菠萝叶纤维的单纤维长度很短,因此,菠萝叶纤维的纺纱加工必须与亚麻、黄麻一样,采用工艺纤维,即在脱胶处理时不能像苎麻一样,采用全脱胶方式,而必须采用半脱胶方式,以保证有一定的残胶存在,从而将很短的单纤维粘连成满足纺纱工艺要求的长纤维(工艺纤维)。同时,菠萝叶纤维的线密度介于亚麻和黄麻之间。

表1-13 几种纤维的长度、细度指标

纤维	单纤维 长度/cm	单纤维 宽度/cm	束纤维(工艺纤维) 长度/cm	束纤维(工艺纤维) 线密度/tex	密度/(g·cm^{-3})
菠萝叶	3~8	7~18	10~90	2.5~4	1.543
苎麻	60~250	30~40	90~600	3~5.8	1.543
亚麻	16~20	12~17	30~90	2.5~3.5	1.493
黄麻	2~6	15~25	80~150	2.8~4.2	1.211

(三)纤维的结晶取向结构

表1-14 几种纤维的结晶取向结构

纤维	结晶度	取向因子	双折射率
菠萝叶	0.727	0.972	0.058
亚麻	0.662	0.934	0.066
黄麻	0.621	0.906	0.044

由表1-14可以看出,菠萝叶纤维的结晶度、取向度均较亚麻、黄麻纤维高,这说明其纤维中无定型区较小,大分子排列整齐、密实,这也是其密度比亚麻、黄麻高的原因之一。同时,较高的结晶度和取向度,使菠萝叶纤维的强度高、刚度大而伸长小。纤维的力学特征见表1-15。

表1-15 几种纤维的力学性能

纤维	强度/(cN·tex^{-1})	伸长率/%	弹性模量/(×10^7 Pa)	柔软度·捻度/(20 cm)
菠萝叶	30.56	3.42	9.99	185
苎麻	67.3	3.77	—	—
亚麻	47.97	3.96	8.47	—
黄麻	26.01	3.14	10.78	85

由表1-15可以看出菠萝叶纤维是强度较高、伸长率较小、弹性模量较大的一类纤维,各项指标均介于亚麻和黄麻之间,因而纤维的可纺性及成纱质量也介于两者之间,即优于黄麻而次于亚麻。

三、菠萝叶纤维的应用

(一)纺纱

很久以前,在东南亚地区,菠萝叶纤维纱就被用作鞋底线。目前,已有人成功利用不同的纺纱技术纺制出菠萝叶纤维的纯纺纱与混纺纱。在纯纺纱方面已纺制成 15 tex、21 tex 的菠萝叶纤维纱；混纺纱方面，可纺制成一般的普梳纱、精梳纱，也可纺出菠萝叶纤维含量为 30% 的 25~36 tex 的棉麻混纺纱。

(二)服装及装饰用布

全手工纯菠萝麻纱(线)可织制菠萝麻布，或与苎麻、芭蕉麻、土蚕丝、手工棉纱等织成交织布。用其制成的织物易染色、吸汗透气、挺括不起皱，具有良好的抑菌防臭性能，适宜制作高中档的西服、衬衫、裙裤、床上用品及装饰织物等。

(三)工业用纺织品

用菠萝叶纤维可生产针刺非织造土工布，用于水库、河坝等的加固防护。使用方法是将土工布铺在堤坝上，然后在上面播撒植物种子，种子穿过土工布扎根于土壤中。这些根将对土壤起粘接作用，即使土工布腐烂，堤坝的坚固性也不会被破坏。此外，菠萝叶纤维还是生产橡胶运输带帘子布、三角胶带芯线的理想材料。

第六节 蜘蛛丝

蜘蛛丝是一种天然高分子蛋白纤维和生物材料。纤维具有很高的强度、弹性、伸长、韧性及抗断裂性，同时还具有质轻、抗紫外线、比重小、耐低温等特点，是其他纤维所不能比拟的。纤维初始模量高、断裂功大、韧性强，是加工特种纺织品的首选原料。蜘蛛丝由蛋白质组成，是一种可生物降解且无污染的纤维。

蜘蛛丝纺织品的生产可追溯至 18 世纪，最具代表性的是 1710 年巴黎科学院展出的蜘蛛丝长筒袜和手套，这是人类历史上第一双用蜘蛛丝织成的长筒袜与手套。1864 年美国制作了另外一双薄蛛丝长筒袜，所用的蜘蛛丝是从 500 个蜘蛛喷丝头中抽取出来的，这种长筒袜由于太薄而不能穿。1900 年巴黎世界博览会上展示了用 2.5 万只蜘蛛吐出的 9.14 万米长的丝织成的一块长 16.46 m、宽 0.46 m 的布，该产品花费太高，没有带来商业利润。到 1997 年初，美国生物学家安妮·穆尔发现，在美国南部有一种被称为"黑寡妇"的蜘蛛，它吐出的丝比现在所知道的任何蜘蛛丝的强度都高。蜘蛛丝特殊的结构和性能已引起世界各国的关注，并在纺织、医疗卫生和军事领域产生了极其重要的影响。目前，国内外许多科学家已通过基因工程将蜘蛛的基因移植到其他动植物体内，从而使蜘蛛丝纤维实现工业化生产的梦想成为现实。

一、蜘蛛丝的组成

蜘蛛丝产生于蜘蛛体内特殊的分泌腺，这些分泌腺因蜘蛛的种类不同而各异。到目前为止，生物学家共发现了 7 种类型的分泌腺，常见的有葡萄腺、梨状腺、壶状腺、叶状腺、集合腺等。蜘蛛的种类繁多，会吐丝结网的大约有 2 万多种。按吐丝种类的多少，蜘蛛可分为古蛛亚目、原蛛亚目和新蛛亚目。古蛛亚目的蜘蛛只能吐出一种丝，原蛛亚目的蜘蛛可吐出 3 种丝，新蛛亚目的蜘蛛可吐出 7 种丝。一般来说，新蛛亚目所有的蜘蛛都会有 7 种丝腺，各种丝腺分别能吐出不同性质的蜘蛛丝(见表 1-16)。

表 1-16　圆蛛族 7 种丝腺吐丝及其性质

丝腺名	丝种类	功能与性质
大囊状腺	牵引丝	蜘蛛用于悬挂自身，强度最大
	放射状丝	无黏性，作为从网心向外辐射
	框丝	有黏性，作为网外框与树身相连
小囊状腺	牵引丝、框丝	
葡萄状腺	捕获丝	猎物触网后，用于缠绕、捕获猎物
管状腺	卵茧丝	用于织造产褥，形成卵茧
鞭毛状腺	横丝	即螺旋丝，在纵丝中间相连，弹性大、黏性强，可以黏附猎物
梨状腺	附着盘	
集合状腺	横丝表面的黏性物质	

　　蜘蛛丝的主要成分是蛋白质，其基本组成单元为氨基酸。蜘蛛丝中含 17 种左右的氨基酸，各种氨基酸的含量因蜘蛛的种类不同而存在一定的差异。蜘蛛丝中含量最高的 7 种氨基酸的总和约占其总量的 90%，它们分别为甘氨酸、丙氨酸、谷氨酸、脯氨酸、丝氨酸、亮氨酸和精氨酸（见表 1-17）。

　　蜘蛛的种类很多，不同蜘蛛丝的氨基酸组成差异很大。目前，对蜘蛛产生的各种丝的组成和结构仅有有限的信息和数据，大多数的研究是关于络新妇属蜘蛛（Nephila clavipes）腹状腺纺出的蜘蛛丝，又称为蜘蛛的牵引丝（dragline）。与蚕丝一样，蜘蛛丝的主要成分是一种叫做蜘蛛素的特殊蛋白质，其成分与蚕丝中的丝蛋白相似。这种蛋白质内含有大量的丙氨酸（约占 25%）和甘氨酸（约占 40%）。研究发现，含丙氨酸的蛋白分子排列成紧密的折皱结构，呈晶体状，这是造成蜘蛛丝异常坚固的原因；而含甘氨酸的蛋白分子的排列却显得杂乱无章，从而使得蜘蛛丝有极好的弹性和扩张性。这就是蜘蛛丝既坚又韧的原因。

表 1-17　不同种类蜘蛛丝的主要氨基酸组成/%

氨基酸（主壶腹腺）	十字圆蛛	大腹圆蛛	络新妇蛛
甘氨酸	41.30	35.30	48.69
丙氨酸	18.30	17.88	24.85
谷氨酸	11.86	12.73	10.49
脯氨酸	9.55	12.68	2.15
丝氨酸	4.74	4.90	2.11
亮氨酸	1.76	1.35	2.63
精氨酸	0.49	1.55	1.94

二、蜘蛛丝纤维的结构

（一）蜘蛛丝的形态

　　蜘蛛丝呈金黄色，具有透明外观，在超倍电子显微镜下，看起来与蚕丝很相似。它的超分子结构是由原纤组成，而原纤由 120 nm 的微原纤组成，微原纤则是由蜘蛛丝蛋白构成的高分子化合物。蜘蛛丝的形态结构见图1-13，纤维的横截面呈圆形或接近圆形，表面没有水溶性物质和丝胶，纵向形态有明显的收缩，丝中央有一道凹痕。蜘蛛丝在水中有较大的溶胀性，截面会发生膨胀而径向则会发生明显的收缩。蜘蛛丝是单丝，直径只有几微米，物理密度接近羊毛。蜘蛛的腺液离开蜘蛛体后，会立刻成为固体，形成一种蛋白质丝，固化后的蜘蛛丝不溶于水，并具有其他纤维无法比拟的性能。

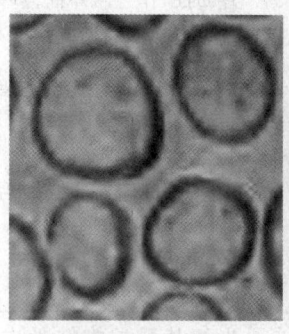

(a) 横截面形态结构　　(b) 纵向表面形态

图1-13　蜘蛛丝的形态结构

蜘蛛丝具有皮芯层结构，皮层和芯层可能是由两种不同的蛋白质组成的，皮芯层分子排列的稳定性也不同，皮层蛋白的结构更稳定。蜘蛛丝的皮层和芯层是由腺体的2个不同区域组成的，皮层液状蛋白为六角形的柱状液晶，液晶状的皮层在外力的作用下，容易取向排列，且皮层凝固速度高于芯层，所以皮层拉伸效果比芯层好，同时皮层分子排列的规整程度高于芯层，因此皮层化内层致密，对纤维有很好的保护作用，这使蜘蛛丝能表现出较高的强度和韧性。蜘蛛丝纤维在外力作用下分子链会逐渐伸直，致密的皮层能使纤维的断裂有一个缓冲过程，同时在外力继续作用下，芯层的原纤和原纤内的分子链能够沿着外力作用方向取向、重排和形成新的结合，所以皮层这种致密结构使得拉伸过程中纤维的各部分都能够被有效利用，这也是蜘蛛丝断裂伸长率大的主要原因。

(二) 蜘蛛丝的微观结构

蜘蛛的蛋白质分子构象为β-折叠链，分子链沿着纤维轴线的方向呈反平行排列，相互间以氢键结合，形成曲折的栅片，其多肽链排列整齐、密集形成结晶区。尺寸为2 nm×5 nm×7 nm的纳米微晶体，占蜘蛛丝纤维总质量的10%左右，它是分散在蜘蛛丝无定形蛋白质基质中的增强材料。由于蜘蛛丝的晶粒如此之小，以至于纤维在外界拉力作用下随着类似于橡胶的无定形区域的取向增加，蜘蛛丝晶体的取向度也随之增加。当纤维拉伸度为10%时，纤维结晶度不变，结晶体的取向增加，横向晶体尺寸（即垂直于纤维轴向）有所减少，这是任何合成纤维的结构随拉伸形变无法实现的特性。

蜘蛛丝的微观结构模型可以这样描述：由柔韧的蛋白质分子链组成无定型区，再由一定硬度的棒状微粒晶体起增强作用。这些晶体由疏水性的聚丙氨酸排列的β-折叠片层组成，折叠片层中分子在氢键作用下相互平行排列。另一方面，甘氨酸富集的聚肽链组成了蜘蛛丝蛋白中的无定形区，无定形区内的聚肽链间通过氢键交联，构成了类似橡胶分子的网状结构。

由蜘蛛丝的结构模型可以看出，由于结晶区内多肽链分子间的氢键作用，分子间作用力很大,而沿着纤维轴线方向排列的晶区结构又使外力作用时有更多的小晶区能承受外力作用,这是蜘蛛丝具有很高强度的原因。同时,由于蜘蛛丝的结晶度为10%~15%,比蚕丝(50%~60%)小得多,而非结晶区则比蚕丝大得多。因此,可以认为蜘蛛丝具有良好弹性的主要原因是非结晶区的贡献。此外,非结晶区分子呈β转角状,当受到拉伸力作用时可能会形成β转角螺旋,这也赋予了蜘蛛丝良好的弹性。

人们早就发现蜘蛛丝能吸收振动能量,并能使机械能转变成热能,否则飞行的苍蝇和蝴蝶撞上蜘蛛网时就会被弹回到相反方向。蜘蛛丝为何具有这些特性,长期以来一直无人知晓。美国加利福尼亚研究机构的物理学家和生物学家组成的研究小组揭开了蜘蛛丝的秘密。他们在显微镜下发现蜘蛛丝是一根极细的螺线,看上去像长长的浸过液体的"弹簧"(如图1-14所示)。当"弹簧"被拉长时它会竭力返回原有的长度,但是当它收缩时液体会吸收全部剩余能量,同时使机械能转变成热能。

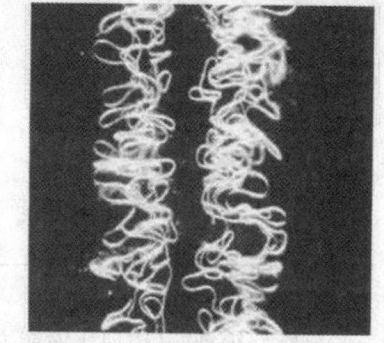

图1-14 蜘蛛丝的显微电镜图

(三)蜘蛛丝的成丝过程

蜘蛛吐丝的过程基本相似,以十字圆蜘蛛为例,在十字圆蜘蛛的前腹部有用来形成蛛丝纤维的壶状腺。壶状腺由3部分组成,中心小囊、一条很长的弯管和出口。蜘蛛在拉丝时,小囊内部的细胞会分泌出许多露珠状的黏液,黏液中含有两种蜘蛛素蛋白。当这些黏液流到小囊的下部时,下部的细胞会分泌出另一种蛋白质,即糖蛋白,与之混合后,从而形成液态晶体结构的纤维。然后,这些黏稠的液体便向出口流动。此时,各种蛋白质内的长分子会沿着纤维的中心线平行地排列,并由分子间形成的氢键连接,最后完成蜘蛛丝的原料制备并向纺丝器输出。纺丝器位于蜘蛛腹部的中、后部,是最终"出产"蜘蛛丝的地方。纺丝器上有许多像喷头形状的纺丝管(如图1-15所示),蜘蛛丝就是从这里喷出来的。纺丝管的数量因蜘蛛种类的不同而各异,数量最多的是一种线纹冒头蜘蛛,它身上的纺丝管有9 600根,一根蜘蛛丝就是由无数纺丝器上喷出的细丝合并成的。

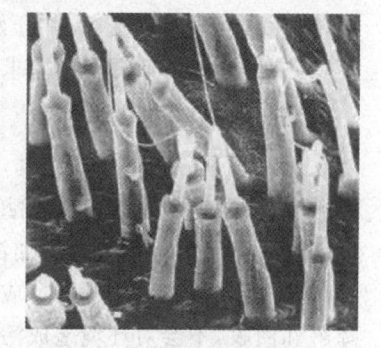

图1-15 蜘蛛的纺丝管

三、蜘蛛丝的性能

(一)蜘蛛丝的力学性能

1. 断裂性能

蜘蛛丝的物理密度是1.34 g/cm³,与蚕丝和羊毛接近。蜘蛛丝最吸引人的地方是其具有优异的力学性能,即高强度、高弹性、高柔韧性、高断裂能。由表1-18可以看出,大腹圆蜘蛛的牵引丝、框丝和外层包卵丝的断裂强度均比蚕丝丝素大,断裂伸长是丝素的3~5倍,断裂比功也比丝素大得多。蜘蛛丝的断裂强度虽然不及钢丝和用于制造防弹衣的高性能纤维Kevlar,但是其断裂伸长是钢丝的5~10倍,是Kevlar的10~20倍,其断裂功比钢丝和Kevlar大得多。此外,蜘蛛丝有较高的干湿模量,在干湿态下都具有高拉伸强度和高延伸度。

表 1-18　大腹圆蛛的各种丝与其他纤维的力学性能比较

试样	断裂强度/(cN·mm⁻²)	断裂伸长率/%	断裂比功/(cN·tex⁻¹)	截面积/μm²
牵引丝	713.8	37.5	134.8	20.28
框丝	678.6	83.1	258.4	39.59
内层包卵丝	816.0	50.8	311.7	46.98
外层包卵丝	488.4	46.2	178.2	95.80
丝素	565.3	13.7	53..3	67.93
钢丝	2 000.0	8.0	0.3	—
Kevlar	4 000.0	4.0	26.0	—

2. 剪切性能

蜘蛛丝很细，其横向压缩能力要比其他纤维差，纤维有很大的各向异性。蜘蛛丝有很强的扭转性能，其剪切强度比其他纤维（包括 Kevlar）要高得多，具有很高的扭转稳定性。

3. 弹性

蜘蛛丝具有良好的弹性，当伸长至断裂伸长率的 70% 时，弹性恢复率仍可高达 80%~90%。

(二) 蜘蛛丝的耐热性

蜘蛛丝有良好的耐高温、低温性能。据报道，蜘蛛丝在 200 ℃ 下表现出很好的热稳定性，在 300 ℃ 以上才变黄，并开始分解；在零下 40 ℃ 时仍有弹性，只有在更低的温度下才会变硬。在有高温、低温使用需求的场合下，蜘蛛丝纤维的优势非常显著。

(三) 蜘蛛丝的化学性能

蜘蛛丝是一种蛋白质纤维，具有独特的溶解性，不溶于水、稀酸和稀碱，但溶于溴化锂、甲酸、浓硫酸等。对蛋白水解酶具有抵抗性，不能被其分解。遇高温加热时可以溶于乙醇。蜘蛛丝所显示的橙黄色遇碱加深，遇酸则褪色。它的微量化学性质与蚕丝相似。蜘蛛的腺液离开身体后马上形成固体，成为一种蛋白质丝，这种蛋白质丝不溶于水。蜘蛛丝可以生物降解和回收，不会对环境造成污染。

四、蜘蛛丝纤维的生产方法

科学家们发现，蜘蛛的天然共存性很差，它们会自相残杀，同类相食。如果通过大量饲养繁殖蜘蛛的方法来获取蜘蛛丝是无法满足生产需要的。随着生物技术、遗传基因技术的发展，通过对蜘蛛丝蛋白和腺体分泌物的研究，科学家们成功地制造出了蜘蛛丝蛋白的合成基因，利用这种基因可生产出与天然蜘蛛丝蛋白相似的产品。这一研究成果，使得大规模生产人工合成蜘蛛丝成为可能。

从分类学的角度出发，这种人工合成的蜘蛛丝应属于再生蛋白质纤维。目前，蜘蛛丝的生产方法有以下几种。

(一) 微生物合成蜘蛛丝

将蜘蛛丝蛋白的基因移植给微生物，当微生物繁殖时，可产生大量的类似于蜘蛛丝蛋白的蛋白质。科学家发现了一种细菌和一种酵母菌通过基因移植技术能够合成出类似于蜘蛛丝蛋白的蛋白质。

(二)蚕吐蜘蛛丝

利用转基因技术,将蜘蛛丝的基因通过"电穿孔"的方法注入很小的蚕卵中,用蜘蛛丝基因取代蚕丝基因中的强度片段,从而在家蚕基因链中产生了部分蜘蛛丝基因。中科院上海生命科学研究院运用转基因方法,在国际上首次实现了绿色荧光蛋白与蜘蛛丝基因的融合,获得了荧光茧——一种高级的绿色环保材料。

(三)牛、羊乳蜘蛛丝

利用生物技术、转基因技术使奶羊或奶牛与蜘蛛"联姻",将蜘蛛的蛋白基因注入奶牛或奶羊,其产下的奶中就含有大量的柔软光滑的蜘蛛蛋白成分,这种含有蜘蛛丝基因的蛋白质可用来生产有"生物钢"之称的纤维。据报道,加拿大一家生物技术公司已经成功地利用基因移植技术,使山羊生产的奶中含有类似于蜘蛛丝蛋白的蛋白质。用这种蛋白质生产的纤维,其强度是芳纶的3.5倍,利用这种纤维,可织成强度很高的面料。我国于近两年开始研究人工合成蜘蛛丝,科学家们将蜘蛛丝蛋白基因注入小白鼠身上,成功地培养了一批带有蜘蛛丝蛋白基因的老鼠,并从这些转基因鼠的乳汁中提取出了蜘蛛丝蛋白。不久后,科学家们将开始培育转基因奶牛,以达到大规模生产蜘蛛丝蛋白的目的。

(四)转基因植物合成蜘蛛丝

虽然利用转基因动物或培育转基因细菌能生产出蜘蛛丝,但使用转基因植物生产蜘蛛丝蛋白的成本更低。将能生产蜘蛛丝蛋白的合成基因移植给植物,如谷物、花生、土豆和烟草等,通过大面积的种植,获取丝蛋白。德国科学家已从蜘蛛体内提取出蜘蛛丝蛋白基因,并将它植入多种植物的基因组,所培育出的转基因植物中,与蜘蛛体内产生的丝蛋白含量相比超过了2%。

五、蜘蛛丝纤维的研究现状

现在国内外对蜘蛛丝的研究主要集中在两个方面:首先是对蜘蛛丝的内在结构的研究,特别是研究和分析了产生蜘蛛丝优异力学性能的机理;其次是人工合成蜘蛛丝的新方法研究。国内对蜘蛛丝的结构以及蜘蛛丝优异力学性能产生机理的研究较深入的主要是苏州大学的潘志娟、李春萍等,他们以大腹圆蛛牵引丝为研究对象,分析了蜘蛛丝的聚集态结构特征和形态结构特征,并在结构研究的基础上,探索和分析了蜘蛛丝优异的力学性能的形成机理。研究表明,蜘蛛丝具有原纤化和皮芯结构,其结晶度和取向度都很低,蜘蛛丝内可能含有分子排列介于结晶态和非结晶态的中间相。原纤分析表明,蜘蛛丝优异的力学性能可能是原纤化结构、皮芯结构、内部的中间相以及无定型区共同作用的结果。此外,他们还研究了蜘蛛丝的热学性能和一些物理性能。安徽农业大学的王建平、彭卫平等利用SEM技术观察大腹圆蛛丝的形态,研究发现大腹圆蛛丝的牵引丝是由单根、双根、三根、四根的单丝纤维组成,且这四种形态的牵引丝表面也有区别,其中包卵丝的伸长率、断裂强度与牵引丝相当,但包卵丝的刚性逊于牵引丝,大腹圆蛛的丝与其他种类的蜘蛛丝差异不大。

国外对蜘蛛丝的微细结构的研究也很多,S. F. Y. Li,Masayoshi Kitagawa Augsten K.等分别利用AFM、SEM、TEM分析了Nephila Clavipes牵引丝的微细结构,发现了牵引丝的皮芯层结构特征。F. Vollrath、Z. Z. Shao 等利用 TEM 对 Nephila clavipes 牵引丝的研究显示,蜘蛛牵引丝截面内存在着不均匀性,纤维的芯层含有微小的伸展状的微管,这些微管可能对蜘蛛丝的力学性能有重要作用。

六、蜘蛛丝纤维的开发应用

蜘蛛丝纤维属于蛋白质纤维,具有许多其他纤维无法比拟的特性。所以,在很多领域都有广泛的开发应用价值。

(一)纺织制品

蜘蛛丝弹性好、柔软、穿着舒适,是很好的纺织纤维。利用基因技术将绿色荧光蛋白质与丝蛋白分子相融合生产出荧光丝,可与普通丝交织制成织物,如服装、围巾、帽子等,在紫色、蓝色灯光下会发出荧光图案,成为全球时装展示会上最时尚的纺织面料。

(二)军事及民用防护领域

由于蜘蛛丝具备强度高、弹性好、柔软、质轻、断裂功大等优良性能,可以加工成防弹背心和防弹衣,也可以用于制造坦克和飞机的装甲,以及军事建筑物的"防弹衣"等,还可以用于复合材料和结构改性等方面。此外,蜘蛛丝还可以加工成网具、轮胎、防护材料等。

(三)航天航空领域

蜘蛛丝的强度高、韧性大、有一定的热稳定性,可用于做降落伞布、降落伞索,这种降落伞重量轻、防缠绕、展开力强大、抗风性能佳、坚牢耐用。蜘蛛丝还可用于织造太空服等高强度面料。

(四)医学领域

蜘蛛丝的优越性还在于它是天然的蛋白质纤维,与人体有很好的相容性。目前尚未发现人体对蜘蛛丝所含的蛋白质有任何排异反应,因而可以通过转基因技术制成伤口封闭材料和生理组织工程材料,如人工关节、韧带、人类使用的假肢、人工肌腱、组织修复、神经外科及眼科等手术的超细伤口缝线等产品,具有韧性好、可降解等特性。

(1)人造皮肤:蜘蛛丝纤维的通透性与天然皮肤非常接近,具有比较好的伸展性,非常适合未来的人造皮肤的要求。

(2)人工肌腱:将磷酸等嵌入丝纤维以后,丝纤维可以吸附到骨骼的晶体外层,而蜘蛛丝的高强度、良好的柔韧性以及可塑性,使其成为替代肌腱的理想材料。

(3)缝合线:蜘蛛丝用作缝合线可使手术更精细,修复更完整,术后通过一定的方法使其降解并被人体吸收,无须再进行一次痛苦的拆线。

(4)人体角膜:蜘蛛丝蛋白透明、可润湿、具有通透性,有可能利用它对人体角膜进行更换,以及利用其强弹性来调节眼睛,从而缓解或彻底解决近视对人类的困扰。

(5)建筑领域:可用作结构材料和复合材料,应用于桥梁、高层建筑和民用建筑等,起增强作用。可以代替混凝土中的钢筋,用于减轻建筑物自身的重量。

参考文献

[1]普丹丹.天然彩棉/白棉不同混纺比产品的性能研究[J].浙江理工大学学报,2007,24(3):234~236.

[2]李新娥.天然彩棉纤维摩擦性能研究[J].纺织科技进展,2007,(2):62~63.

[3]闫家政.天然彩色棉混纺纱的产品开发[J].山东纺织科技,2004,(1):15~17.

[4]张庆辉.天然彩棉的现状及未来的发展趋势[J].天津纺织科技,2001,40(3):2~5.

[5]石海艳.天然彩棉针织内衣的舒适性能研究[J].武汉科技学院学报,2005,18(7):49~51.

[6]鲍银俏.天然彩色棉混纺原料对织物风格的影响[J].浙江理工大学学报,2007,24(6):617~619.

[7]蒋丽云.天然彩棉性能及其产品开发[J].南通大学学报,2006,5(1):38~41.

[8]温海永.天然彩色棉纺纱工艺实践[J].棉纺织技术,2006,34(3):38~40.

[9]洪华.天然彩色棉纤维与染色棉纤维鉴别方法的研究[J].检验检疫科学,2007,17(1):23~28.

[10]杨明等.天然彩棉与普通白棉中微量元素的比较研究[J].光谱学与光谱分析,2008,28(1):203~205.

[11]杨建忠主编.新型纺织材料及应用[M].上海:东华大学出版社,2002.

[12]张冶,穆征.木棉纤维性能及其可纺性的探讨[J].南通纺织职业技术学院学报,2007,7(1):1~4.

[13]肖红,于伟东,施楣梧.木棉纤维的基本结构和性能[J].纺织学报,2005,26(4):4~6.

[14]张元明,韩光亭,孙亚宁等.罗布麻纤维横截面形状的探讨[J].中国纤检,2005(1):35~36.

[15]薛卫巍,翟秋梅,薛永常等.罗布麻微生物脱胶工艺优化[J].纺织学报,2009,30(4):80~84.

[16]刘庆生等.蜘蛛丝的结构性能与研究现状[J].四川丝绸,2005,(2):16~18.

[17]李志贤.木棉纤维及其应用[J].山东纺织科技,2006,(3):52~54.

[18]邵敬党.蜘蛛丝的性能特征分析[J].棉纺织技术,2005,33(11):655~656.

[19]张慧勤等.蜘蛛丝的研究与应用[J].中原工学院学报,2005,16(4):48~50.

[20]陈瑶等.蜘蛛丝纤维的特性与开发生产[J].现代纺织技术,2006,(6):53~55.

[21]刘海洋等.蜘蛛丝研究开发进展[J].山东纺织科技,2005,(2):54~56.

[22]刘海洋.蜘蛛丝研究与开发利用[J].产业用纺织品,2004,(4):7~9.

[23]翁蕾蕾.蜘蛛丝的合成和应用概述[J].上海纺织科技,2004,32(1):3~4.

[24]赵博.新一代高性能纤维—蜘蛛丝纤维[J].针织工业,2005,(1):30~32.

[25]张家明.超级纤维蜘蛛丝的研究进展[J].华南热带农业大学学报,2005,11(4):30~36.

[26]刘让同.蜘蛛丝与蚕丝结构性能比较[J].广西纺织科技,2008,37(2):32~37.

[27]刘自熔.大麻酶法脱胶研究[J].纺织学报,1999(5):26~28.

[28]殷祥刚."闪爆"处理对大麻脱胶及纤维性能的影响[J].中国麻业,2003(5):243~247.

[29]田华,张金燕.大麻产品开发现状与发展趋势[J].纺织科技进展,2005,(5):11.

[30]孙小寅.大麻纤维的性能及其应用研究[J].纺织学报,2001,22(4):3~36.

[31]殷祥刚.大麻加工技术现状及发展[J].天津工业大学学报,2003,22(1):14.

[32]周永凯.大麻纤维的抗菌性及抗菌机制[J].纺织学报,2007,28(6):12~15.

[33]徐凡.大麻纤维的吸声性能研究[J].纺织科技进展,2008,(5):75~77.

[34]吴君南.闪爆处理对大麻纤维结构与性能的影响[J].纺织学报,2008,29(4):14～17.

[35]张华.碱处理对大麻织物染色与力学性能的影响[J].纺织学报,2008,29(4):79～82.

[36]唐占伟.液氨处理对大麻纤维结构与性能的影响[J].纺织学报,2008,29(1):69～72.

[37]李洪波,李玉红.野生纤维之王:罗布麻[J].山东纺织经济,2006(4):80～81.

[38]吴红玲,蒋少军,李志忠等.罗布麻脱胶工艺的研究[J].兰州理工大学学报,2004,3(5):76～78.

[39]鲍明东,陈卓,刘自等.罗布麻生物脱胶研究初报[J].山东农业科学,2002(6):11～13.

[40]刘正初,周裔彬.罗布麻韧皮非纤维素生物降解的工艺基础[J].中国麻业,2002,24(1):30～33.

[41]李银环,黄茂芳,谭海生.菠萝叶纤维表面的化学改性及其应用[J].华南热带农业大学学报,2004,10(2):21～24.

[42]郭爱莲.菠萝叶纤维的性能及应用[J].山东纺织科技,2005,(6):49～51.

[43]郁崇文,张元明.菠萝叶纤维的性能研究[J].中国纺织大学学报,1997,23(6):17～20.

第二章 新型再生纤维素纤维

再生纤维是由天然聚合物经人工溶解或熔融再抽丝而形成的,其特点是纤维大分子为天然聚合物基。天然纤维因具有手感柔软、光泽自然柔和、吸湿透气性好等优良性能而广受人们青睐。然而,随着人口的加速增长,资源进一步的消耗和废弃,而生物物种、森林面积、可利用水资源、可耕土地的减少,天然纤维如棉、麻、羊毛、蚕丝等受到种植、养殖方面的限制,无法大量发展,因而选择资源节约型模式,包括节地、节水、节能的农业结构模式,节能、降耗的工业结构模式,开发与天然纤维同属于天然聚合物基的再生生物纤维,就显得尤为重要。目前已可工业化生产的再生纤维主要是再生纤维素纤维。

实现工业化生产的再生纤维素纤维,其发展可分为三个阶段,形成了三代产品。第一代是以碱溶液法生产的普通黏胶纤维为代表,该纤维的化学组成与棉纤维相同,具有良好的吸湿性、透气性和染色性,产品舒适性好,但其最大的缺点是湿强湿模量低、织物尺寸稳定性差,且生产工艺冗长,投资和能耗高,并带来一定的环境污染,使其进一步的发展受到影响。为了克服第一代产品的缺陷,在第一代再生纤维素纤维生产的基础上,国内外开发了许多功能风格得到改良的第二代再生纤维素纤维,如20世纪50年代开始实现工业化生产的高湿模量黏胶纤维,其主要代表产品为日本研发的虎木棉(后命名为Polynosic)和美国研发的变化型高湿模量纤维HWM以及lenzing(兰精)公司在20世纪80年代后期采用新工艺生产的Modal纤维,另有高模高卷曲黏胶纤维、高强黏胶纤维、阻燃黏胶纤维、中空黏胶纤维等品种。然而,到了60年代后期,由于合成纤维生产技术的迅速发展,加上当时其原料来源充足和成本低廉,极大地冲击了再生纤维素纤维的市场需求,许多研究机构和企业更多地关注新合纤的开发和应用。在此期间,世界再生纤维素纤维的发展趋于停滞。进入21世纪以来,石油资源日益短缺的现状,以及人们健康环保意识的逐渐增强,使人们对再生纤维素纤维有了新的认识。从20世纪60年代起,人们开始致力于再生纤维素纤维新生产方法的开发以取代传统碱溶液法。以NMMO为溶剂生产的再生纤维素纤维,1989年由布鲁塞尔国际人造丝及合成纤维标准局(BISFA)命名为"Lyocell"纤维,目前世界上已有多家公司生产这种纤维,分别使用各自的商品名称,如Lenzing Lyocell(短纤维)、Tencel(短纤维)和Newcell(长丝纱)等。以溶剂法再生纤维素纤维Lyocell为代表的纤维可被视作第三代再生纤维素纤维。与传统的黏胶法相比,溶剂法具有操作工艺简单、流程简短、环境污染小、纤维性能好等特点。新一代再生纤维素纤维的理化性能有了充分的改进,再生纤维素纤维产量迅猛提高。

随着再生纤维素纤维在国内外市场上的地位日益显著,势必要考虑其原料来源问题。再生纤维素纤维的原料均来自天然纤维素物质,以含较高α-纤维素含量的高级木浆和棉短绒为主,高级木浆来源于高质量的硬木、软木。随着森林资源日趋匮乏、耕地减少造成的木材和棉花成本增加以及人们生态保护意识增强,人们开始寻找新的原料来替代木材生产纤维素纤维。竹子生长快、产量高,是理想的生产再生纤维素纤维的原料。竹浆纤维是本世纪初我国自主研究开发出的新型纤维素纤维,它利用天然竹子为原料,通过水解碱法及多段漂白精制成浆粕,再通过化纤生产工艺,将纤维素含量在35%左右的竹浆纤维提纯到93%以上,制成可满足纺织生产的新型再生纤维素纤维,即竹黏胶纤维。

现选择部分新型再生纤维素纤维介绍如下。

第一节　高湿模量黏胶纤维(Modal 纤维)

一、概述

纤维素纤维具有优良的吸湿性、穿着舒适性,一直是纺织品和卫生用品的重要原料。然而,普通黏胶纤维存在一些严重缺点,主要是在湿态时剧烈溶胀,使纤维的断裂强度显著下降,在较小的负荷下就容易伸长(即湿模量很低)。因此,织物洗涤时受到揉搓力容易变形,干燥后强烈收缩,尺寸很不稳定。又由于普通黏胶纤维湿模量较低,织物进行染色加工时必须采取松式,因此,染色加工不便连续进行。

为了克服上述缺点,人们研制出高湿模量黏胶短纤维。这种纤维除具有高强力、低伸长和低膨化度外,其主要特点是具有较高的湿模量,因此有高湿模量黏胶纤维之称。由于高湿模量黏胶纤维具有优良的物理机械性能,因此有人称它为第二代黏胶纤维。高湿模量黏胶纤维是新一代黏胶纤维,它克服了普通黏胶纤维湿态时被水溶胀、强度明显下降、织物洗涤揉搓时易变形、干燥后易收缩、使用中又逐渐伸长、尺寸稳定性差的缺点,是一种具有较高的强度、较低的伸长度和膨化度、较高的湿强度和湿模量的黏胶纤维。高湿模量纤维可以分为两类:一类为波里诺西克(polynosic)纤维,我国商品名为富强纤维,日本称之为虎木棉;另一类为变化型高湿模量黏胶纤维(或称为 HWM 纤维),其代表是奥地利 Lenzing 公司的莫代尔(Modal)纤维。

根据 GB/T 4146-1984 的定义,Modal 纤维是具有较高的聚合度、强力和湿模量的黏胶纤维,在湿态下可承受 22.0 cN/tex(2.5 g/D)的负荷,且在此负荷下的湿伸长率不超过 15%。因此从纤维性能及分类上讲,20 世纪 50 年代实现工业化生产的 Polynosic 和变化型 HWM 均可称为 Modal 纤维。国际人造丝和合成纤维标准局把高湿模量黏胶纤维统称 Modal。

如前所述,Polynosic 纤维属于 Modal 纤维中的一个种类。该纤维最早由日本于 20 世纪 50 年代开发成功,称为"虎木棉",在欧洲实现了商业化生产,正式命名为 Polynosic 纤维,我国在 20 世纪 60 年代引进这种纤维,并将其称为"富强纤维"。Polynosic 以高聚合度(1 000 左右)木浆为原料,经碱化,加入变性剂,碱纤维素不经过老成,直接磺化,二硫化碳用量高达 50%～60%,制得的黏胶黏度为 200～300 s,熟成度盐值也极高,用低酸、高锌、低盐、低温的纺丝浴,玻璃制的喷丝头低速纺丝,经多次牵伸后缓慢成形,生成高强、低伸、高湿模量和耐碱的纤维,与 Modal 纤维相比,具有更高的结晶度和断裂强度,耐碱性好,但不耐疲劳,钩接强度相对较低。由于 70 年代受到能源危机的影响和合成纤维的冲击,其产量大幅下降,在 1994 年时,日本制造 Polynosic 纤维的只剩下东洋纺与富士纺两家公司。2000 年,我国丹东化纤集团引进日本东洋纺公司的生产技术,于 2004 年正式实现了 Polynosic 纤维的国产化，商品名称为 Richcel（丽赛）纤维。丽赛纤维是我国自行生产的最早的高档再生纤维素纤维。

目前，国内市场上出现的 Modal 纤维，主要来自于 Lenzing 公司，从其性能上看属于变化型高湿模量纤维。该产品以聚合度为 800 的榉木溶解浆为原料，碱化时加入变性剂，然后进行老成、磺化（二硫化碳用量为 30%～40%），黏胶含碱量高（碱纤比为 0.9～1.0），黏胶黏度约为 100～150 s，熟成度盐值也较高，在酸浓度中等、高锌、中硫酸钠纺丝浴中低速纺丝，纺丝速度约 20～30 m/min，经高倍缓慢牵伸和高温二浴处理后，形成结晶度和取向度高于 Polynosic 的超分子结构。据称与 Polynosic 相比，其强度虽略低，但能控制伸长率和钩接强度，因此克服了纤维的脆性，提高了耐磨性能，在同等条件下，这两种纤维的织物经过 20 次洗涤后比较，Modal 纤维不发生损裂。

下面以变化型的 Modal 纤维为例介绍高湿模量黏胶纤维的结构与性能特点。

二、Modal 纤维的纺丝工艺

Modal 纤维属于变化型高湿模量黏胶纤维，其主要工艺特点为：
(1)黏胶中添加改性剂，在高锌、低酸凝固浴中成形；
(2)低温纺丝；
(3)降低酸浴中硫酸钠含量，使新生纤维脱水缓慢，丝条溶胀；
(4)高倍拉伸。

三、Modal 纤维的结构

Modal 纤维属于纤维素纤维，由纤维素大分子构成，与普通黏胶纤维相比，结晶度较大，但与棉相比，结晶度较低，非晶区较大。纤维的微细结构与棉纤维一样具有原纤结构，截面与黏胶纤维一样具有皮芯结构，但皮层较厚。结构方面与棉纤维和普通黏胶纤维的差异如表 2-1 所示。

表 2-1 Modal 纤维与普通黏胶纤维和棉纤维在结构方面的差异

项目	Modal 纤维	普通黏胶纤维	棉纤维
聚合度	450～550	250～300	2 000
取向度/%	75～80	70～80	65
结晶度/%	50	30	70
晶区厚度/μm	7～10	5～7	~
原纤结构	有原纤结构	无原纤结构或少	有原纤结构
截面形态	圆形，较厚皮层	锯齿形，有皮芯结构	腰圆形，有中腔
纵向形态	有 1～2 条沟槽	有细沟槽	有天然转曲

四、Modal 纤维的性能

（一）力学性能

与普通黏胶纤维相比，Modal 纤维力学性能优于普通黏胶纤维，具有较高的干、湿强力和韧性,接近合成纤维,断裂伸长率较小,湿态伸长也较小,因此水洗收缩率比较低。纤维的高强度使它适于生产超细纤维。

Modal 纤维与其他纤维素纤维物理机械性能的比较如表 2-2 所示。

表 2-2 Modal 纤维与其他纤维素纤维物理机械性能比较

性能		Modal	黏胶	棉	Lyocell
强度	干/(cN·tex^{-1})	34~36	22~27	21~35	38~42
	湿/(cN·tex^{-1})	20~22	10~15	23~37	34~38
	相对湿强/%	60	50	105	85
伸长率	干/%	13~15	16~22	7~12	13~15
	湿/%	13~15	21~29	9~14	16~18
钩结强度/(cN·tex^{-1})		8	7	2 026	20
回潮率/%		12.5	13	8.5	11.5
吸水率/%		60~70	75	50	60~70
保水率/%		60	90	50	70
水中膨润度/%		63	88	35	67

(二)化学性质

Modal 纤维耐化学性与普通黏胶纤维基本相同,在碱性条件下比较稳定,在强碱中发生膨胀,强力下降,在冷的弱酸条件下,纤维性能不变,加热时强力降低,在热稀酸、冷浓酸中强力开始逐渐下降,进而分解,容易受强氧化剂腐蚀,但短时间使用次氯酸盐或过氧化物漂白织物时,不会使纤维受损。

1. 染色性能

传统的纤维素纤维染色用的染料,如直接染料、活性染料、还原染料、硫化染料等都可用于 Modal 纤维织物的染色,上染率好。织物染色时吸湿透彻、色牢度好、色泽鲜艳明亮。

2. 热学性能

Modal 纤维同普通黏胶纤维一样,属于易燃性纤维,加热至 150 ℃左右强力开始下降,180~200 ℃分解。

3. 耐日光性

长时间日光照射,强力降低,颜色略变黄。

第二节 Lyocell 纤维

一、概述

Lyocell 纤维是目前已实现工业化生产的使用有机溶剂法再生的纤维素纤维。它是以季胺类氧化物 N—甲基吗啉—N—氧化物(简称 NMMO)为溶剂,将纤维素浆粕溶解后进行纺丝。采用溶剂法生产出来的再生纤维素纤维，被认为是最具发展潜质的人造纤维。这种纤维由 Akzo Nokel 公司发明并取得专利后，1989 年布鲁塞尔国际人造丝及合成纤维标准局(BISFA)将其命名为 Lyocell 纤维，1992 年美国联邦贸易委员会也确认其纤维分类名为 Lyocell。"Lyo"由希腊文"Lyein"而来，意为溶解，"Cell"从纤维素"Cellulose"一词得来，两者合并成"Lyocell"。后来欧共体指导性文件(1997/37 号)将其代号定为"CLY"。目前世界上已有多家公司生产这种纤维，分别使用各自的商品名称，如 Lenzing Lyocell（短纤维）、Tencel（短纤维）和 Newcell（长丝纱）等。这种纤维在制造过程中几乎没有污染物排放，所有溶剂几乎全部回收(99.9%以上)。

传统的再生纤维素纤维的生产采用二硫化碳(CS_2)或铜氨溶液作溶剂生成可溶性纤维素纺丝原液进行纺丝。自从 1905 年 Courtaulds 公司将黏胶纤维的生产工艺(二硫化碳溶解纤维素浆粕法)工业化后，黏胶纤维在人造纤维市场占据了半个多世纪的主导地位。到了 20 世纪 50 年代末、60 年代初，价格便宜、性能优良的合成纤维（涤纶、锦纶、腈纶等）问世，在许多方面取代了黏胶纤维。由于再生纤维素纤维具有许多优于合成纤维的性能，如吸湿透气性好、手感柔软、穿着舒适，并且用途广泛，原料充足，长期以来仍然受到人们的青睐。但是，传统的黏胶及铜氨纤维在生产过程中由于二硫化碳和氨的存在，造成环境污染，环保问题无法解决，限制了其进一步的发展。

1980 年 3 月 5 日，联合国大会提出了确保全球可持续性发展的战略，其基本内容是生态环境保护与经济快速发展的平衡。随着 21 世纪的到来，环境保护已成为了人们的共识，因此开发和发展"绿色"纤维新品种成为 21 世纪新型纺织纤维原料和纺织品的重要课题。Lyocell 即是一种符合环保要求的再生纤维素纤维，其原料采用木浆，而木浆来自于成材非常迅速的山毛榉(beech)、桉树(eucalyptus)或针叶树(coniferous)等，从植株起 5~7 年后便可长成 25 米高的成材，它们培植于丘陵山冈，不占用可耕地，不影响农作物生长，木材丰富，用之不尽。生产过程中使用的有机溶剂 NMMO 在生产密闭系统中可回收，回收率达 99% 以上，对环境无公害。Lyocell 纤维易于生物降解，在缺氧性污水中处理，仅八天时间该纤维即完全分解，当它被埋在土中 3~5 个月时，能分解成水和二氧化碳，如果将其废弃物焚烧，也不会产生有害气体污染环境。Lyocell 纤维从木浆到纺制成短纤维或长丝的生产过程比黏胶纤维生产过程缩短三分之一到二分之一，纤维生产工艺流程短，生产效率高，耗费能源少，而生产的 Lyocell 纤维性能又十分优良，它具有纤维素纤维的自然舒适性和合成纤维的高强度。Lyocell 织物具有强度高、手感厚实、悬垂性好、吸湿放湿性好、穿着舒适、易染色和色彩鲜艳多样、相对较好的抗皱性和保型性等特点，它可与其他纤维（包括合成纤维、天然纤维或再生纤维）混纺、复合或交织，能获得表面光面或具有茸效应等不同风格的服装面料。Lyocell 纤维也可用于产业用布，做成无纺布、特殊纸张、过滤材料以及功能性（导电、抗菌、阻燃等）纤维材料。

自 1939 年 N-甲基吗啉-N-氧化物(NMMO)被用作溶解纤维素的溶剂，并被证明为优良溶剂以后，1969 年美国 Enka 公司的 C C McCoursley，J K Varga，N E Franks 和 R N Amstrong 等人成功地实现了溶剂法再生纤维素纤维的工业化生产。他们采用胺类(NMMO)水解液为溶剂，极好地溶解纤维素后，纺丝成形，然后在凝固浴中凝固形成丝条。但是由于所使用的溶剂 NMMO 价格昂贵，而当时的生产工艺难以最大限度地回收溶剂，使得该生产技术暂停了发展。自 1976 年后，Akzo Nobel 公司组织 Enka 公司和 Obern Burg 恩卡研究所开始研究生产再生纤维素纤维的新工艺路线和方法,所生产得到的以 NMMO 为溶剂的 Lyocell 纤维性能良好,而且溶剂能回收,因而于 1980 年申请了工艺和产品的专利,在 1989 年该纤维产品被 BISFA 命名为 Lyocell。1987 和 1990 年,Akzo Nobel 公司分别将生产 Lyocell 纤维的专利转让给了奥地利的 Lenzing 公司和英国的 Courtaulds 公司。

1993 年底 Lyocell 纤维由英国化学纤维生产商 Courtaulds 公司在美国 Mobile 生产,纤维商品名称为 Tencel,年生产量为 1.8 万吨,纤维产品向全世界销售。1997 年

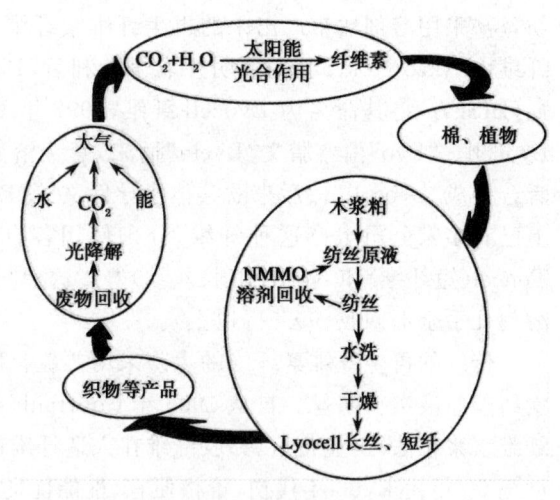

图 2-1 Lyocell 纤维的绿色生态链

底,Courtaulds 公司在英国 Grimshy 地区又建了一个工厂投产,年生产能力为 4.2 万吨。Courtaulds 公司开发的产业用短纤维,其商品名为 Courtaulds Lyocell。同时,1997 年 7 月初,Lenzing 公司的子公司——Lenzing Lyocell 股份有限公司的第一个生产 Lyocell 短纤维的工厂也在 Heiligenkreuz 建成并投入生产,年产量为 1.5 万吨,近年来,其产量已增加了一倍,约 2.4 万吨/年,其商品名称为 Lenzing Lyocell。

除了上述公司生产 Lyocell 短纤维外,奥地利 Lenzing 公司与 Akzo Nobel(荷兰)公司(Lyocell 纤维发明者)合资,在德国 Okernburg 地区建立了一个年产 5 000 吨 Lyocell 长丝的工厂。1999 年 Akzo Nobel(荷兰)公司收购英国的 Courtaulds 公司 65% 股权,合并成为 Acordis 公司,成为世界上最大的再生纤维素纤维生产商。Lyocell 纤维的生产量每年均在快速增长,到 2004 年左右,将在欧洲或亚洲建成第二个 Lyocell 长丝工厂。

除了 Acordis 公司(原 Courtaulds 公司和 Akzo Nobel 公司合并)和 Lenzing AG 公司生产 Lyocell 纤维以外,近年来世界上不少其他国家和地区也在大力发展 Lyocell 纤维的生产。德国 Rudolstadt 地区的 Thuringian 纺织和塑料研究所(TITK)也在研究制造 Lyocell 纤维,1998 年投入生产,以开发短纤维为主,其商品名为"Alceru"。我国台湾聚隆纤维股份有限公司也对新纤维素纤维进行了多年的开发研究,投入巨资用于商业化生产前的技术开发,有数十亿元用于投资设备和厂房,建成了一条中式生产线,其商品商标名为"Acell"。韩国 Hanil 合成纤维公司也开发了这种新纤维,称"Cocel"。位于俄罗斯 Mytichi 地区的俄罗斯研究院制造的 Lyocell 纤维称"Orcel",日本也有小批量生产。我国也正在积极研究 Lyocell 纤维的生产技术,已被列入国家高科技项目,不久的将来,国产 Lyocell 纤维将会用于纺织行业。

Lyocell 纤维是利用可再生资源(森林),通过环保途径生产出的再生纤维素纤维,其形态和加工等许多方面与合成纤维类似,几乎兼顾了现有化学纤维中再生纤维与合成纤维两方面的优点,又恰恰避开了两类纤维的缺陷。与普通再生纤维素纤维相比,其工艺流程短,纤维性能优良,同时,它在成形过程中所使用的溶剂等物质几乎全部都能回收利用或转化为成品,生产过程中几乎没有有毒有害物质向环境排放。特别与普通合成纤维不同的是,它的最终成品在失去使用价值后,可被生物降解为 CO_2 和 H_2O,并参与自然界的生态循环(如图 2-1 所示)。因此,Lyocell 可以说是具有优良环保性能的绿色纤维。

二、Lyocell 纤维的生产

Lyocell 纤维的生产采用干-湿法纺丝成形工艺，以 NMMO 为基础的溶剂法再生纤维素纤维的生产可分为以下几个步骤。

(1) 纺丝原液的制备：在 NMMO-水混合液中溶解纤维素浆粕，制备均匀浓缩的纺丝液（10%～20%），并过滤、脱泡；

(2) 纤维的纺丝成形：在高温下喷出纺丝液，通过空气甬道后进入 NMMO 水溶液、水、醇或其混合液所组成的凝固浴中（干-湿法纺丝工艺），纤维素纤维在凝固浴中固化成形，得到纤维素初生纤维；

(3) 初生纤维经水洗、干燥和后处理，得到可供纺织用的纤维素纤维；

(4) 从凝固浴和水洗槽中回收、纯化和再利用 NMMO。

除了溶剂的回收，以上每个步骤都有可能改变纤维的结构，由此而影响最终产品的性能。

与黏胶纤维生产流程相比，Lyocell 纤维成形的最大特点是整个生产过程为封闭过程，99.5%以上溶剂可回收。由于不形成纤维素衍生物，其制备步骤大大减少，生产工艺省去了碱化、老成、磺化、熟成等工序，整个过程共需大约 3 h，相对于黏胶纤维的 24 h 大大缩短，采用了独特的干-湿法纺丝成形工艺（如图 2-2 所示）。

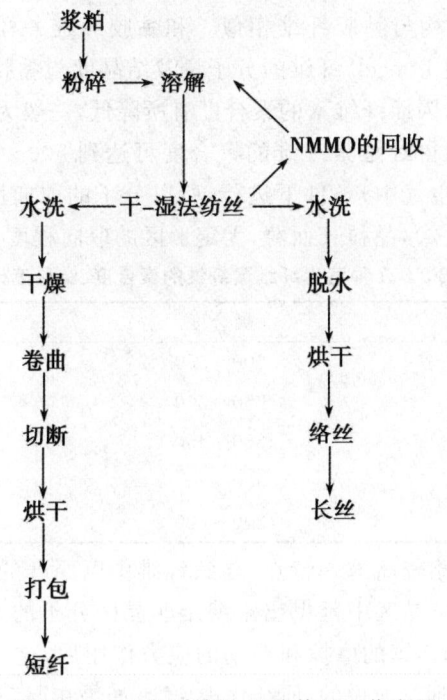

图 2-2　Lyocell 纤维干-湿法纺丝工艺流程

三、Lyocell 纤维的结构

(一) 纤维的形态结构

Lyocell 纤维具有接近圆形的截面形态(如图 2-3 所示),与黏胶纤维的截面形态有着显著的不同。Lyocell 纤维有明晰的巨原纤结构特征,并有尺寸从 5~100 nm 不等的空隙与裂缝,同时它也是一种有皮芯层结构的纤维,但皮层所占比例较黏胶纤维小,在 5% 以下。

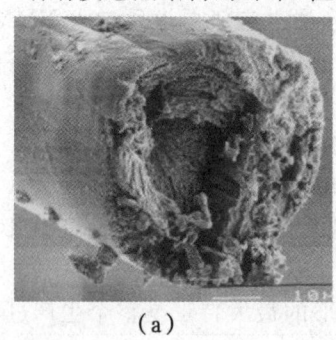

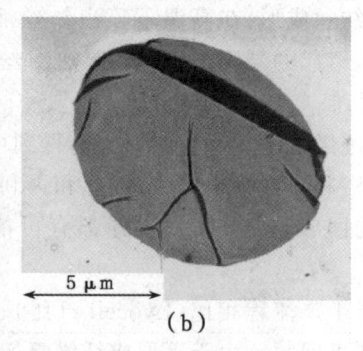

图 2-3 Lyocell 纤维的形态

(二) 纤维的聚集态结构

Lyocell 纤维的分子结构与黏胶纤维相似。和黏胶纤维一样,Lyocell 纤维也属于单斜晶系的纤维素 II 型晶胞,但 Lyocell 纤维的分子量及结晶度与黏胶纤维有所不同。黏胶纤维在生产过程中需氧化裂解,因而纤维素的聚合度有所降低,一般为 250~300;Lyocell 在制备过程中不存在降解反应,所得纤维素纤维的聚合度可达到 500~550。Lyocell 使用干-湿法纺丝,牵伸主要是在干态(空气中)条件下进行,所以分子的取向度比普通黏胶高,结晶度也高于普通黏胶纤维(见表 2-3),晶粒长而薄,无定形区的取向程度也高。

表 2-3 几种再生纤维素纤维的聚合度、结晶度比较

	聚合度	结晶度/%
Lyocell 纤维	500~550	50
普通黏胶纤维	250~300	30
高湿模量黏胶纤维	350~450	44
强力黏胶纤维	300~350	50
一般浆粕	200~600	60

分子取向度和结晶度比较高这一特点,导致纤维中巨原纤的结晶化程度高并更趋向于沿纤维轴向排列,这样,从结晶区中延曳出来缚结非晶区分子的几率相应要减小一些,所以当纤维受到外界因素,诸如连续的摩擦和振动的应力作用后,这一部分巨原纤便很容易从纤维的表面分离出来,这就是通常所说的"原纤化现象"。如果在湿润的条件下接受这种作用,那就更容易出现这种现象,因为水分子会使非晶区膨润而进一步扩大它和结晶区之间的联结。

Lyocell 纤维的聚集态结构中没有从基原纤到微原纤、再到原纤和巨原纤直至纤维这样完善的原纤结构层次,而是一种直接从基原纤到巨原纤的"缨状巨原纤"结构,它的巨原纤是一个较为完整的结晶体,但不是单晶,其中也可能有裂缝和孔洞。

四、Lyocell 纤维的性能

Lyocell 纤维具有高聚合度、高结晶度、高取向度的结构特点，从而导致纤维表现出高干湿强度、高初始模量、低收缩率、高吸水膨润性及突出的原纤化效应。

(一) 力学性能

表 2-4　Lyocell 短纤维和黏胶等纤维的性能比较

纤维	Lyocell 短纤维	黏胶纤维	高湿模量黏胶纤维	棉纤维	涤纶纤维
纤维线密度/dtex	1.7	1.7	1.7	1.6~1.95	1.7
干强度/(cN·tex^{-1})	40~42	22~26	34~36	20~24	40~52
湿强度/(cN·tex^{-1})	34~38	10~15	19~21	26~30	40~52
干断裂伸长率/%	14~16	20~25	13~15	7~9	44~45
湿断裂伸长率/%	16~18	25~30	13~15	12~14	44~45
回潮率/%	11.5	13	12.5	8	0.5
5%伸长湿模量/(cN·tex^{-1})	270	50	110	100	210

Lyocell 纤维有高达 40 cN/tex 的相对强度，大致相当于涤纶纤维的相对强度，远远大于棉和黏胶纤维，虽然吸湿以后强度也要下降，但湿强值也有 30 cN/tex 以上，高于棉的湿强，而棉是湿强大于干强的纤维，这意味着，它能经受剧烈的机械处理和水处理。

Lyocell 纤维在强度方面的优越表现，除了前面提到的它的分子取向度和结晶度高以外，还在于它的聚合度也高(参见表 2-3)，其聚合度比普通黏胶纤维几乎要大出一倍，也比高湿模量黏胶纤维的聚合度高。

Lyocell 纤维还具有较高的初始模量。普通黏胶长丝纤维在干态时的模量约为 70 cN/tex，而 Lyocell 纤维的初始模量是它的数倍，这显然和 Lyocell 纤维中巨原纤有很高的取向度和结晶度有关。而且它在湿态时仍然能保持很高的模量值，这在工业加工中很重要，因为它可以保证纤维在湿态条件下接受加工时，有良好的保形性。由于 Lyocell 纤维具有优异的湿模量，织物的缩水率低，经、纬向缩水率仅为 2%左右，小于高湿模量的富强纤维和棉纤维。

由于 Lyocell 纤维的干湿强度高，因此其服装面料的适用性强，而突出的高强度对于纱线及织造加工、染整加工均有利，可用于制备高支轻薄纱线织物。

(二) 吸湿性能

Lyocell 纤维与黏胶纤维的化学结构相似，但具有不相同的微细结构，因此其可反应性、溶胀性等存在一定的差异。可反应性主要表现在吸湿、保水、水中溶胀以及对于不同表面活性剂吸附等方面，这主要与结晶区的比例和取向有关。

Lyocell 纤维具有相对于黏胶纤维及 Modal 纤维更高的结晶度和分子取向度，但是其空洞体积与二者相当。Lyocell 纤维的标准回潮率在 11%以上，具有良好的吸湿性能。Lyocell 纤维在水中有一个很重要的行为，就是不仅有膨化现象而且膨化的异向性特征十分明显，从表 2-5 中给出的有关数据可以看出，其横向膨胀率可达 40%，而纵向膨胀率仅有 0.03%。这主要是由于在 Lyocell 纤维的制造过程中，依靠纺丝中的牵伸诱导结晶，使原纤的结晶化更趋向于沿纤维轴向排列，因此纤维大分子之间的横向结合力相对较弱，而纵向结合力较强，并形成层状结构。在润湿状态下,水分子进入无定形区,大分子链间的横向结合被切断,分子间联结点被打开,扩大了分子间的距离,因而纤维的形态变粗。在表 2-5 中给出的四种纤维中,它的横向膨胀率最大,纵向膨胀率最小,各向异性比最大。这样高的横向膨胀率会给织物的湿加工带来一定的困难,但如果合理利用该特点,可以使经过湿加工的织物获得良好的柔软性。由于它的纵向膨胀率比较低,所以从总的体积膨胀率上来比较,它甚至比普通黏胶还小,这也是导致它在湿加工以后尺寸稳定性优于黏胶纤维织物的一个重要因素。

Lyocell 纤维特殊的吸湿膨润现象使湿态下织物的纱线间存在一定的挤压和弯曲。这部分弯曲所产生的应力只能依靠纬纱的移位来加以平衡,所以纬纱更易于运动而紧凑在一起,同时,经纱也会由于纤维吸湿直径增大而紧缩。一旦织物脱水干燥,纤维和纱线的直径又将恢复到原来的大小,而此时织物的尺寸已不能恢复,因此,在干燥后织物的经纬线间留下一定的空隙,给织物一定的可压缩空间,织物表现出松软和优良的悬垂性。织物润湿前后纤维直径变化示意图如图 2-4 所示。

表 2-5　Lyocell 短纤维与黏胶等纤维的膨润率

纤维种类	膨润方向	
	横向膨胀率/%	纵向膨胀率/%
Lyocell 短纤维	40.0	0.03
普通黏胶纤维	31.0	2.6
高湿模量黏胶纤维	29.0	1.1
棉纤维	8.0	0.6

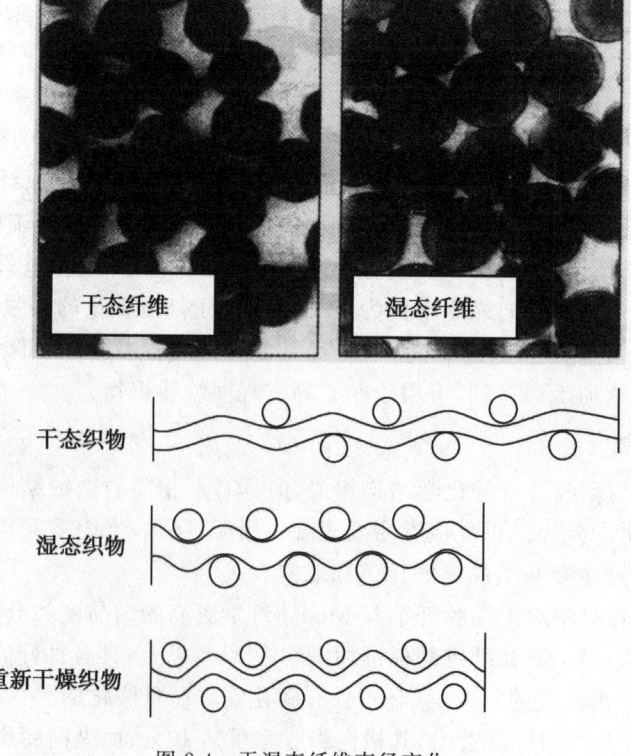

图 2-4　干湿态纤维直径变化

造成膨润异向性特征特别明显的原因,和纤维的"基原纤-巨原纤"结构以及巨原纤具有很高的取向度有关。因为当水或碱溶液(如NaOH)进入这些巨原纤之间的非晶区以后,纤维上的羟基即被钠离子所取代或和水分子结合形成缔合水分子,从而使基本上是沿纤维轴向排列的巨原纤之间的距离变大,形成较大的径向膨润率。而高取向高结晶度这一特点,也不可能使纤维在纵向获得更多可膨润的机会。

由于Lyocell纤维具有较高的结晶度及较大的晶粒粒子,因此其沸水收缩率较低。Lyocell纤维的吸水性和保水性略高于棉。Lyocell纤维对水的亲和性使它有广泛的应用。在生产吸水产品方面,具有比棉更高的膨润性,当其暴露在水中时,Lyocell纤维的横截面积可增加50%,为棉溶胀的2倍以上。以重量百分比来计算,该纤维具有更大的防水渗透能力,并可改善其常规防护性能,比如用作篷帐织物。

(三)化学性能

在室温条件下,Lyocell具有好的耐酸性能,但在遇到热稀无机酸和冷浓无机酸时,会发生水解。

在NaOH溶液中的浸泡时间对纤维强力有显著的影响,而NaOH溶液的浓度与温度的交互作用对纤维强力的影响也很明显。在温度不变的条件下,纤维强度随NaOH浓度的增加而呈下降趋势。这主要是由于纤维经NaOH溶液处理后发生溶胀,其内部大分子间的横向氢键被削弱,分子链的定向性被破坏,纤维的结构在经过洗涤和干燥后变得比较疏松,无定形区增大,使得纤维强度降低,延伸度增大。因此,在用碱液对Lyocell纤维织物进行整理时,应将浓度和温度结合考虑,浓度高时,可选择较低的温度,浓度低时,则可选择较高的温度。在满足其他工艺要求的前提下,尽量选择较低的处理温度。纤维在25℃、9%NaOH溶液条件下出现最大膨胀值,并最终裂解。但也有研究发现,经过浓烧碱处理后,织物的强力比前处理有一定程度的增加,特别是在张力状态下增加更为明显。这主要与纤维细微结构的变化有关。

(四)染色性能

由于Lyocell纤维的化学结构与棉、黏胶纤维等相似,因此其染整加工基本上可以参照棉和黏胶纤维的工艺与设备,采用活性染料、硫化染料、还原染料等,而从色相、鲜明度、色牢度及染色操作的简易性等方面考虑,以活性染料更为常用。

烧碱对纤维的染色性能有重要的影响。由于烧碱能够渗入纤维的晶区,使纤维的结晶度发生变化,因此纤维在有张力和无张力的状态下经烧碱处理后,其上染百分率和K/S(表现深度及染深值)均有一定程度的增加,染料更容易上染纤维,同时,可提高Lyocell纤维的尺寸稳定性。随烧碱浓度的增加,其相应的收缩率都有所下降。在室温下延长碱处理时间,并不能明显增加直接染料的上染百分率,提高碱处理温度对染料的上染百分率影响也不大。

(五)热学性能

Lyocell纤维在150℃以下时,性质稳定,不产生分解;当温度高于170℃时,强力逐渐下降;温度达到300℃时,开始快速分解,燃烧温度为420℃。

Lyocell纤维及其制品的废弃物处理方法十分简单,可以彻底烧毁,只需要15 kJ/g的燃烧热,也可以将废弃物土埋,制成混合肥料,土埋后仅4个星期,Lyocell制品就会丧失其外形和物性,强度下降约70%,继而分解成水和二氧化碳。

(六)原纤化特征

原纤化是指在湿态条件下,由于纤维膨胀和机械张力作用,纤维与纤维或纤维与金属等物体发生湿摩擦时,纤维中原纤沿纤维纵向主体剥离成为直径小于 14 μm 的巨原纤的过程。对于产生原纤化的纤维而言,轻者表现出泛白或霜白效果,当原纤比较短且较致密时形成桃皮绒(peachskin)效果,过度原纤化则出现由于微细原纤纠结而起毛起球。

典型的原纤构造有从基原纤到微原纤、原纤、巨原纤,再到纤维这样的结构层次,然而,并不是所有纤维都有这样完整的层次构造,对于天然纤维来

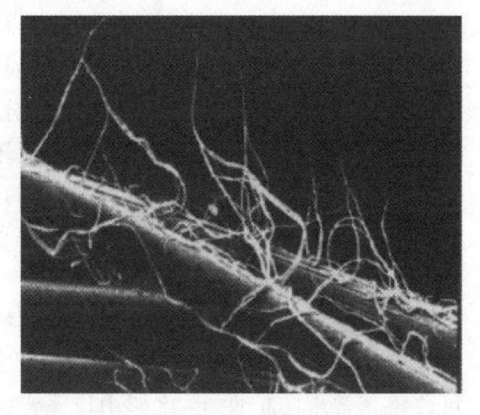

图 2-5 Lyocell 纤维湿摩擦原纤化结构

说,由于自然生长的特点,一般都有较为典型的原纤构造。而 Lyocell 纤维具有由基原纤直接敛集成巨原纤的结构特征,按理说,Lyocell 纤维是一种原纤结构层次并不完整的纤维,但因为它有取向和结晶上的特点,而且巨原纤又大都沿纤维的纵向排列,因此,对它来讲,沿纤维纵向逐层剖离比较容易,巨原纤的分裂十分方便,所以,原纤化的效果反而比原纤层次完整的纤维还理想。Lyocell 纤维经过湿摩擦后的原纤化结构如图 2-5 所示,从 Lyocell 纤维和黏胶纤维的 SEM 照片(如图 2-6 所示)比较中可以明显看到 Lyocell 纤维内部的原纤结构。如图 2-6 所示,Lyocell 纤维中高度平行排列的纤维状物,从尺寸上来判断,应为巨原纤(有平均直径 0.96 μm 和 0.25 μm 两档),它们的结构完整细密,在这些巨原纤之间有少量基原纤或者是缨状大分子构成的无定形区,通过它们伸入不同巨原纤结晶区的两端,把这些巨原纤连接在一起。这样一种构造特点,必然会在纤维轴方向和直径方向产生连接力的明显差异,所以,一旦外力将薄薄的皮层破坏,芯层的巨原纤就会沿径向分离,并通过分裂出来的巨原纤形成原纤化效果。

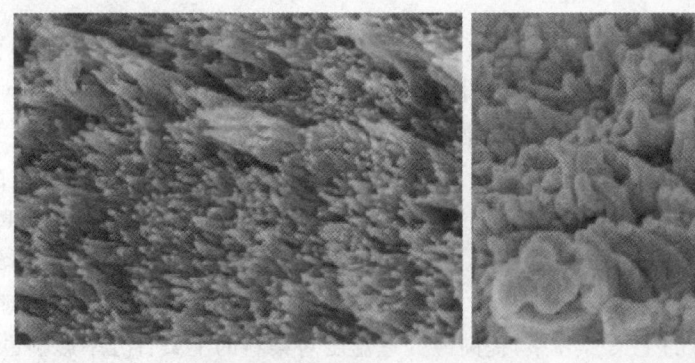

(a) Lyocell纤维　　　　　　(b) 黏胶纤维

图 2-6 Lyocell 纤维和黏胶纤维的原纤化程度比较

Lyocell 纤维的原纤化具有双重效应。从利用的角度来看,易于原纤化的纤维可以给织物的风格带来茸效应和手感上的贡献。从问题的角度来看,易于原纤化的纤维则会给加工带来一定的困难,最大的问题就是纤维或织物在进行湿加工过程中容易脱散起毛,产生的毛绒外观导致染色、整理及服装洗涤中出现诸多的困难,因此采用一定措施控制纤维的原纤化

现象是一个更重要的课题。目前在Lyocell纤维的制造中有原纤化和非原纤化之分,非原纤化的Lyocell纤维,原纤构造层次较为完善,外观风格和普通黏胶纤维相似。

五、Lyocell纤维的应用

Lyocell纤维作为一种纺织新材料而言具有独特的优势。Lyocell纤维可纺性好,可纯纺也可与棉、羊毛、丝、麻、锦纶、莱卡等纤维混纺。其纯纺纱与其他纤维同号纱相比,具有强度高、不匀率低的特点。Lyocell纤维的高强度及适中的伸长特性,使其与聚酯纤维能够很好地混合并可获得高强混纺纱。用原纤化Lyocell纤维所制成的工作服穿着舒适,并具有较好的不透明度、虹吸性和阻挡性,很适合用作医用工作服。原纤化的纤维用于特种纸的生产可以提高拉力和抗撕裂强度,降低产品的单位重量,节约原材料和成本。

Lyocell纤维主要应用于以下领域。

(一)服装、装饰

Lyocell纤维作为"舒适"载体,可增加产品的柔软性、舒适性、悬垂性、飘逸性,可用于生产高档女衬衫、套装、高档牛仔服、内衣、时装、运动服、休闲服、便服等。由于其独特的原纤化特性,可用于制备具有良好手感和观感的人造麂皮。由于材料具有抗菌除臭等效果,还可用于制作各种防护服和护士服装、床单、卧室产品,包括床用织物(被套、枕套等)、毯类、家居服;毛巾及浴室产品;装饰产品,如窗帘、垫子、沙发布、玩具、饰物及填料等。

(二)产业用制品

由于纤维具有高的干、湿强度且耐磨性好,可用于制作高强、高速缝纫线。

Lyocell非织造布可大量应用于生产特种滤纸,具有过滤空气阻力小、粒子易被固定的特点。用于生产香烟滤嘴,能降低吸阻,同时提高对焦油的吸附性;在造纸业,Lyocell的加入可提高纸张的抗撕破强度;在医用卫生方面,可用于制作医用药签及纱布,易于清洁,消毒后仍能保持高强度,且抗菌防臭,无过敏;此外还可用于生产工业揩布、涂层基布、生态复合材料、电池隔板等,所得产品强度高、尺寸稳定性和热稳定性好。

第三节 竹浆纤维与竹炭纤维

一、概述

再生纤维素纤维的原料均来自天然纤维素物质。鉴于世界森林资源以及耕地面积日趋减少,我国人均资源尤其匮乏的情况,以高级木浆和棉短绒为主的再生纤维素纤维的生产势必受到限制,因此,寻求一种可再生性强、纤维素含量高、资源丰富的再生纤维素纤维原料显得非常重要。

竹子是森林资源之一,种类丰富,全球竹子约70多属,1 200多种。虽然全球森林面积急剧下降,然而,竹林面积却以每年3%的速度递增,20世纪全球竹林面积约2 200万hm^2,占森林面积的1%左右,年生产竹材约1 500~2 000万吨,预计21世纪全球竹林面积将增加2~3倍,可达5 500~6 500万hm^2,占世界森林面积的2%~3%,竹材年产量增加2.5~3.5

倍,达5 500～6 500万吨。我国国土辽阔,地形复杂,气候多样,是世界上竹种资源最为丰富的国家,既有主要分布在热带地区的合轴型丛生竹(Sympodialbamboos),又有主要分布在温带、亚热带地区的单轴型散生竹(Momopodialbamboos)和高海拔高纬度地区生长的耐寒性强的复轴型混生竹。竹子不但品种繁多,分布广泛,且具有速生、高产,抗虫害能力强、生产成本低等特点,同时,其纤维素含量高达40%～55%,能与软木(40%～52%)、硬木(38%～56%)相媲美。因此,可以充分利用这种可再生资源,缓解资源短缺的问题。

随着全球土地荒漠化的日趋严重,世界森林资源以及耕地面积日趋减少,人类对自然资源的保护意识逐渐加强,"充分利用资源"已成为世界和我国纺织工业发展的一种趋势,利用竹材为生产纤维的原料,既可以缓解我国黏胶、Modal等纤维原料匮乏的现状,又可为竹材资源的合理利用找到一条新途径。

用于纺织原料的竹纤维分为原生竹纤维和再生竹纤维两类。由于原生竹纤维的处理工艺至今还不是十分完善,因此要大规模用于纺织生产的条件尚不成熟。

竹浆纤维,又称再生竹纤维或竹黏胶纤维,是近年来我国自行研发成功的一种再生纤维素纤维,是以竹子为原料,经特殊的工艺处理,把竹子中的纤维素提取出来,再经制胶、纺丝等工序制造而成的再生纤维素纤维,其制作加工过程基本与普通黏胶相似。由于竹子在生长过程中具有良好的抗菌性,在生长过程中无虫蛀、无腐烂、无需使用任何农药,因此以竹浆为原料制成的再生纤维素纤维只要工艺合理,能保留一定有效的抗菌成分"竹醌",就能体现出良好的抗菌性能,这是再生竹纤维区别于其他各种再生纤维素纤维的最大特点。但竹浆纤维在加工过程中竹子的天然特性容易遭到破坏,导致纤维的除臭、抗菌、防紫外线功能明显下降。

随着竹子利用功能的不断开发,近年来一种新的环保材料——竹炭纤维,也开始在内衣业、袜业等服装加工企业中掀起一场材料改革的新高潮。

二、竹浆纤维的生产

竹浆纤维由竹浆粕经过湿法纺丝制造得到。首先以竹子为原料制备浆粕,其加工工艺流程如下:

风干竹片→水预水解→硫酸盐法蒸煮→疏解→筛选→氯化→二步法碱法蒸煮→打浆→洗浆→第一次漂白→第二次漂白→酸处理→除砂→抄浆→烘干→竹浆粕。

由竹浆粕纺丝加工成纤维的工艺流程如下:

竹浆粕→切粕→制胶→头道过滤→二道过滤→脱泡→计量→纺丝→塑化→切断→水洗→脱硫→水洗→上油→干燥→纤维成品。

在加工工艺上,竹浆竹纤维与普通黏胶纤维相似,存在生产工艺流程过长、对环境污染严重等问题。环保问题成了发展再生竹纤维的最大障碍,且其加工过程对竹材原料特性的破坏也是不可忽视的。因此,竹浆纤维的加工工艺有待进一步完善。

三、竹浆纤维的结构

竹浆纤维与普通黏胶纤维一样属于单斜晶系的纤维素Ⅱ型晶胞,其结晶度比普通黏胶纤维稍低,聚合度和取向度与普通黏胶纤维相近。

竹浆纤维形态结构也与普通黏胶纤维相似,截面为不规则锯齿形,纵向表面有沟槽,如图2-7所示。

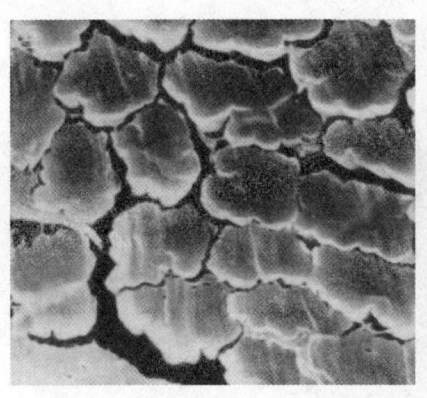

图 2-7　竹浆纤维的形态结构

四、竹浆纤维的性能

(一)力学性能

竹浆纤维的单纤断裂强度在 2.33 cN/dtex,断裂伸长率 20%左右,初始模量 54.70 cN/dtex;湿态下,断裂强度 1.37 cN/dtex,断裂伸长率 28%(相对湿度 100%),初始模量 32.9 cN/dtex。

(二)吸放湿性能

竹浆纤维和普通黏胶短纤维在标准大气条件下具有相似的吸湿、放湿性能。图 2-8 和图 2-9 分别为两种纤维在标准大气条件下的吸放湿曲线。由图 2-8 可知,在初始阶段,两者的吸湿速率较快,大约 40 min 左右,纤维的吸湿速率开始减缓,在 190 min 左右,两种纤维吸湿达到平衡状态。吸湿平衡后,再生竹纤维的回潮率约为 12.5%,普通黏胶短纤维的回潮率约为 12.4%,说明两者没有明显差异。分别对这两种纤维的吸湿初始阶段曲线进行了线性拟合,从拟合方程式的斜率上得出,在初始阶段,竹浆纤维的吸湿速率与普通黏胶短纤维无明显差异。由图 2-9 可知,在初始阶段,两者都有较快的放湿速率,大约在 150 min 左右,纤维的放湿速率开始减缓,在 290 min 左右,两者均到达了平衡状态。放湿平衡后,再生竹纤维的回潮率约为 14.68%,普通黏胶短纤维的回潮率约为 14.50%。两者的放湿平衡回潮率均比吸湿平衡回潮率高约 17%,这是由纤维的吸湿滞后性导致的。分别对竹浆和黏胶纤维的放湿初始阶段曲线进行线性拟合,从拟合方程式的斜率上得出,在初始阶段,竹浆纤维的放湿速率较普通黏胶短纤维快。

竹浆纤维在高湿环境下的比普通黏胶纤维更易吸湿。如在 36 ℃、100%的相对湿度条件下,竹浆纤维的回潮率高达 45%,相同条件下,黏胶纤维的回潮率为 30%。这说明竹浆纤维比其他纤维具有更优的吸湿快干性能,更适合制作夏季服装、运动服和贴身衣物。

（a）竹浆纤维　　　　　　　　　（b）普通黏胶短纤维

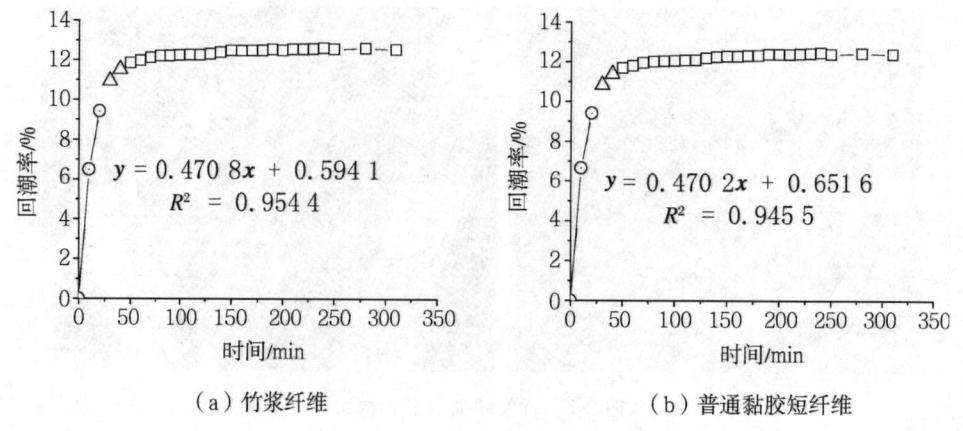

图 2-8　竹浆纤维和普通黏胶短纤维的吸湿曲线

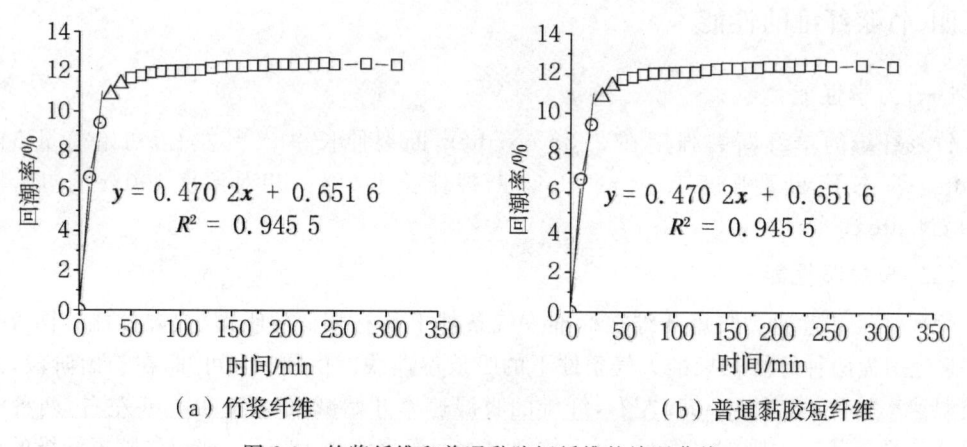

（a）竹浆纤维　　　　　　　　　（b）普通黏胶短纤维

图 2-9　竹浆纤维和普通黏胶短纤维的放湿曲线

(三)化学性能

对酸的稳定性竹浆纤维比黏胶纤维要小，温度升高时，酸的破坏作用特别强烈。竹浆纤维在碱中的膨润和溶解作用较强，在相同条件下，碱对竹浆纤维渗透性要比普通黏胶纤维要大，因此，竹浆纤维的耐碱性较普通黏胶纤维要差。

(四)染色性能

竹浆纤维的染色性能优于棉和黏胶，同样条件下的着色效果比棉及黏胶好。

(五)热学性能

竹浆纤维的耐热性不如普通黏胶纤维。在松弛干热处理条件下，经 30 min 不同温度（60～180 ℃）和 180 ℃不同时间(10～60 min)处理后，竹浆纤维和普通黏胶纤维的化学组成和分子结构没有发生变化，但竹浆纤维的结晶结构发生了变化。在 180 ℃温度下处理时，随处理时间的增加，竹浆纤维的结晶度呈明显的减小趋势，而普通黏胶纤维结晶度的减小趋势不明显，说明松弛干热处理对竹浆纤维结晶结构的破坏较普通黏胶纤维大。在相同条件下，随处理温度的提高及热处理时间的增加，竹浆纤维的白度和力学指标(断裂强度、断裂伸长率和断裂比功)的下降幅度均较普通黏胶纤维的大。

五、竹浆纤维的应用

(一)纯纺或混纺纱线

竹浆纤维纱线手感柔软、光泽好,吸湿性极佳。现已开发出100%竹浆纤维纱线,竹浆/棉混纺纱,竹浆/绢混纺纱,竹浆与Modal纤维、腈纶纤维、涤纶纤维混纺纱等品种。

(二)竹浆纤维面料

面料吸湿性好,透气性好,手感柔软,悬垂性好,上色容易,染色色彩亮丽,可用于制作内衣、贴身T恤衫、袜子等。同时竹纤维与棉、腈纶等原料混纺制成的面料也具有很好的效果。

(三)竹浆纤维非织造布

由竹浆纤维制成的非织造布,性能上与黏胶纤维制成的产品非常接近,在卫生材料如纱布、手术衣、护士服、卫生巾、口罩、护垫、食品包装袋等方面具有广阔的应用前景。

(四)家用纺织品

用竹浆纤维制造的毛巾、浴巾、床上用品等,手感柔软舒适,染色鲜明亮丽,吸水性好。

六、竹炭纤维

竹炭是竹材资源开发的又一个全新的具有卓越性能的环保材料。竹炭纤维是取毛竹为原料,采用了纯氧高温及氮气阻隔延时的煅烧新工艺和新技术,将竹子经过800℃高温干燥炭化工艺处理后,形成竹炭,使得竹炭天生具有的微孔更细化和蜂窝化,因而具有很强的吸附分解能力,能吸湿干燥、消臭抗菌并具有负离子穿透等性能。竹炭纤维则是运用纳米技术,先将竹炭微粉化,再将竹炭微粉经过高科技工艺加工,然后采用传统的化纤制备工艺流程,把竹炭次纳米级微粉均匀地融入化学纤维中,即可纺丝成型,制备出竹炭纤维。

目前,我国已开发出竹炭改性黏胶纤维和竹炭改性聚酯纤维。竹炭改性黏胶纤维是选用次纳米级竹炭微粉,经过特殊工艺加入黏胶纺丝液中,再经近似常规纺丝工艺纺织出的纤维产品。竹炭改性聚酯纤维是将竹炭微粉与具有蜂窝状微孔结构趋势的聚酯改性切片熔融纺丝而制成的,这种独特的纤维结构设计,能使竹炭所具有的功能充分发挥出来。

竹炭纤维独特的内部微多孔结构,使其具有超强的吸附能力和除臭功能、抗菌防霉功能、远红外功能、自动调节湿度、吸湿快干性能和优异的服用性能等。又由于竹炭纤维特殊的分子结构和超吸附功能,使其具有了弱导电性,能起到防静电、抗电磁辐射作用。

目前,竹炭纤维制品正日渐走入人们生活。已开发出竹炭纤维与PTT、涤纶等的混纺纱线,可以广泛地用于内衣裤、儿童服装、睡衣、袜子、衬衫、家纺、运动休闲装、功能服装服饰、空气清新及平衡保湿材料等多个领域,面料手感舒适、保健功能性强。其主要应用如下。

(一)服用纺织品领域产品开发

竹炭纤维的自动调湿、吸附人体异味、抗菌、吸湿排汗等功能,使它成为理想的中高档内衣原料,同时利用竹炭纤维的保健功能可开发一些功能性服装,如保暖内衣、婴儿及孕妇防护服、医疗防护服、护腰袜子、毛巾等产品。

(二)装饰纺织品领域产品开发

竹炭纤维可吸附有害气体,清洁室内空气、吸湿、防潮、防霉。竹炭装饰材料,如窗帘等在国外已实现商品化,并且国外已开发了能使人睡眠舒适的被子、枕头、床垫等床上用品,以增加空气中的负离子浓度。

(三)产业用纺织品领域产品开发

随着科学技术的发展,近年来国内外各行各业对产业用纺织品的需求不断增长,推动了产业用纺织品的发展,使其新产品层出不穷。

第四节　与纤维素相关的新型纤维

一、甲壳素纤维和壳聚糖纤维

(一)概述

甲壳素即甲壳质(chitin),是广泛存在于甲壳类动物如虾、蟹等节肢类动物的壳体及菌类、藻类的细胞壁中的天然高聚物。壳聚糖(chitosan)是甲壳质经浓碱处理后脱去乙酰基后的化学产物,是甲壳质的重要衍生物。在自然界中甲壳质的年生物合成量约数十亿吨,是地球上仅次于纤维素的天然高分子化合物,也是地球上第二大有机资源,是人类可充分利用的一种取之不尽、用之不竭的巨大自然资源。

由甲壳质和壳聚糖溶液再生改制形成的纤维称为甲壳素纤维和壳聚糖纤维。

自1977年第一次甲壳质国际会议后,发达国家对甲壳质的开发利用给予了高度重视,随着国际上近年来生物医学功能纤维需求的增大,卫生保健纺织品也已成为人们开发研究的热点之一。由于功能性合成纤维在服用的舒适性、抗菌的广泛性上存在一定的缺陷,甲壳质及其衍生物日益成为一种用途广泛的新材料。在纤维制备、性能研究、深加工等方面,日本、美国等一直处于世界领先水平。从日本、美国的多项专利介绍发现,制造甲壳质纤维的工艺很多,但基本原理和工艺过程基本相似,只是在溶剂和凝固剂的选择上存在差异。

我国于20世纪50年代开始对甲壳质的制备与应用进行了一系列的研究与开发,1958年开始了产业应用。但是,我国的甲壳质开发技术水平不高,产品档次低,研发重复,产业化水平仍处于初级阶段。

研究表明,甲壳质纤维是自然界中唯一带正电的阳离子天然纤维,具有相当的生物活性和生物相容性。其主要成分甲壳质具有强化人体免疫功能、抑制老化、预防疾病、促进伤口愈合和调节人体生理机能等五大功能,在国际上被誉为继蛋白质、脂肪、碳水化合物、维生素、微量元素之后的第六生命要素,是一种十分重要的生物医学功能材料,可制成延缓衰老的药物、无需拆线的手术缝合线、高科技衍生物氨基葡萄糖盐酸盐和硫酸盐,是抗癌、治疗关节炎等药物的重要原料。同时,甲壳质及其衍生产品在纤维、食品、化工、医药、农业、环保等领域具有十分重要的应用价值,如净水、废水处理的吸附剂、土壤改良剂、食品保鲜剂等,又如稀土甲壳质用作动物饲料添加剂或植物增长剂,可以增强动物的免疫力,减少农药的使用量。甲壳质纤维是当代重要的环保型纤维之一,其原料来源丰富且可再生,使用后废弃物可生物降解,具有极为良好的生物医学和卫生保健功能,因而引起国内外业界的高度重视。

(二)甲壳质和壳聚糖的结构与性质

甲壳质又称甲壳素、壳质、几丁质,是一种带正电荷的天然多糖高聚物,这是一个由 α-乙酰胺基-α-脱氧-D-葡萄糖,通过 β-(1,4)糖甙连接起来的直链状多糖,它的化学名称是(1,4)-α-乙酰胺基-α-脱氧-β-D-葡萄糖,简称为"聚乙酰胺基葡萄糖"。

壳聚糖是甲壳质大分子脱去乙酰基的产物,又称为脱乙酰甲壳质、可溶性甲壳质、甲壳胺,它的化学名称是(1,4)-α-脱氧-β-D-葡萄糖,简称为"聚氨基葡萄糖"。

甲壳质和壳聚糖的化学结构与纤维素非常相似,可以将它们视为是纤维素大分子中 C_2 位以上的羟基(—OH)被乙酰胺基(—NHCOCH$_2$)或氨基(—NH$_2$)取代后的产物,如图 2-10 所示。

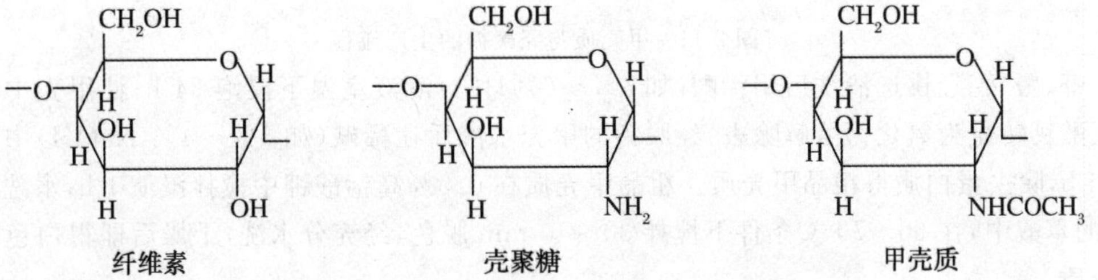

图 2-10 纤维素、甲壳质、壳聚糖的化学结构式

甲壳质是白色或灰白色、半透明的片状固体,不溶于水、稀酸、稀碱及一般的有机溶剂,可溶于浓的无机酸和一些特殊的有机溶剂。

壳聚糖略带珍珠般的光泽,不溶于水和碱溶液,可溶于大多数稀酸,但若对壳聚糖在纤维制造或纤维制品的后处理中进行接枝处理,则可改变其性质,成为不溶于酸的物质,使之成为具有新功能的材料。

甲壳质和壳聚糖具有如下理化性质。

1. 溶解性

甲壳质是一种无色、无味、无毒、耐晒、耐热、耐腐蚀、不怕虫蛀的结晶或无定形物,不溶于水及一般的溶剂,可溶于浓硫酸、浓盐酸、85%磷酸,同时发生降解,分子量由 100~200 万降至 30~70 万。在 pH 值为 3 时,壳聚糖的氨基可完全质子化。

2. 化学吸附性

壳聚糖是一种性能优良的螯合剂,其羟基和亚胺基具有配位螯合作用,可通过螯合、离子交换作用吸附许多重金属离子、蛋白质、氨基酸、染料,对一些阴离子和农药也有吸附力。

3. 多功能反应性

甲壳质/几丁聚糖含有羟基、乙酰氧基和氨基多种官能基团,极具反应活性,可以进行交联、接枝、酰化、磺化、氧化、还原、络合等多种反应。

壳聚糖的吸湿性高于甲壳质,仅次于甘油,优于山梨醇和聚乙二醇。

4. 生物降解性

甲壳质、壳聚糖是一种理想的可降解材料,在海洋、江河、湖沼的水圈,海底陆地的土壤圈以及动植物圈中的甲壳质酶、溶菌酶、壳聚糖酶等将其完全生物降解,参与生态体系的碳和氮源循环,是一种天然的阳离子聚合物,无毒无害,安全可靠。

(三)甲壳质纤维和壳聚糖纤维的形成

1. 甲壳质与壳聚糖的制备

甲壳质的制造方法,因原料来源的不同而不同。这里介绍的一种是以虾、蟹壳为原料的制造方法。由虾、蟹壳制取甲壳质主要由两部分工艺组成:第一步用稀盐酸脱除碳酸钙;第二步用热稀碱脱除蛋白质,再经脱色处理便可得到白色的甲壳质,转化率一般在15%~25%之间。其工艺流程如图2-11所示。

$$虾(蟹)壳 \rightarrow 挑选 \rightarrow 水洗 \xrightarrow{4\%\sim6\% \; HCl} 酸浸 \xrightarrow{10\% \; NaOH} 碱煮 \xrightarrow{KMnO_4 / 草酸} 脱色 \rightarrow 干燥 \rightarrow 甲壳质$$

$$甲壳质 \xrightarrow{40\%\sim50\% \; NaOH} 保温脱乙酰基 \rightarrow 清洗 \rightarrow 干燥 \rightarrow 壳聚糖$$

图 2-11 甲壳质与壳聚糖的生产流程

虾(蟹)壳经挑选清洗后用稀酸(如4%~6%HCl)溶液室温下浸泡24 h,使甲壳中所含的碳酸钙转化为氧化钙溶解除去,经脱钙的甲壳水洗后在稀碱(如3%~4% NaOH)中煮沸4~6 h,除去蛋白质得粗品甲壳质。粗品甲壳质在0.5%高锰酸钾中搅拌浸渍1 h,水洗后在1%的草酸中,在60~70 ℃条件下搅拌30~40 min脱色,经充分水洗,干燥后即得白色精制甲壳质。

上法制得的精制甲壳质用50% NaOH于140 ℃加热1 h脱乙酰化,洗涤、干燥后得白色沉淀,即为壳聚糖(脱乙酰甲壳质)。

甲壳质的制备并不复杂,关键是要提高产率和控制分子量。为了改进制备甲壳质的生产工艺和提高其溶解性能,近十年来提出了一些新的制备方法,这里不作详细介绍。

2. 甲壳质与壳聚糖纤维的制备

目前较普遍采用的纺制甲壳质或壳聚糖纤维的方法是湿法纺丝法。把甲壳质或壳聚糖先溶解在合适的溶剂中配制成一定浓度的纺丝原液,经过滤脱泡后,用压力把原液从喷丝头的小孔中呈细流状喷入凝固浴槽中,可在凝固浴中历经多次凝固成固态纤维,再经拉伸、洗涤、干燥等后处理就得到甲壳质或壳聚糖纤维。

用甲壳质或壳聚糖制造纤维的工艺有很多,但其主要原理、操作过程是相似的,只是在溶剂、凝固剂的选择、溶解、纺丝及后处理工艺等方面加以调整。能够溶解甲壳质或壳聚糖的溶剂较多,例如50/50三氯乙酸和二氯甲烷混合溶剂、含有氯化锂的二甲基乙酰胺混合溶液(1∶20)均可溶解甲壳质,由5%醋酸溶液和1%尿素组成的混合溶液可以溶解壳聚糖。用作甲壳质纤维凝固液的有丙酮、甲醇、异丙醇等,用作壳聚糖纤维凝固液的可以是不同浓度的氢氧化钠与乙醇的混合液。

(四)甲壳素纤维的形态特征

目前市场上最常见的甲壳素纤维是甲壳素与黏胶纤维共混纤维。甲壳素与黏胶纤维共混纤维截面形态边缘为不规则的锯齿形,随着甲壳素质量分数的增加,纤维截面外缘逐渐趋向圆滑,典型的锯齿逐渐消失,呈现菊花型。甲壳素与黏胶共混长丝的表面均有纵向沟槽,并且随着甲壳素质量分数的增加,沟槽数目减少。随着甲壳素质量分数的增加,纤维表面变得毛糙、不光滑,纵向沟槽和横截面有空隙有利于吸湿、导湿和放湿。甲壳素与黏胶纤维共混纤维的芯层有很多细小的空隙。

(五)甲壳素纤维的主要性能

1. 力学性能

表 2-6　黏胶基甲壳素纤维与普通黏胶纤维的机械性能比较

纤维种类	断裂强度/(cN·dtex^{-1}) 干态	湿态	断裂伸长/% 干态	湿态	初始模量 (/cN·dtex^{-1})	断裂比功/cN·mm^{-1} 干态	湿态
黏胶基甲壳素纤维	1.52～2.38	1.44～1.88	19.2～21.9	15.9～19.4	16.7～26.8	3.96～5.58	2.48～4.51
普通黏胶纤维	1.3～1.9	1.56～1.73	11.4～17.2	9.0～14.5	19.5～26.7	2.50～3.86	1.88～2.89

制造甲壳素纤维使用的甲壳素相对分子质量在100万以上，通过化学处理制成的纺丝液溶解性能良好，能和所共混的纤维素分子完全融合，通过纺丝塑化拉伸后处理的作用，大分子排列规则，形成紧密的纤维结构。甲壳素的乙酰氨基的作用和存在的游离氨基使纤维具有较高的杨氏模量。无论是甲壳素纤维还是甲壳素与黏胶纤维共混纤维都能达到黏胶纤维的标准，具有良好的纺织后加工性能。

黏胶基甲壳素纤维的干态强度比普通黏胶纤维高，但经过吸湿后，其强度明显下降，湿态强力基本和普通黏胶纤维相似，故在纺纱过程中应适当控制其含湿量，以保证纺纱过程的顺利进行。黏胶基甲壳素纤维湿态断裂伸长率和初始模量比黏胶的要高，与涤纶比较相似，韧性优于黏胶纤维而差于其他纤维。

黏胶基甲壳素纤维与普通黏胶纤维的机械性能比较见表2-6。

2. 吸湿性能

甲壳素纤维在其大分子链上存在大量羟基和氨基等亲水基团，而且其单位化学基团的电荷和极性基密度都比较大。另外，甲壳素纤维表面的纵向沟槽也有助于吸湿。因此甲壳素纤维具有优良的吸湿和透气性能。甲壳素纤维的吸湿率可达400%～500%，是纤维素纤维的两倍多，其平衡回潮率超过普通黏胶纤维15%以上。用甲壳素纤维制作的衣物吸汗保温，穿着十分舒适。甲壳素纤维除了具有优良的吸湿和保湿功能外，还有抗菌、防臭功能，所以甲壳素纤维织物尤其适合做内衣。

3. 导电性能

黏胶基甲壳素纤维的质量比电阻较低，在后加工中不易产生静电。

4. 热学性能

甲壳质纤维具有较高的耐热性，其热分解温度高达288℃左右。黏胶基甲壳素纤维与其他纤维素纤维一样无熔点、不软化、不收缩，有明显的烧纸味。黏胶基甲壳素纤维的耐热性比羊毛纤维好，但比黏胶纤维要差，在染整时要特别注意控制温度。

5. 化学性能

甲壳素和壳聚糖具有与纤维素相似的结构，所以其化学反应性能也与纤维素纤维相似。甲壳素和壳聚糖纤维不溶于水、稀酸、稀碱和一般的有机溶剂中。甲壳素在浓硫酸、盐酸、硝酸、85%磷酸等强酸中发生剧烈的降解，同时分子量明显下降。与其他纤维一样，黏胶基甲壳素纤维不溶于一般的有机溶剂。黏胶基甲壳素纤维与黏胶短纤维外观很相似，在纺织加工中容易混淆，在鉴别纤维品种时，最为简单的方法是用碘与碘化钾着色剂着色，晒干后，黏胶基甲壳素纤维呈黑色，而黏胶纤维为黑蓝青，两者有明显的区别。

6. 染色性能

甲壳素纤维呈碱性,具有高度的化学活性。对活性染料等反应性染料和直接染料的亲和性较好。由于与纤维素有相似的结构,所以甲壳素纤维对纤维素纤维染色用染料也有优异的染色性能和上染率。

7. 生物性能

甲壳素纤维本身带有正电荷,其分子中的氨基阳离子与构成微生物细胞壁的磷壁酸或磷脂阴离子发生离子结合,限制了微生物的生命活动。同时,甲壳素纤维与人体皮肤汗液接触时可激活体液中的溶菌酶,防止微生物有害细菌侵入体内。因此甲壳素纤维具有优良的抗菌活性,具有抑菌洁肤、吸湿透湿、舒适健康的作用。

甲壳素及其衍生物在生物体内可以被降解,不会有蓄积作用,产物也不与体液反应,对组织无排异反应,因此有良好的生物相容性。

作为天然高分子材料,甲壳素纤维具有生物可降解的特性。

(六)甲壳质纤维的用途

1. 生物医学功能

由于甲壳质与壳聚糖无毒性、无刺激性,是一种安全的机体用材料,从甲壳质与壳聚糖的大分子结构上来看,它们既具有与植物纤维素相似的结构,又具有类似人体骨胶原组织的结构,这种双重结构赋予了它们极好的生物特性,与人体有很好的相容性,可被人体内溶菌酶分解而被人体吸收,还具有消炎、止血、镇痛、抑菌、促进伤口愈合等作用。这使得甲壳质及其衍生物在生物医学工程领域具有独特的用途。例如,可用作外科缝合线、人工皮肤、医用敷料如非织造布、纱布、绷带、止血棉等,还可用于制备微胶囊、制备药物缓释剂及智能药物、制造人工器官等。

2. 分离功能

用甲壳质纺制的中空纤维膜已经在渗透汽化、分离过滤等方面取得了应用。由于甲壳质及其衍生物本身的特性,由它制备的中空纤维膜在医学领域显示了广阔的应用前景。

(1)吸附分离用膜

利用壳聚糖的吸附作用,能有效地从工业废水中回收贵重金属。应用壳聚糖膜从工业水回收铜已达到工业化水平。

(2)离子交换织物

将精制(含量99.999%)的甲壳质制成透明溶液,经湿法纺丝制成的纤维可织造具有离子交换性能的织物。甲壳质含有氨基、羟基及酰胺基等独特的分子结构,是一种天然的高分子螯合剂,具有螯合、吸附、离子交换性能,对含金属离子和残余染料等有机污染物的纺织工业和其他工业废水的净化有特殊效果。

3. 卫生保健功能织物

将脱乙酰甲壳质混入其他纤维,赋予抗菌性、保湿性、改善手感等效果。甲壳质纤维呈碱性和高化学活性,从而使其具有优良的吸附、透气和杀菌等性能。用其制成的服装不仅可防治皮肤病,且能抗菌、吸汗、防臭、保湿,穿着也十分舒适。

甲壳质与壳聚糖在纺织工业中的应用,除了上述纤维应用外,还应用于印花糊料、织物染色、织物整理(防皱整理、抗菌整理、抗静电整理)、印染污水处理等,在食品、农业环保等方面也有诸多用途。

二、海藻纤维

(一)概述

海藻纤维不是基于纤维素,而是基于与纤维素密切相关的聚合物——褐藻酸或褐藻酸盐。海藻纤维原材料来自天然海藻中所提取的海藻多糖,海藻多糖主要来自海带、巨藻、墨角藻、昆布(Laminariae)和马尾藻等褐藻类。早在1883年,人们就发现了海藻纤维材料的结构致密性及粘连性,有关专利也研究了对海藻酸的提取,并研究了其大分子产品的物理化学性能及工业应用。后来发现,海藻酸经碱处理后,可以得到工业用稳定剂、增稠剂、胶料等。在1912年到1940年期间,一些德国、日本和英国专利纷纷发表了海藻酸盐经挤压可得到可溶性海藻纤维的报导。1947年有报道说,以海藻酸钙和海藻酸钠为原材料的海藻纤维可以制成毛纺织品、手术用纱布和伤口包覆材料。英国在上世纪60年代与70年代的研究表明,steriseal公司销售的sorbson,就是利用海藻纤维制备的保暖、保湿性好的创伤被覆材料,可治疗严重感染的溃疡,这种材料中的海藻纤维与伤口渗出物接触,形成吸湿性的凝胶,可使伤口保持湿润,促进伤口快速愈合。1994年有文献对海藻纤维的生产工艺作了详细的报道,制得了和黏胶纤维性能相似的纤维,并且通过与海藻酸钙进行离子交换,用多种金属离子置换初生纤维上的钙离子,从而制成诸如海藻酸铁、海藻酸铝、海藻酸铜等不同的海藻酸纤维。以后英国的Courtaulds公司曾商业化生产海藻酸钙纤维,此时主要是利用海藻纤维良好的防火性能和能溶解在稀碱溶液中的特性。最近,各种各样的海藻创伤医用材料已商品化,其中大部分是以海藻酸钙纤维的形式出现的。自1980年海藻纤维制品应用于医用领域以来,其优越性得到证实,海藻纤维敷料能加快伤口治愈,减少伤口气味的散发,加速创面止血,效果明显。其次,海藻纤维敷料生物相容性好,长期使用不会引起伤口部位皮肤敏感或过敏反应等不良症状。但据文献报道,目前生产的海藻纤维强力较差,限制了其应用范围。

德国Alceru Schwarza公司生产的SeaCell海藻纤维,是以Lyocell纤维的生产制造程序为基础,在纺丝溶液中加入研磨得很细的海藻粉末或悬浮物予以抽丝而成。这些海藻主要来自于棕、红、绿和蓝藻类,尤其是棕藻类及红藻类是最佳海藻纤维的原材料。海藻纤维的主要价值在于海草成分,它可以有效提高吸湿性能,在纤维中可以通过与皮肤的接触发挥吸湿性能,积极释放海藻成分,令穿着者的皮肤吸收海藻释放的维生素和矿物质。意大利Zegna Baruffa Lane Borgosesia纺丝公司也推出一种名为Thalassa的长丝,丝中含有海藻成分,用这种纤维制成的面料和服装比一般纤维制成的面料和服装更能保持和提高人体表面温度。日本一家特种纤维公司是世界首家实现海藻纤维大批量生产的厂家,其工艺属领先地位。这家公司从1993年起在本国销售海藻纤维毛巾,自2000年在韩国销售海藻纤维内衣,目前已扩大到欧洲和东南亚等国家。我国科研人员也已成功地利用海藻提取海藻酸盐为原料,以水做溶剂,用特殊设备制出了强度高、性能好的海藻纤维,并成功纺成布料。到目前为止,研发人员已经可以从多种藻类中提取纤维,包括褐藻、琼胶原藻、卡拉胶原藻,甚至是多次在黄渤海近岸海域堆积成灾的浒苔等。

(二)海藻纤维的制备

海藻纤维通常由湿法纺丝制备,将可溶性海藻酸盐(通常用海藻酸钠)溶于水中形成黏稠溶液,然后通过喷丝孔挤出到含有二价金属阳离子的凝固浴中,形成固态不溶性海藻纤维长丝。

目前,在可用作制备海藻纤维的原料中,最常用的是可溶性钠盐粉末,即海藻酸钠。先用稀酸处理海藻纤维使不溶性海藻酸盐转变成海藻酸,然后加碱加热提取,生成可溶性的钠盐溶出,过滤后,加钙盐生成海藻酸钙沉淀,该沉淀经酸液处理转变成不溶性海藻酸,脱水后加碱转变成钠盐,烘干后即为海藻酸钠。

(三)海藻纤维的形态结构

海藻纤维粗细均匀且纵向表面有沟槽,横截面呈不规则的锯齿状且无较厚的皮层存在(如图2-12所示),和普通黏胶纤维的截面比较相似。

(a)纵向　(b)横截面

图2-12　海藻纤维的形态结构

(四)海藻纤维的性能特点

1. 力学性能

由我国青岛大学研制的海藻纤维的断裂强度比棉纤维和黏胶纤维的都要高(见表2-7),原因是海藻纤维超分子结构的均匀性以及钙离子在纤维大分子间的交联作用,使海藻纤维分子之间的作用力比较强。

表2-7　海藻纤维与其他纤维力学性能比较

纤维	线密度/dtex	断裂强度/(cN·dtex^{-1})	断裂伸长率/%
海藻纤维	1.67	3.63	9.08
棉纤维	1.63	3.14	13.12
黏胶纤维	1.58	2.31	20.32

2. 吸湿性

海藻纤维的吸湿性能比棉纤维和甲壳素纤维好(见表2-8),尤其对生理盐水和A溶液(模拟人体伤口渗出液的组成,英国药典中规定的模仿了血液中钠离子和钙离子的浓度,A溶液中钠离子的浓度为142 mmol/L,钙离子的浓度为2.5 mmol/L)的吸湿性能非常优异,宜作伤口敷料。原因是海藻纤维大分子上的羟基具有很强的水合能力,能结合大量的水,而且海藻纤维的无定形区较大。另外,溶液中所含的大量Na^+能与海藻纤维中的Ca^{2+}发生离子交换,破坏纤维的晶区结构,同时使海藻纤维中被钙离子封闭的羧基("egg-box"结构的存在)释放出来,增加纤维的吸湿基团,显著提高其吸湿性。生理盐水中钠离子的含量最高,所以海藻纤维对生理盐水的吸湿性最强。虽然 A 溶液中钠离子的浓度和生理盐水中钠离子的浓度一致,但 A 溶液中含有的钙离子在一定程度上抑制了 Na^+ 与 Ca^{2+} 的离子交换,使海藻纤维对 A 溶液的吸液量比生理盐水稍低。海藻纤维的高吸湿性可以吸收大量的伤口渗出物,延长更换绷带的时间,减少更换次数和护理时间,降低护理费用。

表 2-8 海藻纤维、棉纤维和甲壳素纤维的吸湿性

纤维	吸液量(g/g 纤维)		
	生理盐水	A 溶液	蒸馏水
海藻纤维	17.10	13.01	0.48
棉纤维	0.05	0.15	0.21
甲壳素纤维	0.32	0.20	0.24

3. 燃烧性能

海藻纤维是一种自阻燃纤维,燃烧过程中纤维的炭化程度高,离开火焰即熄灭。海藻酸钠在热分解过程中能释放出大量的水和 CO_2,水分子的汽化吸收大量的热量,降低纤维表面的温度。另外,生成的水蒸气和 CO_2 属惰性气体,将海藻纤维分解出的可燃性气体浓度稀释,达到阻燃的效果。虽然海藻酸钠和纤维素都属于多糖类,但海藻酸钠大分子结构中的羧基使其具有独特的性能,羧基不但能够吸收空气中的水分,而且受热分解时又能释放出 CO_2(脱羧作用),另外,燃烧过程中羧基又可与羟基反应,脱水形成内交酯,改变其裂解方式,减少可燃性气体的产生,提高炭化程度。所以,海藻纤维自阻燃性能源于海藻酸钠大分子结构中羧基的存在。

4. 医用卫生性能

易去除性:在用作医用纱布、绷带和敷料时,海藻酸盐纤维与渗出液接触后会膨化形成柔软的水凝胶,高 M(mannuronic 甘露糖醛)海藻酸盐纤维可用温热的盐水溶液淋洗去除;高 G(guluronic 古洛糖醛)海藻酸盐绷带膨化较小可整片去除,对新生伤口的娇嫩组织有保护作用,防止在取出纱布时造成伤口二次创伤。

高透氧性:吸湿后形成亲水性凝胶,与亲水基团结合的"自由水"成为氧气传递的通道,氧气经"吸附—扩散—解吸"过程,从外界环境进入伤口组织内;而纤维的高 G 段是纤维的大分子骨架连接点,水凝胶的硬性部分(氧气可通过的微孔)避免了伤口的缺氧状况,促使伤口愈合。

凝胶阻塞性:海藻酸盐绷带与渗出液接触时膨化,大量的渗出液滞留在凝胶纤维中,而单纤维膨化会减少纤维间的细孔使流体的散布停止,因海藻酸盐绷带的"凝胶阻塞"特殊性,可使伤口渗出物散布,相应的浸渍作用减小。

5. 生物降解性和相容性

海藻酸盐纤维属生物可降解纤维,对环境友好,与生物相容,可避免手术时二次拆线,减轻了病人的痛苦。

6. 金属离子吸附性

海藻纤维可吸附大量金属离子形成导电链,可提高大分子链的聚集能,适宜制造防护纺织品。

(五)海藻纤维的应用

海藻酸盐纤维的非易燃性使它们具有一定的应用性,然而,其中发现的主要用途是来源于一个它们对于大多数最终目的而言无用的性能,即它们溶于热肥皂水中,因而当纤维被要求在一个生产中间环节存在、而后再被去除时被用作"消失线"。最常见的使用是,在连续生产针织袜子时作为连接线,这样可以帮助多数客户使用黏胶纤维来生产针织产品。

在20世纪70年代,聚乙烯醇成为比海藻纤维更便宜、更易得的纤维,现已经取代了这些市场。然而,有一个体积小但价值非常高的海藻酸盐产品,它不适合聚乙烯醇,一种针织海藻纤维纱布作为止血剂使用敷料用于促进血液凝结,例如,一种鼻腔填料用于止血。纤维生产商和敷料生产厂家之间的合作促进了海藻纤维非织造布敷料不仅能够取代旧的针织产品,还可广泛应用于医疗领域。自1990年以来,无数次的临床试验证实海藻纤维敷料与传统棉敷料相比可让伤口愈合得更迅速,减少痛苦。将海藻纤维加工成治疗伤口的非织造布型创伤被覆材料,其中有的物质可以与伤口或血液中渗出的钠离子反应,在伤口表面形成凝胶,有助于伤口的愈合。

海藻纤维服装,能够抵御紫外线的侵袭和预防皮肤癌。这种服装采用以海藻酸盐为原料开发的海藻纤维制成,能够有效防止人体过度暴露在紫外线中,从而预防严重的眼部疾病和皮肤癌等皮肤疾病。这种服装包括帽子、夹克、上衣、内衣和泳装等,都是由秘鲁海域中盛产的杉藻纤维制成。

参考文献

[1]石东良,李茂松.我国再生纤维素纤维的现状及发展趋势[J].丝绸,2007(10):44~46.

[2]李栋高,蒋蕙钧.纺织新素材[M].北京:中国纺织出版社,2002.

[3]何春菊,王庆瑞.纤维素纤维的生产新方法[J].中国纺织大学学报.1998,24(4):111~114.

[4]J. He, S. Cui, S. Wang. Preparation and crystalline analysis of high—grade bamboo dissolving pulp for cellulose acetate [J]. Journal of Applied Polymer Science, 2008, 107: 1029~1038.

[5]周蓉,李春光.新型再生纤维素纤维的性能与应用[J].中原工学院学报,2004,15(1):19~22.

[6]李云台,刘华.新型再生纤维素纤维的性能对比与鉴别[J].棉纺织技术,2003,31(9):543~546.

[7]石东良,李茂松.我国再生纤维素纤维的现状及发展趋势[J].丝绸,2007,(10):44~46.

[8]邱有龙.黏胶纤维行业新技术、新产品的发展现状及趋势[J].纺织导报,2010(9):84~87.

[9]刘长河.浅谈新型再生纤维素纤维的发展前景[J].新纺织,2004,(10):10~13.

[10]刘志迎.莫代尔纤维的丝光处理[J].中外技术情报,1991(2):17~18.

[11]王建坤.新型服用纺织纤维及其产品开发[M].北京:中国纺织出版社,2007.

[12]唐人成,赵建平,梅士英.Lyocell纤维纺织品染整加工技术[M].北京:中国纺织出版社,2001.

[13] H. P. Fink, P. Weigel, H. J. Purz, J. Ganster. Structure formation of regenerated cellulose materials from NMMO-solutions[J]. Progress in Polymer Science, 2001, 26: 1473~1524.

[14] 窦营, 余学军. 世界竹产业的发展和比较[J]. 世界农业, 2008(7): 18~21.

[15] Z. Yang, S. Xu, X. Ma, S. Wang. Characterization and acetylation behavior of bamboo pulp[J]. Wood Science and Technology, DOI 10.1007/s00226-008-0194-5. (2008)

[16] J. M. O. Scurlock, D. C. Dayton, B. Hames. Bamboo: an overlooked biomass resource [J]. Biomass and Bioenergy, 2000, 19: 229~244.

[17] 顾俊晶, 杨旭红. 竹浆纤维吸放湿性能的测试与分析[J]. 棉纺织技术, 2009, 37(6): 11~13.

[18] 杨旭红, 顾俊晶. 松弛干热处理对再生竹纤维结构和力学性能的影响[J]. 纺织学报, 2011, 32(1): 11~16.

[19] http://baike.baidu.com/view/2106921.htm

[20] 孙晋良. 纤维新材料[M]. 上海: 上海大学出版社, 2007.

[21] http://www.3158.com/news/2010/11/17/1289984756539.shtml.

[22] http://www.ccfei.com/ccfei/ArticleDetail.aspx?articleid=538225.

[23] 张传杰, 朱平, 王怀芳. 高强度海藻纤维的性能研究[J]. 印染助剂, 2009, 26(1): 15~18.

[24] BRACCINI I, PEREZ S. Molecular basis of Ca^{2+} induced gelation in alginates and pectins: the egg-box model revisited[J]. Biomacromolecules, 2001, 2(4): 1089~1096.

第三章　新型蛋白质纤维

　　动物蛋白和植物蛋白都含有 18 种氨基酸。天然的动物蛋白纤维蚕丝和羊毛不仅具有良好的服用性能，其吸湿性、生物相容性和对人体皮肤的保健功能更是受到消费者的极大重视。因此，对于同样具有 18 种氨基酸的非天然纤维动植物蛋白，科学工作者将其制成纤维、织物，可以有效利用其生物相容性和对皮肤的保健作用，自然就成为开发研究的热点。

　　动植物蛋白既有球蛋白又有线型蛋白，球蛋白很难制成纤维，即使是线性蛋白，其制成的纯蛋白纤维强度也相对较差。因此，在制新型蛋白质纤维时，往往借助人工合成的水溶性高分子材料，故具有水溶性的人工合成高分子材料聚乙烯醇和聚丙烯腈就常常被采用。当然，仅仅将蛋白水溶液和水溶性合成高分子原料混合纺出的再生蛋白纤维，其蛋白质仍然是水溶性的，在洗涤过程中容易被洗脱，必须用交联剂将蛋白质与合成高分子交联在一起以及将蛋白质本身交联在一起，降低其水溶性。

　　用于制备再生蛋白质纤维的聚丙烯腈制成的腈纶纤维织物具有良好的挺括性、褶皱弹性。用聚丙烯腈制备再生蛋白质纤维可望得到既具有良好生物相容性，又具有良好服用性能的新型高功能纤维和面料。但是，由于制备的再生蛋白质纤维，蛋白分子混在聚丙烯纤维分子之间，对聚丙烯腈分子之间的作用影响较大，同时，引入的蛋白质带有大量的带电基团和极性基团，所以，对织物的褶皱弹性影响较大，故再生蛋白质纤维的褶皱弹性较差。用聚乙烯醇制备的再生蛋白质纤维织成的织物，由于聚乙烯醇纤维制成的维纶织物褶皱弹性本来就差，用其制备的再生蛋白纤维织成的织物褶皱弹性很差就在预料之中。

　　因此，接枝蛋白面料的开发成为研究的热点之一。在具有良好褶皱弹性和挺括性的化学纤维表面接枝具有良好生物相容性和对皮肤有良好保健功能的动植物蛋白，预期能够制备出既具有良好服用性能，又具有良好生物相容性能和良好保健功能的高功能理想面料。因为蛋白接枝在织物的表面，纤维的骨架仍然是化学纤维，预期其褶皱弹性和挺括性仍会保持良好。同时，与再生蛋白面料相比，接枝蛋白面料与皮肤接触的全是蛋白质，而再生蛋白纤维面料与皮肤接触的还大部分是化学纤维，因此，接枝蛋白面料的保健功能会更好。相比于再生蛋白面料的生产工艺，接枝蛋白面料的生产不涉及纺丝、织造等复杂工艺，只是进行后加工，所用蛋白质也相对较少，因此，从这些意义上说，接枝蛋白面料比再生蛋白面料具有更好的开发价值和市场潜力。

第一节 再生大豆蛋白纤维

一、再生大豆蛋白纤维制备原理和工艺

(一)大豆蛋白的氨基酸组成

表 3-1 是大豆蛋白的氨基酸组成,表中有 17 种氨基酸,一般色氨酸含量低,在化学水解的过程中容易被破坏,测不出,只有在酶水解测定方法中才会有色氨酸检出。

从表中可以看到,大豆蛋白主要含谷氨酸和天冬氨酸,仅两种氨基酸就占总量的 35% 以上。能电离 H^+ 的氨基酸包括谷氨酸、天冬氨酸、酪氨酸和半胱氨酸,含量接近 40%,而碱性氨基酸精氨酸、赖氨酸和组氨酸的含量总和只有 16.2%,所以,大豆蛋白是一种酸性蛋白,在水溶液中,大豆蛋白呈球状,是一种球形蛋白。

表 3-1 大豆蛋白的氨基酸组成

氨基酸	含量(g/100 g)	氨基酸	含量(g/100g)
天冬氨酸	11.92	半胱氨酸/胱氨酸	0.75
谷氨酸	23.71	缬氨酸	4.14
丝氨酸	5.39	甲硫氨酸	1.09
组氨酸	2.59	苯丙氨酸	5.38
甘氨酸	4.14	异亮氨酸	4.18
苏氨酸	3.08	亮氨酸	7.52
丙氨酸	3.97	赖氨酸	6.41
精氨酸	7.19	脯氨酸	5.15
酪氨酸	3.32		

(二)大豆蛋白带电荷数随 pH 变化规律

大豆蛋白是多聚电解质,在水溶液中既可以水解使蛋白带正电荷,也可以使蛋白质带负电荷。了解大豆蛋白的带电荷数随 pH 值的变化规律,对于准确理解大豆蛋白的提取工艺、制备纺丝液的原理都有重要的意义。

可用张光先等人推导的计算各种多聚电解质带电荷数的关系式计算大豆蛋白在任意 pH 的带电荷数。

$$Y = \sum_{i=0}^{3} \frac{[H^+]n_i}{[H^+]+K_{bi}}, X = \sum_{i=0}^{4} \frac{K_{ai}m_i}{[H^+]+K_{ai}}$$

式中 Y、X 分别表示蛋白质带的正电荷数目、负电荷数目,n_i、m_i 分别表示蛋白质的第 i 种碱性氨基酸残基的数目、酸性氨基酸残基的数目,$i=0$ 表示蛋白质链两端的两个氨基酸,K_{bi}、K_{ai} 分别表示第 i 种碱性氨基酸残基、酸性氨基酸残基电离常数。

由于氨基酸残基在蛋白质中所处的微环境不一样,电离常数不一样,计算时应用文献中

提供的电离常数的中间值进行计算,具体采用的值列于表3-2中。

表3-2 各种氨基酸残基的电离常数

结合 H^+ 的氨基酸	电离常数	电离 H^+ 的氨基酸	电离常数
赖氨酸	2.12×10^{-10}	天冬氨酸	5.10×10^{-4}
精氨酸	1.38×10^{-12}	谷氨酸	3.98×10^{-5}
组氨酸	1.31×10^{-6}	半胱氨酸	4.05×10^{-10}
		酪氨酸	9.92×10^{-11}

表3-3 每100 g大豆蛋白中能结合 H^+ 或能电离 H^+ 的氨基酸的数目

结合 H^+ 的氨基酸	氨基酸分子量	摩尔数/100 g	$\times 10^{21}$ 个/100 g
赖氨酸	146.2	0.044	26.49
精氨酸	174.2	0.041	24.68
组氨酸	155.2	0.017	10.2
电离 H^+ 的氨基酸			
天冬氨酸	133.1	0.090	54.18
谷氨酸	147.1	0.161	96.92
半胱氨酸	121.2	0.006	3.61
酪氨酸	181.2	0.018	10.8

大豆蛋白在强酸性条件下带正电,在弱酸性、中性、碱性条件下都带负电荷,在强酸性条件下带的正电荷比在强碱性条件下带的负电荷少得多。这是因为大豆蛋白含有大量的能电离氢离子的谷氨酸、天冬氨酸等,而结合氢离子的精氨酸、赖氨酸、组氨酸相对含量较低(见表3-3)。这就是为什么制备大豆蛋白溶液在碱性条件下进行。大豆蛋白在碱性条件带大量的正电荷,极易溶于水体系之中,容易与水溶性的合成高分子材料混合,使用湿法纺丝极为方便。

大豆蛋白的带电荷数随pH值的变化过程中,存在两个突变区域。一是pH值在3~5范围内,羧基随pH值升高,电离百分数急剧增加,即负电荷数急剧增加;二是pH值在9~11范围内,结合氢离子的氨基随pH值升高,大量失去结合的氢离子,使蛋白质带的正电荷数急剧下降,所以,大豆蛋白带的负电荷数急剧增加。从表3-4中可以看到,大豆蛋白的等电点接近于4,在3.8左右。

(三)再生大豆蛋白纤维纺丝工艺(如图3-1所示)

由于大豆蛋白是酸性蛋白质,极易溶于碱性溶液中,所以,制备大豆蛋白纺丝液一般在碱性条件下制备。同时,大豆蛋白由于在碱性条件下带有大量的负电荷,分子内大量负电荷的排斥作用使得大豆蛋白分子涨大,即"微粒"涨大。这一方面对提高溶液的黏度有利,另一方面,在纺丝过程中,对大豆蛋白的分子拉伸有利。

表 3-4　大豆蛋白带电荷数随 pH 变化规律

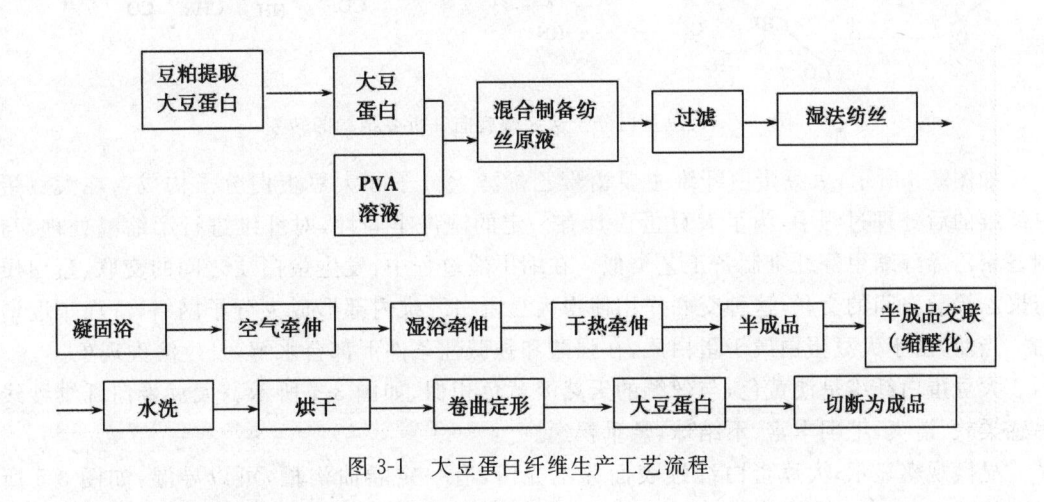

pH 值	正电荷数($\times 10^{22}$/100 g)	负电荷数($\times 10^{22}$/100 g)	净电荷数($\times 10^{22}$/100 g)	误差($\times 10^{22}$/100 g)
1	6.137	−0.031	6.105	0.026
2	6.137	−0.301	5.836	0.241
3	6.136	−2.201	3.935	1.166
4	6.124	−7.289	−1.165	0.725
5	6.019	−13.060	−7.041	0.194
6	5.558	−14.862	−9.304	0.240
7	5.184	−15.087	−9.903	0.070
8	5.069	−15.132	−10.063	0.074
9	4.651	−15.311	−10.660	0.463
10	3.283	−15.937	−12.654	0.750
11	2.288	−16.443	−14.155	0.377
12	1.049	−16.539	−15.490	0.510
13	0.168	−16.549	−16.382	0.129
14	0.018	−16.551	−16.533	0.015

图 3-1　大豆蛋白纤维生产工艺流程

(四)影响大豆蛋白成纤的主要因素

大豆蛋白纺丝液的成纤质量与纺丝液本身的性能、喷施板上喷施孔的构造有关。

1. 溶液 pH 值

大豆蛋白的溶解度与大豆蛋白所带的电荷数相关，所带电荷数越多，溶解度越高。如上所述，大豆蛋白在偏碱性条件下就带有大量的负电荷，所以大豆蛋白一般在碱性条件下溶解。当然，在强酸性条件下，大豆蛋白也带有大量的电荷，也能溶解，但是，若在酸性条件下制备纺丝液，需要大量的酸，并且溶解性能还不如弱碱性条件。

在碱性条件下，大豆蛋白带有大量的负电荷，同一分子上的大量负电荷的排斥作用，使得大豆蛋白分子的构象极度伸展,"微粒"涨大,不仅对蛋白质的溶解有利,对提高纺丝液的黏度也是有利的。

2.纺丝液黏度

纺丝液需要有一定的黏度才能顺利纺丝,黏度过高和过低都对顺利纺丝不利。纺丝液的黏度与大豆蛋白浓度、聚乙烯醇浓度、pH 值、纺丝液温度相关,浓度越高、pH 值越高、温度越低,纺丝液的黏度越高。大豆蛋白浓度高于 14% 时,纺丝液黏度过大,纺丝困难;浓度低于 12.5%,纺丝液黏度过低,成纤不理想。

3.喷施孔长径比

大豆蛋白的成纤性能相对较差,因此,一般需要长径比比较大的喷施孔进行纺丝。在长径比相对较大的喷施孔中纺丝,大豆蛋白受挤压成型时间长,对分子初步定向排列有利,利于成纤。

二、再生大豆蛋白纤维的结构和性能

(一)形态结构

由于纺丝液的碱性作用、成纤作用、后处理拉伸作用,大豆蛋白从肽链的高度折叠状态容易转变成伸展状态,如图 3-2 所示。

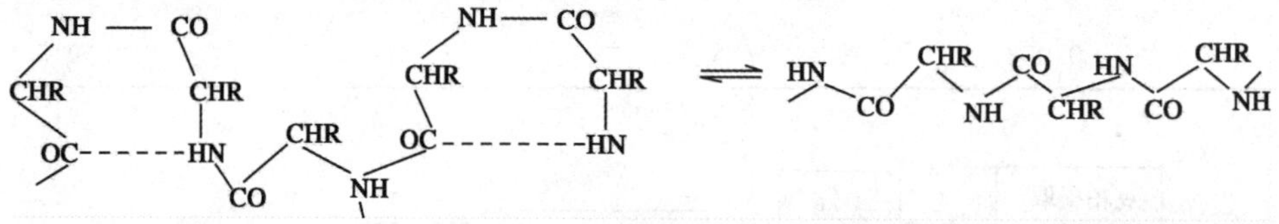

图 3-2 大豆蛋白分子从 α-螺旋向 β-折叠结构的转变

如图 3-3 所示,大豆蛋白纤维主要由聚乙烯醇大分子和大豆蛋白分子构成。在大豆蛋白纤维的后处理过程中,为了大豆蛋白具有一定的洗涤牢固性,对纤维进行了缩醛处理,与制备聚乙烯醇缩甲醛纤维制备工艺类似。在缩甲醛过程中,发生蛋白质之间的交联、蛋白质与聚乙烯醇之间的交联,这种交联作用使得大豆蛋白纤维内部形成大分子网络,洗涤牢度增加。当然,由于大豆蛋白属于蛋白质,在强酸和强碱性条件下都会水解,发生溶失现象。

大豆蛋白纤维呈淡黄色,与丝绸的天然淡黄色相似,如图 3-4 所示。大豆蛋白纤维纱线手感柔软、滑爽、毛羽丰富、不结球,悬垂飘逸。

显微观察显示,大豆蛋白纤维表面并不光滑,有一定卷曲沟槽,可以导湿,如图 3-5 所示。纤维横截面属海岛结构,呈不规则的哑铃形,中间有透气导湿的孔隙结构,皮芯结构明显,表皮层致密厚韧,芯层则由于脱溶剂产生空隙,如图 3-6 所示。

图 3-3　大豆蛋白纤维的直链性网状结构

图 3-4　大豆蛋白纤维

图 3-5　大豆蛋白纤维纵向显微图　　图 3-6　大豆蛋白纤维横向显微图

(二)纤维的机械物理性能

1. 强度

大豆蛋白纤维的干态断裂强度为 4.2～5.4 cN/dtex,湿态断裂强度为 3.9～4.2 cN/dtex,比棉、毛、丝、黏胶纤维都高。但是,其变异系数较大,表明纤维明显存在强度不均,吸湿之后,强度下降也很明显。

相对钩结强度为 75%～85%,与毛纤维类似。相对打结强度为 85%,与毛纤维类似,好于黏胶纤维长丝。初始模量为 71.5～132.2 cN/dtex,变异系数较大。干态断裂伸长率为 18%,湿态断裂伸长率为 21%,好于棉纤维,比毛纤维差。

2. 卷曲性能

大豆蛋白纤维的卷曲数为 5.2 个/cm,卷曲率为 1.65%,残留卷曲率为 0.88%,在伸长率为 3%时,弹性恢复率为 72%。大豆蛋白的纤维弹性恢复率较低,对纺纱会造成一定的困难。

3. 吸湿透气性

大豆蛋白纤维由于主要由大豆蛋白、聚乙烯醇构成,这两种分子都含有极性基团,大豆蛋白还含有大量的羧基和氨基,所以其吸湿性良好。但是,大豆蛋白纤维由于在后期加工中进行了缩甲醛化,而缩甲醛化会封闭许多的羟基、氨基,因此,大豆蛋白的吸湿性只是优于常规的合成纤维,比棉、毛、天丝都小。

大豆蛋白纤维织物的放湿性较羊毛和棉快,这是由其显微结构所决定的。放湿快使得大豆蛋白纤维具有良好的湿热舒适性。大豆蛋白纤维织物在着装时的触体感觉优于天丝与棉。

由于大豆蛋白纤维织物的热阻较大,具有良好的保暖性,因而优于棉和天丝。

4. 导电性

大豆蛋白中的聚乙烯醇成分虽然经过了缩甲醛化,但仍含有较多羟基,同时,蛋白质成分对提高吸湿性有较大贡献,所以,导电性能尚好,其比电阻近于蚕丝,明显小于合成纤维。但是,由于大豆蛋白纤维中含有蛋白质,特别是含有大量酸性氨基酸残基和碱性氨基酸残基,大豆蛋白容易产生静电,与蚕丝蛋白纤维织物——丝绸类似。

5. 摩擦性能

大豆蛋白纤维虽然在显微镜下表面并不光滑,但是,在宏观上,大豆蛋白纤维摩擦系数仍较低,使得大豆蛋白纤维的纱线抱合力差,松散易断。在纺纱过程中需要加入一定的油剂,才能确保成网、成条、成纱质量。

6. 热学性能

经缩甲醛处理的大豆蛋白纤维在365 ℃开始有明显的热分解失重,在460 ℃热分解严重,比未经缩甲醛交联处理的大豆蛋白纤维的热稳定性明显高。未交联的大豆蛋白纤维在335 ℃开始明显失重,在435 ℃就严重热分解。

7. 溶失性

虽然大豆蛋白纤维经过甲醛的缩甲醛处理,其溶失性得到改善,但是,大豆蛋白仍具有一定的溶失性。大豆蛋白纤维溶失性与所处溶液的pH值关系很大,在弱酸性条件下,大豆蛋白溶失率低,但在碱性条件和强酸性条件下,溶失率较大。这是因为在强酸性或碱性条件下,大豆蛋白带有大量正电荷或大量负电荷,水溶性增加。

大豆蛋白纤维几乎不溶于75%的硫酸溶液、甲酸氯化锌溶液,也几乎不溶于二甲基甲酰胺,微溶于1.0%的次氯酸钠溶液和80%的甲酸溶液。

(三)大豆蛋白纤维的化学性能和染色性能

1. 耐化学品性能

大豆蛋白纤维中由于含有蛋白质,蛋白质中含有大量的酸性氨基酸残基和碱性氨基酸残基,所以,大豆蛋白纤维既能吸酸,又能吸碱,即具有良好的缓冲作用。在强酸性作用下(pH=1.7),常温处理60 min后强力只损伤5.5%,耐酸性较强;在pH=11下处理60 min,强力损伤为19.2%,相对较大。显然大豆蛋白纤维耐酸性能比耐碱性能好。

大豆蛋白纤维在热浓盐酸中可以完全溶解,在浓硫酸中也很快溶解,这是蛋白质在强酸性条件下水解所致。但溶解后残留部分物质,应该是不能水解的聚乙烯醇和发生交联的部分蛋白质。在冷的稀酸溶液中只有部分溶解。

大豆蛋白纤维在浓碱中煮沸后颜色变红,在稀碱溶液中即使煮沸也不溶解。在过氧化氢溶液中纤维会软化,开始时会略显黄色,但最终会变白色。用次氯酸钠进行漂白,颜色稍差,类似于羊毛。

2. 染色性能

大豆蛋白纤维织物本身为淡黄色,在染色前需要进行漂白。大豆蛋白纤维由于含有大豆蛋白,可以用酸性染料进行染色。由于含有大量可反应基团,所以,大豆蛋白也可以用活性染料进行染色。采用活性染料进行染色时,织物鲜艳而有光泽,日晒、汗渍牢度也较高。

第二节　再生牛奶蛋白纤维

牛奶蛋白纤维有纯牛奶蛋白纤维和含牛奶蛋白纤维两种纤维。纯牛奶蛋白纤维是用纯牛奶蛋白制备的,含牛奶蛋白纤维一般是牛奶蛋白和聚丙烯腈高分子混合制备的,但仍称为牛奶蛋白纤维。

一、牛奶蛋白的基本性质

(一)牛奶蛋白的氨基酸组成

牛奶蛋白的氨基酸组成如表 3-5 所示。从表中可以看到,能电离产生 H^+ 的氨基酸残基比能结合 H^+ 的氨基酸残基多得多,但酸性氨基酸残基和碱性氨基酸残基在所有氨基酸残基中占的总量比大豆蛋白低,总体上看,牛奶蛋白也是酸性蛋白。

表 3-5　牛奶蛋白的氨基酸组成

氨基酸	含量(g/100 g)	氨基酸	含量(g/100g)
天冬氨酸	6.67	半胱氨酸/胱氨酸	1.82
谷氨酸	20.13	缬氨酸	5.90
丝氨酸	5.66	甲硫氨酸	2.14
组氨酸	2.67	苯丙氨酸	4.93
甘氨酸	2.55	异亮氨酸	4.45
苏氨酸	3.84	亮氨酸	9.05
丙氨酸	3.19	赖氨酸	6.63
精氨酸	4.93	脯氨酸	10.83
酪氨酸	4.60		

(二)牛奶蛋白的带电特性

表 3-6 是每 100 g 牛奶蛋白中能电离或结合氢离子的氨基酸残基数。结合氢离子的氨基酸残基能使蛋白质带正电,而电离氢离子的氨基酸残基能使蛋白质带负电。从表中可看出,能电离氢离子的氨基酸残基数比能结合氢离子的氨基酸残基数多得多,所以,牛奶蛋白主要带负电荷,与大豆蛋白一样,是一种酸性蛋白。

表 3-7 是计算得到的牛奶蛋白在各种 pH 值下的正电荷数、负电荷数、净电荷数,以及计算的误差。从表中可以看到,计算误差是很小的,表中数据反映牛奶蛋白带电荷数随 pH 值变化的轮廓是足够精确的。从表中可以看到,牛奶蛋白的等电点在 4.2 左右。

表 3-6　每 100 g 牛奶蛋白中能电离或结合 H^+ 的氨基酸残基个数

能电离或结合 H^+ 的氨基酸	氨基酸分子量	摩尔数/100 g	$\times 10^{21}$ 个/100 g
赖氨酸	146.2	0.045	27.1
精氨酸	174.2	0.025	15.1
组氨酸	155.2	0.017	10.2
天冬氨酸	133.1	0.050	30.1
谷氨酸	147.1	0.137	82.5
半胱氨酸	121.2	0.008	4.82
酪氨酸	181.2	0.025	15.1

表3-7　不同pH值条件下牛奶蛋白所带电荷数

pH值	正电荷数($\times 10^{22}$/100 g)	负电荷数($\times 10^{22}$/100 g)	净电荷数($\times 10^{22}$/100 g)	误差($\times 10^{22}$/100 g)
1	5.24	0.02	5.22	0.01
2	5.24	0.18	5.06	0.13
3	5.24	1.33	3.91	0.65
4	5.22	4.87	0.36	0.41
5	5.12	9.55	−4.42	0.15
6	4.66	11.05	−6.39	0.24
7	4.29	11.24	−6.96	0.07
8	4.17	11.29	−7.12	0.08
9	3.74	11.54	−7.79	0.51
10	2.36	12.40	−10.04	0.83
11	1.45	13.10	−11.65	0.32
12	0.65	13.24	−12.59	0.32
13	0.1	13.25	−13.15	0.08
14	0.01	13.25	−13.24	0.01

从表中可以看到，牛奶蛋白是酸性蛋白，在中性条件下带大量负电荷。随pH值的升高，蛋白的电荷也有两个突变区域，第一个在pH值为3~5范围内，第二个在pH值为9~10范围内。这是因为酸性氨基酸残基的电离主要在第一个突变区范围，碱性氨基酸的电离主要在第二个突变区范围。

从表中还可以看到，牛奶蛋白主要带负电荷。在中性条件下，牛奶蛋白所带的负电荷的量都比其在强酸性pH值为1条件下所带的正电荷数要多，这表明牛奶蛋白用碱溶解很容易，而用酸溶解会很困难。

(三)牛奶蛋白的结构与可纺性

1. 牛奶蛋白的结构

牛奶蛋白与所有的蛋白质一样，是由氨基酸通过肽键结合起来的长链，但是，蛋白质的高级结构不仅和氨基酸的组成有关，还与蛋白质的氨基酸序列有关。极性氨基酸、侧链较大的氨基酸、带电荷氨基酸的分布与疏水氨基酸的分布不同，就会使蛋白质的高级结构主要成为两类构象，一是疏水氨基酸处于蛋白质的内部，形成球状蛋白；二是形成直链型的蛋白。牛奶蛋白是直链型，即线型，线型蛋白可以制成纤维。

2. 牛奶蛋白分子间作用力

牛奶蛋白分子是氨基酸缩合形成的直链。一级结构上，碳-碳键、碳-氮键都是σ键，能够自由发生旋转和产生一定的折叠，并且分子之间没有大量的苯环作用，所以分子链具有柔性。

从表3-7中可以看到，蛋白质在任何pH值下都带有大量的电荷，即使是在等电点。在等电点时，只是蛋白质带的正电荷数和负电荷数相等，实际上蛋白带正负电荷的总和是很多的。在中性时，有80%以上的氨基结合了氢离子成为正电荷，同样，有80%以上的羧基电离了氢离子成为负电荷，因此，蛋白质分子链之间的静电作用或称盐键作用是很强的。当然，蛋白分子之间因带负电荷而产生的静电排斥作用也很强。

另外，蛋白质之间还有氢键作用、极性基团之间的偶极作用等。

3. 可纺性

一般条件下,牛奶蛋白分子带有大量的负电荷,容易水化,形成胶体。随着水分的去除,毛细现象使得蛋白质分子链相互靠拢,形成盐键和氢键、偶极作用,多肽链排列较为平行,同时,发生一定缠绕,从而转化为不溶于水的固化丝条,满足纺织纤维的基本要求。

二、牛奶蛋白纤维的生产工艺

(一)纯牛奶蛋白纤维制备工艺流程

牛奶中除含有牛奶蛋白外,还含有85%以上的水分、脂肪、乳糖、维生素和灰分等,这些成分都应该除去,但乳糖维生素和灰分含量很少,不需要专门的去除工艺。

纯牛奶蛋白的去除工艺流程为:蒸发浓缩→离心脱脂→碱化分解脂肪→分离蛋白质→糅和→过滤→脱泡→干法纺丝→拉伸→干燥→定形→分级→包装。

(二)制备工艺控制

1. 蒸发浓缩

牛奶蛋白蒸发浓缩工艺的目的是将牛奶蛋白的水分降低到60%。蒸发时,由于牛奶蛋白在70 ℃以上会发生蛋白质变性,因此需要进行减压蒸发,蒸发器的压力要求低于80 kPa。

2. 离心脱脂

牛奶中的脂肪必须去除。牛奶中的大量脂肪是在碱化分解脂之前离心脱除的。离心脱脂的原理是由于脂肪的密度小于牛奶中的其他成分,在离心机转速高于1 000 r/min时,脂肪分布在溶液的最上层。大部分的脂肪都是通过离心除去的。

3. 碱化水解脂肪

离心脱脂只是脱去大部分脂肪,牛奶中还含有脂肪,需要进一步去除。去除的原理是采用碱水解的方法。控制碱性条件,使牛奶中的脂肪完全分解,而尽可能使蛋白质不分解,然后用半透膜透析或用盐进行盐析分离出牛奶蛋白。因此,控制碱液的碱浓度十分重要,一般碱液中碱水摩尔比为1:20。

4. 分离蛋白质

经碱化水解脂肪的牛奶蛋白溶液可以用半透膜透析的方法将水解的脂肪和牛奶蛋白分开,也可以采用盐析的方法沉淀蛋白质。半透膜透析的原理是牛奶蛋白为大分子,不能透过半透膜,而水解的脂肪能够透过半透膜被除去。盐析沉淀蛋白质的原理是在高浓度盐中,牛奶蛋白被沉淀出,而水解的脂肪因在碱性条件下带有负电荷、分子量小而溶于溶液中,从而实现蛋白质与脂肪的分离。

5. 糅合

将牛奶蛋白、去离子水、蛋白质粘合剂一并送入糅合机中,加热至60 ℃,经充分混匀成特别糅合流体后就可做纺丝液。

6. 过滤、脱泡

过滤和脱泡是除去纺丝液中的杂质和气泡。不除去纺丝液中的杂质和气泡会使纺丝时纤维产生断头、毛丝。

7. 干法纺丝

纯牛奶蛋白纤维采用干法纺丝制备,其加工工艺流程为:将纺丝液预热到60 ℃,注入干法纺丝罐中,经齿轮计量泵输入纺丝机的喷丝头,经喷施板挤出后,在55 ℃环境中初步固化为连续长丝,然后在100 ℃的烘干区将水分烘燥降至20%以下,并卷绕在丝筒上。

8.拉伸

拉伸能够使纤维的取向度大幅度提高,同时,结晶度也有所提高,从而提高纤维的断裂强度。牛奶蛋白的拉伸倍数一般为1.5~2倍。

9.干燥和定形

牛奶蛋白的干燥和定形温度为90 ℃。定形时,同时减压,使纤维的水分不断蒸发干燥,水分含量降低到10%以下。热定形后,牛奶蛋白发生变性,成为永久的不溶性固化纤维。

(三)含牛奶的牛奶蛋白纤维

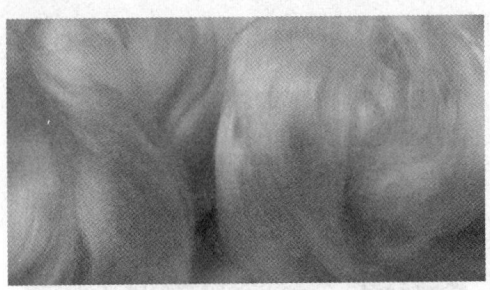

牛奶蛋白纤维除纯牛奶蛋白纤维外,还有含牛奶的牛奶蛋白纤维。含牛奶的牛奶蛋白纤维由牛奶蛋白和聚丙烯腈大分子构成。这类蛋白纤维实际上只是含蛋白质,并且蛋白质成分不是主要成分,只是由于商业的需要也将其称为牛奶蛋白纤维。

含牛奶的牛奶蛋白纤维制备有三种方法,即共混法、交联法、接枝共聚法。共混法是将牛奶蛋白添加到聚丙烯腈纺丝液中,按照聚丙烯腈的纺丝方法纺丝。此法纺出的纤维,牛奶蛋白与聚丙烯腈在纤维中容易产生一定的相分离,牛奶蛋白分散性差,分散不均匀,纤维质量差,没有牛奶的优良特性。

交联法是将牛奶蛋白和交联剂一起加入到聚丙烯腈纺丝液中,通过交联化学反应制成纤维。交联法制备的纤维牛奶蛋白分布比较均匀,纤维质量相对较好。

接枝共聚法是用催化剂使牛奶蛋白与丙烯腈发生接枝共聚,制成纺丝液,然后制成纤维。接枝共聚法制备的牛奶蛋白纤维,牛奶蛋白分布很均匀,纤维质量最好,只是纺丝原液的制备过程比较复杂。

三、牛奶蛋白纤维的结构和性能

(一)牛奶蛋白的形态结构

图 3-7 牛奶蛋白纤维

牛奶蛋白纤维呈乳白色,横截面呈圆形或哑铃形,纵向有凹槽,有真丝般的柔和光泽和滑爽手感。图3-7即牛奶蛋白纤维,图3-8是牛奶蛋白纱线。

图 3-8　牛奶蛋白纱线

（二）牛奶蛋白的微观结构

图 3-9 是含牛奶的牛奶蛋白纵向电镜图。牛奶蛋白纤维具有凹槽，相对比较光滑，预示着有良好的排湿透气性。

图 3-10 是含牛奶蛋白纤维截面图，与图 3-11 的腈纶纤维截面图相比，纤维中物质的分布均匀性较差，明显有一定的相分离现象，腈纶纤维的截面物质分布均匀。这表明牛奶蛋白与聚丙烯腈大分子的亲和性与聚丙烯腈分子本身之间还是有一定的差异。

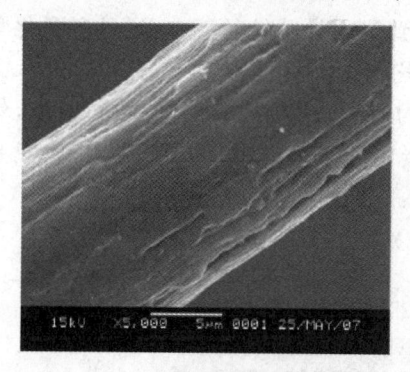

图 3-9　牛奶蛋白纤维纵向电镜图 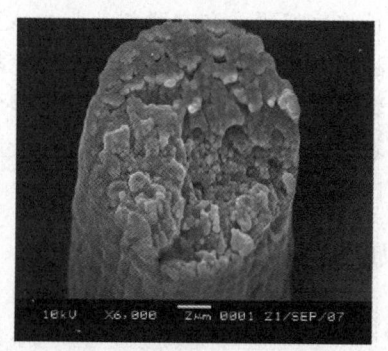　　图 3-10　牛奶蛋白纤维截面图

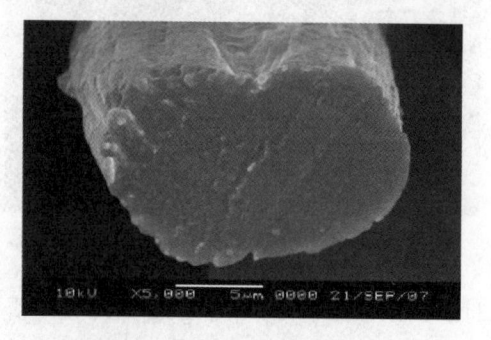

图 3-11　腈纶纤维截面图

图 3-12 是含牛奶蛋白纤维的 X 射线衍射图。牛奶蛋白纤维是一种可结晶的纤维，在聚集态结构中，结晶区和无定型区两相结构并存，且有着明显的结晶峰。牛奶蛋白纤维结晶衍射峰分别出现在 2θ 为 9.7°、16.7°、26.5°、29.1°和 35.2°处，其中最为明显的为 16.7°和 29.1°

处,这与聚丙烯腈纤维的 X 衍射曲线的峰形和位置非常相近(2θ 为 16.8°,23.30°和29°),说明牛奶蛋白纤维的结晶区在很大程度上是由聚丙烯腈构成的,这主要是因为牛奶蛋白的氨基酸组成复杂且具有多分散性,再加上大部分还含有较大的侧基,所以不容易结晶,在牛奶蛋白的 X 衍射图谱中,X 衍射谱在 2θ 为 19.4°～22.5°之间有一宽泛的"馒头峰",在 2θ 为 8.86°处有一台阶,此外没有明显的衍射峰,也进一步说明牛奶蛋白难以结晶的情况。此外,牛奶的 X 衍射曲线中 2θ 为 8.86°处的台阶可能是造成牛奶蛋白纤维谱图中 2θ 为 9.7°处微弱衍射的原因。牛奶蛋白纤维的结晶度为 45.22%。

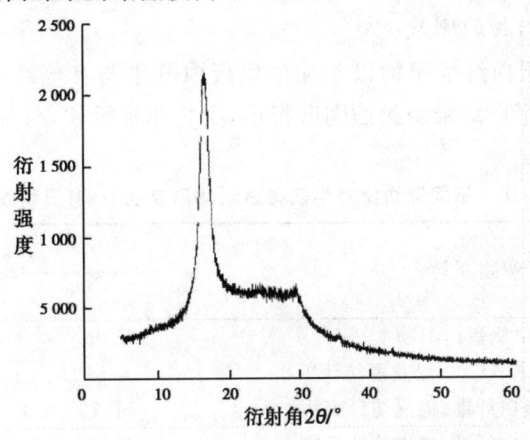

图 3-12　牛奶蛋白纤维的 X 射线衍射图

(三)牛奶蛋白纤维的服用性能

1. 牛奶蛋白纤维的强度与回潮率

表 3-8 是牛奶蛋白纤维的强度和回潮率,表中的牛奶蛋白纤维是含牛奶的聚丙烯腈纤维。从表中可以看到,牛奶蛋白纤维的断裂强度较高,比棉、黏胶和羊毛的都高,初始模量也较高,勾结强度和打结强度也都高,但密度却很小,回潮率虽然比棉、黏胶、蚕丝、羊毛都低,但达到 5%～8%,还是很不错的。

表 3-8　牛奶蛋白纤维的强度、回潮率与其他纤维的比较

性能	牛奶纤维	棉	黏胶	蚕丝	羊毛
断裂强度/cN·dtex^{-1}	2.8～4.0	1.9～3.1	1.5～2.0	3.0～3.5	0.9～1.6
干态断裂伸长率/%	25～35	7～10	18～24	15～25	25～35
初始模量/cN·dtex^{-1}	60～80	60～82	57～75	44～88	8.5～2.2
勾结强度/%	75～85	70	30～65	60～80	80
打结强度/%	85	92～100	45～60	80～85	85
回潮率/%	5～8	7～8	12～14	8～9	15～17
密度/g·cm^{-1}	1.22	1.50～1.54	1.50～1.52	1.33～1.45	1.34～1.38

2. 牛奶蛋白织物的导湿性

表 3-9 是牛奶蛋白纤维织物的导湿性。从表中可以看到,纯牛奶蛋白纤维织物的导湿性很差,与棉纤维混纺后,导湿性大大增加。

表 3-9　牛奶蛋白织物的导湿性

织物原料	高度测试值/cm				
	1	2	3	4	平均
纯牛奶蛋白纤维针织物	1.7	1.8	1.8	1.8	1.8
45/55 牛奶蛋白纤维/棉混纺针织物	11.0	9.5	9.8	1.05	10.1
30/70 牛奶蛋白纤维/棉混纺针织物	11.5	10.7	10.9	10.1	10.8

3. 牛奶蛋白纤维织物的刚度

表 3-10 是纯牛奶蛋白纤维织物以及纯牛奶蛋白纤维与其他纤维混纺织物的刚度。从表中可以看到，纯牛奶蛋白纤维织物的刚度很小，织物非常柔软，与棉织物混纺之后，刚度得到提高。

表 3-10　不同混纺比对牛奶蛋白织物刚度的影响（混纺织物）

织物原料	抗弯刚度/(cN·m)			
	1	2	3	平均
纯牛奶蛋白织物	1.95	1.47	2.23	1.87
牛奶蛋白纤维/棉/天丝/尼龙混纺针织物	4.51	4.95	5.41	4.95
45/55 牛奶蛋白纤维/棉混纺针织物	11.75	10.89	10.07	10.89
15/85 牛奶蛋白纤维/棉混纺针织物	21.22	16.15	18.57	18.57

牛奶蛋白纤维纱线与其他纤维纱线的交织物的刚柔性见表 3-12。表 3-11 是牛奶纤维蛋白纱线与其他纱线交织物的规格。表中牛奶蛋白纤维是含牛奶蛋白纤维，不是纯牛奶蛋白纤维。比较表 3-10 和表 3-12 可以看到，纯牛奶蛋白纤维具有良好的柔软性，含牛奶蛋白纤维的柔软性也很好。

表 3-11　织物试样规格

织物代码	经纱	经纱线密度/tex	纬纱	纬纱线密度/tex
白牛/白牛	白色牛奶纤维	33.3	白色牛奶纤维	33.3
白牛/竹	白色牛奶纤维	33.3	竹纤维	25
白牛/棉	白色牛奶纤维	33.3	棉	25
白牛/天丝	白色牛奶纤维	33.3	天丝	25
白牛/大豆	白色牛奶纤维	33.3	大豆蛋白	25
白牛/涤粘	白色牛奶纤维	33.3	涤纶/黏胶	25
白牛/灰牛	白色牛奶纤维	33.3	灰色牛奶蛋白纤维	25
棉/棉	棉	25	棉	25
棉/灰牛	棉	25	灰色牛奶蛋白纤维	20
灰牛/灰牛	灰色牛奶蛋白纤维	20	灰色牛奶蛋白纤维	20

表 3-12　牛奶蛋白织物的刚柔性

织物编号	伸出长度/cm 经向	伸出长度/cm 纬向	弯曲长度/cm 经向	弯曲长度/cm 纬向	弯曲刚度/(cN·cm⁻¹) 经向	弯曲刚度/(cN·cm⁻¹) 纬向	总抗弯刚度/(cN·cm⁻¹)	抗弯弹性模量/(cN·cm⁻¹)
白牛/白牛	5.98	5.19	2.94	2.64	0.327	0.213	0.263 9	527
白牛/竹	5.12	4.51	2.56	2.05	0.202	0.138	0.167 1	366
白牛/棉	5.86	4.42	2.97	2.40	0.293	0.127	0.192 6	334
白牛/天丝	6.65	6.34	4.17	3.74	0.466	0.404	0.433 9	813
白牛/大豆	6.21	5.79	3.10	2.59	0.331	0.274	0.299 1	652
白牛/涤粘	3.94	3.77	1.97	1.76	0.085	0.075	0.797 6	129
白牛/灰牛	5.28	4.75	2.65	2.37	0.248	0.181	0.211 7	317
棉/棉	5.37	4.67	2.57	1.82	0.256	0.169	0.207 9	286
棉/灰牛	7.04	6.84	3.52	2.30	0.521	0.406	0.459 9	862
灰牛/灰牛	3.86	3.78	1.93	1.89	0.061	0.058	0.597 4	199

4. 牛奶蛋白纤维织物的悬垂性

表 3-13 是纯牛奶蛋白纤维织物的悬垂性或纯牛奶蛋白纤维与其他纤维的混纺织物的悬垂性。表 3-14 是含牛奶蛋白纤维纱线与其他纤维纱线交织物的悬垂性。从表中可以看到，纯牛奶蛋白面料具有良好的悬垂性，含牛奶蛋白纤维织物则也相对较好。

表 3-13　纯牛奶蛋白纤维混纺面料的悬垂性(混纺织物)

织物原料	悬垂系数测试值/% 1	2	3	4	5	平均
毛/腈 70/30 混纺织针物	45.0	45.0	44.0	44.0	45	44.75
纯牛奶蛋白纤维针织物	10.5	10.0	12.0	11.0	12.0	11.1
45/55 牛奶蛋白纤维/棉混纺针织物	28.0	30.0	29.5	30.0	31.0	29.7
30/70 牛奶蛋白纤维/棉混纺针织物	32.0	33.0	32.0	32.5	33.5	32.4
牛奶蛋白纤维/天丝/蚕丝/棉混纺织物	45.0	44.0	46.0	45.0	45.0	45.0
牛奶蛋白纤维/山羊绒/棉/蚕丝/天丝混纺针织物	45.0	46.0	44.0	45.0	45.0	45.0

表 3-14　含牛奶蛋白交织面料悬垂系数(交织物)

织物编号		白牛/白牛	白牛/竹	白牛/棉	白牛/天丝	白牛/大豆	白牛/涤粘	白牛/灰牛	棉/棉	棉/灰牛	灰牛/灰牛
悬垂系数/%	1	70.5	66.0	61.4	70.0	64.2	48.8	57.6	64.0	64.0	46.3
	2	69.9	59.2	64.2	64.6	62.9	60.5	74.0	56.8	65.4	44.1
	3	68.3	63.4	64.6	66.8	66.4	52.8	73.2	58.1	64.5	45.6
	4	70.8	69.4	68.9	72.2	69.8	50.5	75.6	64.0	63.9	44.8
平均值/%		69.9	64.5	64.8	68.4	65.8	53.2	74.3	59.1	64.5	45.2

5. 牛奶蛋白纤维的透气性

表3-15是牛奶蛋白纤维织物的透气性。从表中可以看到,纯牛奶蛋白纤维织物的透气性很好,这与纯牛奶蛋白纤维表面具有凹槽相关,随着混纺织物中棉纤维成分的增加,透气性有较大幅度的下降。

6. 牛奶蛋白纤维织物的抗静电性

表3-16是牛奶蛋白纤维织物的抗静电性。从表中可以看到,纯牛奶蛋白纤维织物的抗静电性很差,特别是残留电压很高,但与棉纤维混纺之后,抗静电性能得到大幅度的增加,最高静电压大幅降低,不再产生静电残留。

表3-15 牛奶蛋白纤维混纺织物的透气率

织物原料	透气率R测试值/mm·s^{-1}				
	1	2	3	4	平均
纯牛奶蛋白纤维针织物	1 401	1 387	1 394	1 394	1 394
45/55牛奶蛋白纤维/棉混纺针织物	1 168	1 216	1 151	1 143	1 169
30/70牛奶蛋白纤维/棉混纺针织物	961	990	1 000	980	983

表3-16 牛奶蛋白织物的抗静电性能

织物原料	30 s最高静电/V	静电残留/V	消除时间/s
70/30毛/腈针织物	15 200	0	10.61
纯腈纶针织物	5 315	0	12.00
纯牛奶蛋白纤维针织物	4 960	2 849	12.00
45/55牛奶蛋白纤维/棉针织物	267	0	1.73
30/70牛奶蛋白纤维/棉针织物	118	0	1.23

7. 牛奶蛋白纤维的耐磨性、光泽度和起毛球性

表3-17是牛奶蛋白纤维织物的耐磨性能。从表中可以看到,牛奶蛋白纤维的摩擦性能很差。这主要是由于牛奶蛋白纤维初始模量较高,摩擦系数大,干、湿态断裂伸长率高,不利于缓解摩擦,织物受力时表面磨损程度大,所以牛奶蛋白纤维的耐磨性较差。另外,较粗纱线织造的织物有助于改进织物的耐平磨性能,因为直径较粗的纱线中含有较多的纤维根数,断裂时需要较多根数的纤维磨断后,纱线方可解体,而纱线的直径增加时,织物厚度也相应增加,其耐磨性也就提高了。

表3-17 织物试样耐磨测试结果

织物编号	白牛/白牛	白牛/竹	白牛/棉	白牛/天丝	白牛/大豆	白牛/涤粘	白牛/灰牛	棉/棉	棉/灰牛	灰牛/灰牛
耐磨次数	19	25	15	17	24	11	28	20	16	13

表3-18是牛奶蛋白纤维织物的光泽度。织物表面越平整,光泽度越好,两种牛奶蛋白纤维交织的试样光泽性最好。同时,光泽度还受经纬纱线捻度方向的影响。另外,牛奶蛋白纤维自身的光泽性也较好。

表3-18 织物光泽度测试结果

织物编号	白牛/白牛	白牛/竹	白牛/棉	白牛/天丝	白牛/大豆	白牛/涤粘	白牛/灰牛	棉/棉	棉/灰牛	灰牛/灰牛
正反射强度 Gs/%	53.9	55.2	49.6	58.8	56.7	53.8	42.4	43.3	38.3	24.3
漫反射强度 GD/%	42.7	45.3	40.5	45.6	44.6	43.7	36.9	34.6	32.3	21.3
光泽度 Gc/%	16.3	17.8	16.5	16.3	16.2	16.8	17.9	14.9	16.0	14.3

影响织物起毛起球的因素有：纤维性质、纱线结构、织物结构及后整理等。在表3-19中可看到，含有牛奶蛋白纤维的织物具有较好的抗起毛起球性，其中以白色牛奶蛋白纤维织物的抗起毛起球性最好。主要原因是该纱线是一种强捻纱，摩擦系数比较大，对起毛的阻力较大。另外，较粗硬的纤维要比细而柔软的纤维容易起球。因此，牛奶蛋白纤维不易起球。

表3-19 牛奶蛋白织物起毛起球性

织物编号	白牛/白牛	白牛/竹	白牛/棉	白牛/天丝	白牛/大豆	白牛/涤粘	白牛/灰牛	棉/棉	棉/灰牛	灰牛/灰牛
耐磨次数	4	3	3	3	2	3	3	3	3	3

8.牛奶蛋白纤维的褶皱弹性

织物的抗皱性与纤维的弹性、初始模量、拉伸变形恢复能力及纱线的捻度、织物的密度、后整理等因素有关。如表3-20所示，测试结果表明，以下两点对织物的抗皱性有较大的影响。一是纤维的细度影响织物的折皱程度。在纤维原料相同的情况下，纤维线密度大，相应织物的耐皱性好。所以，灰色牛奶蛋白纤维织物的耐皱性明显劣于白色牛奶蛋白纤维织物。二是织物质地的厚实程度影响耐皱性。质地越厚实，耐皱性越好。

表3-20 牛奶蛋白织物的褶皱弹性

织物编号	急弹性恢复角/° 经向	急弹性恢复角/° 纬向	缓弹性恢复角/° 经向	缓弹性恢复角/° 纬向	褶皱恢复率/% 经向	褶皱恢复率/% 纬向
白牛/白牛	77.6	105.5	90.1	107.9	46.6	59.3
白牛/竹	104.1	55.2	107.1	64.7	58.7	33.3
白牛/棉	106.0	97.5	114.7	101.5	61.3	55.3
白牛/天丝	105.0	93.0	110.1	102.9	59.8	54.4
白牛/大豆	107.5	97.3	123.9	98.4	54.4	64.3
白牛/涤粘	80.3	85.6	85.7	97.4	46.1	50.8
白牛/灰牛	48.8	41.9	58.0	53.8	29.7	26.6
棉/棉	53.1	51.1	58.6	60.1	30.5	31.4
棉/灰牛	50.6	51.2	60.0	55.0	30.7	29.5
灰牛/灰牛	39.9	41.0	42.3	49.3	22.8	25.1

（四）生物性能

牛奶蛋白是由氨基酸组成的，含有人体必需的氨基酸，极性基团和酸性氨基酸残基、碱性氨基酸残基丰富,具有良好的亲肤性,不会对人体皮肤产生过敏现象。牛奶蛋白纤维的蛋白质成分也同时具有很好的生物降解性能。

第三节 接枝蛋白面料

人们对再生蛋白纤维和面料的研究较多,但对接枝蛋白面料的研究报道相对较少。接枝蛋白面料是将蛋白质通过交联剂接枝在蛋白面料的表面,从而改善面料的舒适性与皮肤的友好相容性,使面料具有保健功能。

一、高功能聚酯蛋白面料

聚酯是化学纤维面料中服用性能最突出的面料,具有良好的初始模量、褶皱弹性和洗可穿特性。但是,由于构成聚酯的是聚对苯二甲酸乙二酯大分子,只有大分子的两端才含有两个羟基,可供交联剂接枝蛋白反应的基团太少,接枝蛋白质后,蛋白质不仅容易溶失,还会成为屑状脱落。因此,如何赋予聚酯纤维表面大量可反应基团成为聚酯纤维面料改性的关键。

赋予聚酯纤维表面可反应基团的方法主要有:碱减量水解聚酯纤维表面大分子的方法,使聚酯纤维表面产生更多羟基、羧基;使用高锰酸钾在酸性条件下对聚酯表面的大分子进行氧化,使大分子链发生断裂,从而产生两个羧基,然后通过其他化学反应使羧基转变成可与蛋白质发生化学反应的活性基团;通过等离子体、磁控溅射等方法使织物表面分子链发生断裂,从而产生羟基等可反应基团。这些方法都是化学方法,会使聚酯纤维表面的大分子发生断裂,对纤维力学性能产生影响。张光先等人最近设计了一种物理的赋予聚酯纤维表面大量可反应基团的方法——镶嵌含羟基化合物赋予聚酯纤维表面可反应基团的镶嵌法,该法不会使聚酯纤维面料表面大分子发生断裂,对聚酯纤维的力学性能不产生影响。

(一)镶嵌含羟基化合物赋予聚酯纤维表面可反应基团

1. 镶嵌原理

聚酯纤维内部是疏水的,在高温条件下分子链段会产生运动,分子链之间会产生空隙。聚酯镶嵌含羟基化合物赋予聚酯纤维表面可反应基团,所镶嵌的含羟基化合物是蔗糖脂肪酸酯。蔗糖脂肪酸酯含有一个较长的疏水碳氢链,以及一个含7个羟基的二元环。镶嵌原理是:在高温高压下,利用聚酯大分子链热运动产生空隙的现象,将蔗糖脂肪酸酯的疏水碳氢链镶嵌到聚酯纤维内部去,含7个羟基的二元环则因为是亲水的,留在聚酯纤维表面。在纤维温度降低后,纤维中大分子链运动停止,蔗糖脂肪酸酯的疏水碳氢链被牢牢地锁在纤维内部,从而赋予聚酯纤维表面可反应基团——羟基。

(a) 镶嵌前　　　　　　　　(b) 镶嵌中　　　　　　　　(c) 镶嵌后

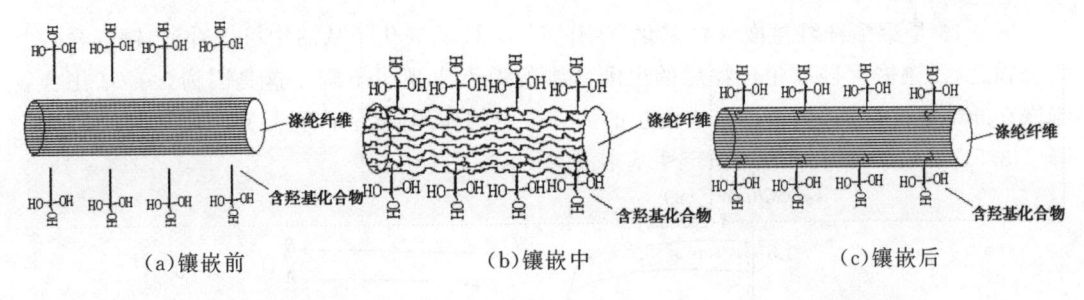

图 3-13　聚酯纤维镶嵌含羟基化合物赋予聚酯表面可反应基团原理示意图

2. 镶嵌 SEM 图

图 3-14 是聚酯纤维微观表面镶嵌含羟基化合物前后的变化。从图中可以看到，普通纯聚酯纤维表面非常光滑，镶嵌含羟基化合物后，聚酯纤维表面被一层薄薄的含羟基化合物所覆盖。

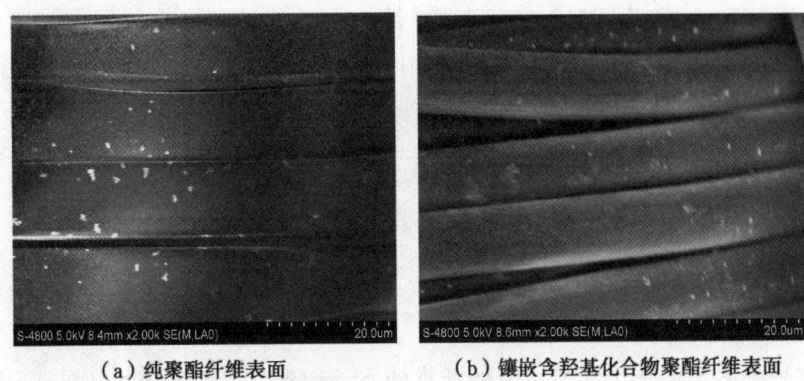

(a) 纯聚酯纤维表面　　　　　　　(b) 镶嵌含羟基化合物聚酯纤维表面

图 3-14　聚酯纤维表面镶嵌含羟基化合物前后 SEM 图

3. 镶嵌含羟基化合物纤维的表征

图 3-15 是聚酯纤维镶嵌含羟基化合物前后的 X 射线衍射光谱图的变化。从图中可以看到，聚酯纤维镶嵌含羟基化合物前后，三个衍射峰完全一致。这是因为含羟基化合物只镶嵌在聚酯纤维的表面层，对内部的结构完全没有影响。

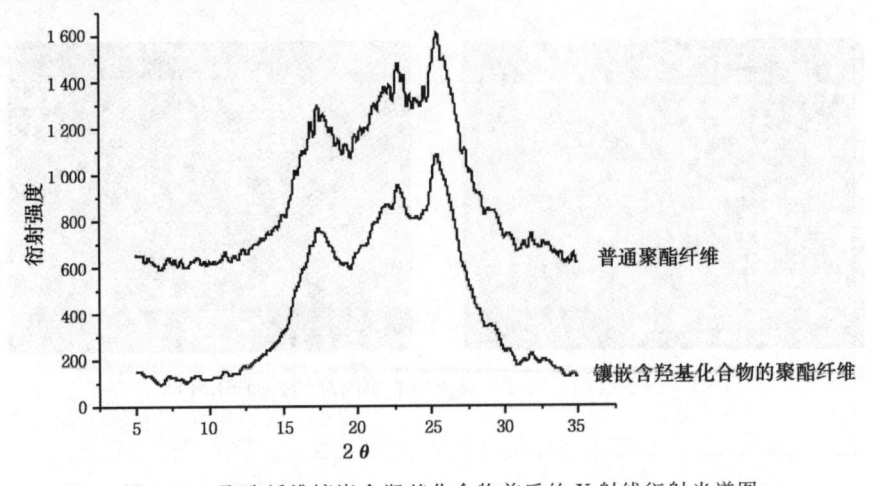

图 3-15　聚酯纤维镶嵌含羟基化合物前后的 X 射线衍射光谱图

图3-16是聚酯纤维镶嵌含羟基化合物前后DSC的变化。从图中可以看到,镶嵌含羟基化合物之后,镶嵌含羟基化合物后的聚酯纤维的熔点出现了下降。这是因为含羟基化合物镶嵌在纤维表面层后,使得纤维表面层的大分子链的作用降低,产生熔点下降现象。但只下降了3.5 ℃,对聚酯纤维的热稳定性基本没有影响。

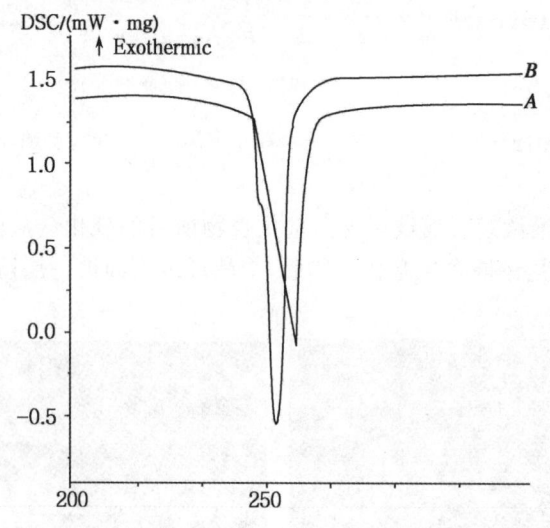

图3-16 聚酯纤维镶嵌含羟基化合物前后的DSC图

(二)牛奶蛋白聚酯纤维和面料

1. 牛奶蛋白聚酯纤维微观结构和表征

图3-17是镶嵌含羟基化合物后聚酯纤维的SEM图片。从图中可以看到,聚酯纤维表面被一层较厚的物质所覆盖,是牛奶蛋白。

图3-18是镶嵌后接枝牛奶蛋白的聚酯纤维X射线衍射图。从图中可以看到,接枝牛奶蛋白后的聚酯纤维的X射线衍射与普通的聚酯纤维相比,基本没有变化。

图3-19是镶嵌后接枝牛奶蛋白的聚酯纤维的DSC。从图中可以看到,聚酯纤维接枝蛋白之后,熔点得到提高,达到255.1 ℃,比对照聚酯纤维的254.7 ℃高0.4 ℃,稳定性得到恢复。

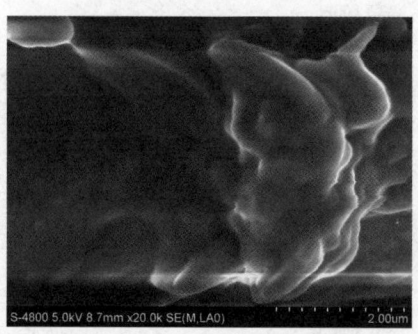

图3-17 镶嵌后接枝牛奶蛋白的聚酯纤维表面SEM图

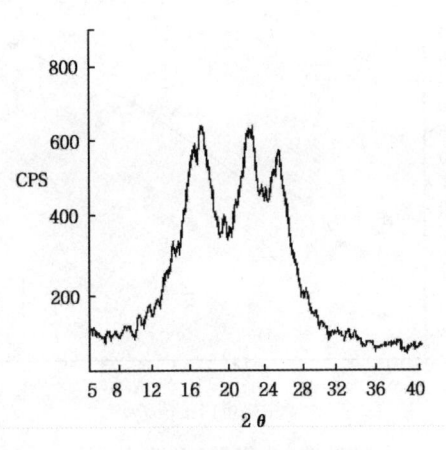

图3-18　牛奶蛋白聚酯纤维 X 射线衍射图

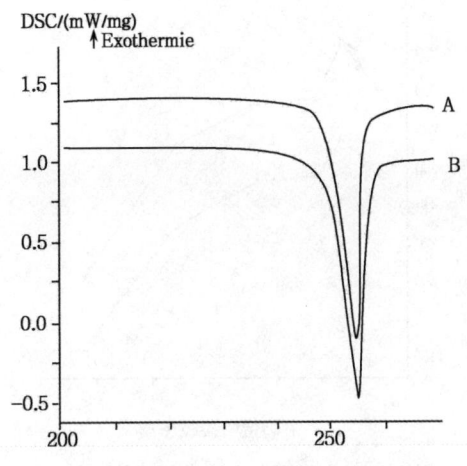

图3-19　牛奶蛋白的聚酯纤维的 DSC

2. 接枝牛奶蛋白聚酯纤维的溶失性

经镶嵌含羟基化合物后再接枝牛奶蛋白聚酯纤维织物，其接枝牛奶蛋白具有很高的牢度。如图 3-20 所示，在实验误差范围内，接枝牛奶蛋白织物的蛋白质基本不发生溶失现象，蛋白质不会随洗涤次数的增加流失。

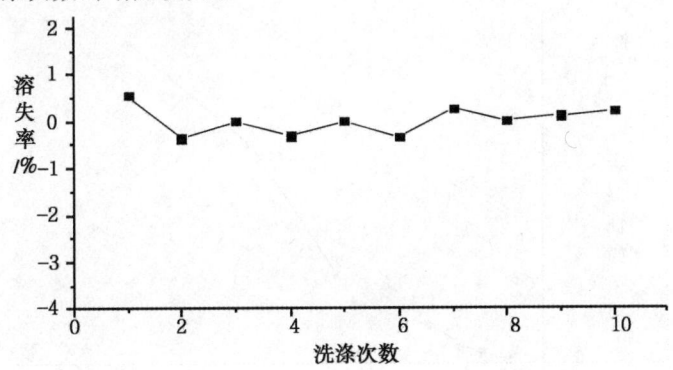

图3-20　接枝牛奶蛋白织物溶失率与洗涤次数的关系

3. 接枝牛奶蛋白聚酯纤维的服用性能

镶嵌接枝牛奶蛋白聚酯织物的褶皱弹性保持良好，如图 3-21 所示。在牛奶接枝蛋白接枝率为 0.5% 左右时，织物的褶皱弹性有一定程度的提高，之后随着蛋白接枝率的提高，褶皱弹性发生下降现象。在牛奶蛋白接枝率为 2% 时，织物的褶皱弹性和对照相比基本不变，保持良好；在蛋白接枝率达到 3.5% 时，织物的褶皱弹性还有对照的 90% 以上。而再生纤维蛋白的褶皱弹性已经降得还不如丝绸了。

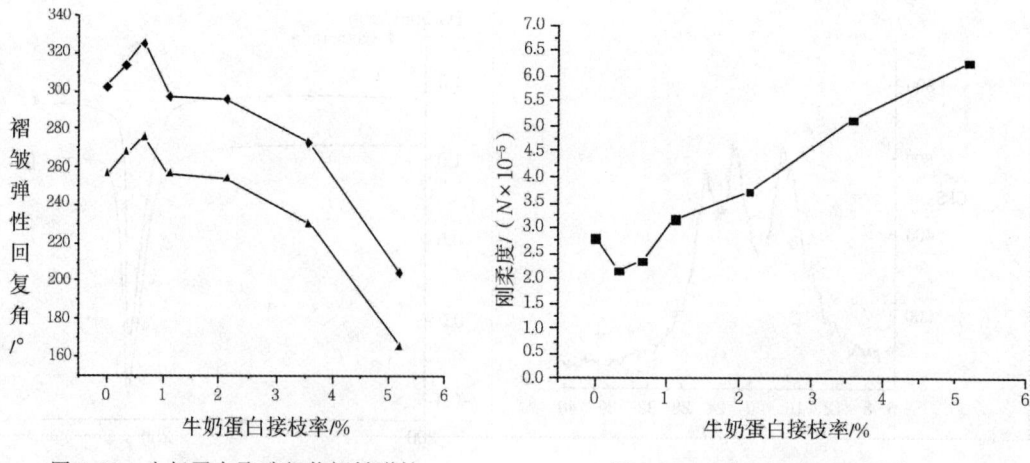

图 3-21　牛奶蛋白聚酯织物褶皱弹性　　　　　图 3-22　牛奶蛋白织物刚柔度

镶嵌接枝蛋白织物的刚柔度如图 3-22 所示，随着蛋白接枝率的提高，织物的柔软度急剧下降，手感变差，基本上只有接枝率低于 2％时，织物的手感才能被接受。

镶嵌接枝牛奶蛋白聚酯织物的吸湿性有一定的改善，如图 3-23 所示。由于接枝的牛奶蛋白含有很多极性基团和带电基团，所以，吸湿性有一定的改善。

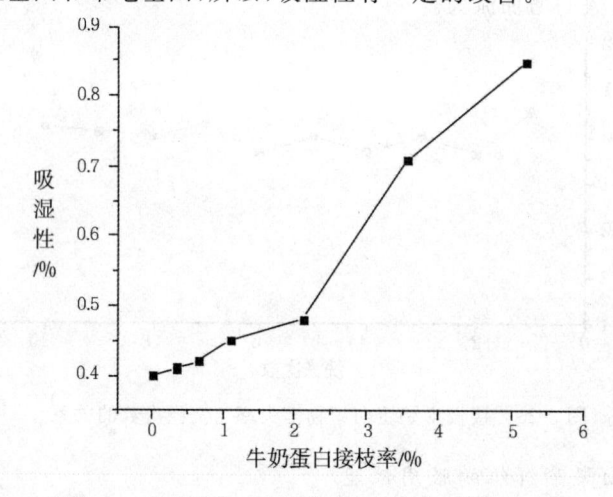

图 3-23　接枝牛奶蛋白织物的吸湿性与接枝率的关系

镶嵌接枝牛奶蛋白聚酯织物的透湿性与牛奶蛋白接枝率的关系如图 3-24 所示。在蛋白接枝率不高时，织物的透湿性增加；在蛋白接枝率较高之后，织物的透湿性发生下降。

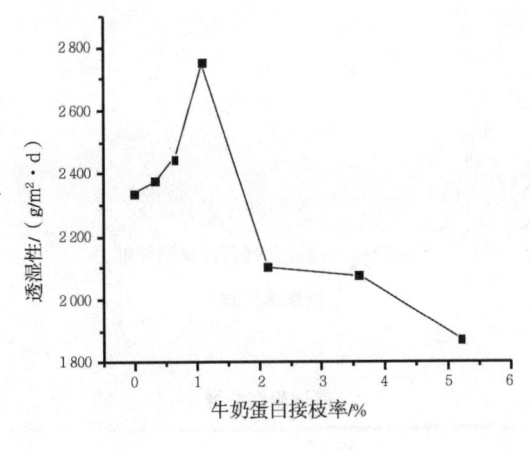

图 3-24　牛奶蛋白纤维透湿性　　　　　图 3-25　牛奶蛋白抗静电性

镶嵌接枝牛奶蛋白聚酯织物抗静电性如图 3-25 所示。接枝牛奶蛋白织物的抗静电性有较大幅度的提高。镶嵌接枝牛奶蛋白织物的服用舒适性有较大幅度的改善，同时，聚酯纤维织物的褶皱弹性保持良好。

(三)蚕蛹蛋白聚酯纤维和面料

如图 3-26 所示，接枝蚕蛹蛋白聚酯纤维表面被厚厚致密的接枝蚕蛹蛋白所覆盖，与纯聚酯纤维的光滑表面形成鲜明的对比。

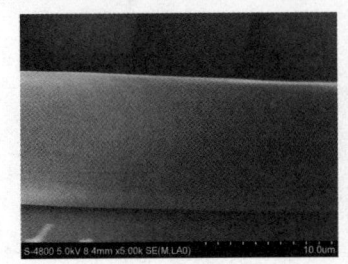

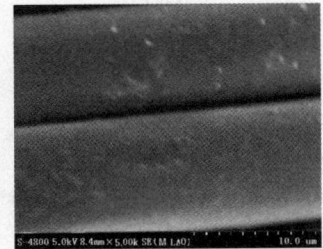

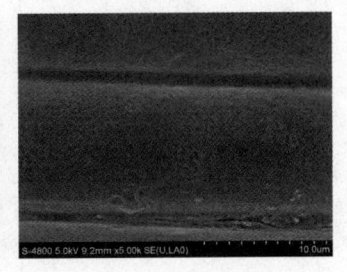

图 3-26　接枝蚕蛹蛋白聚酯纤维的 SEM 图

接枝蚕蛹蛋白聚酯纤维的 X 射线衍射图如图 3-27 所示。衍射峰与聚酯纤维相似，接枝蛋白呈无规结构。

接枝蚕蛹蛋白聚酯纤维的 DSC 如图 3-28 所示。接枝蚕蛹蛋白的聚酯纤维熔点比普通聚酯高 12.5 ℃，热稳定性有一定的提高，镶嵌时造成的熔点降低在接枝蚕蛹蛋白后得到提高。这可能是接枝的蚕蛹蛋白之间的错综复杂的化学键合造成的。

如图 3-29 所示，接枝蚕蛹蛋白的聚酯纤维织物的透湿性在接枝率不高时，织物的透湿率有所升高。但蛋白接枝率较高时，透湿性反而下降。

接枝蚕蛹蛋白聚酯织物的刚柔度如图 3-30 所示，随着蛋白接枝率的上升，柔软度有所下降，但下降幅度比接枝蛋白织物小得多。

接枝蚕蛹蛋白聚酯纤维织物的褶皱弹性如图 3-31 所示，聚酯纤维织物镶嵌接枝蚕蛹蛋白后，褶皱弹性随接枝率的升高只有很少的下降，褶皱弹性保持非常好。

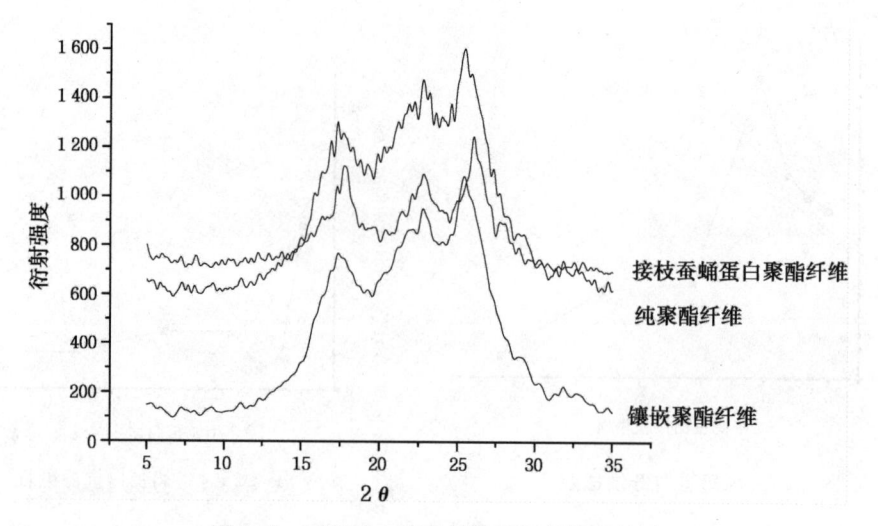

图 3-27　蚕蛹蛋白聚酯纤维的 X 射线衍射图

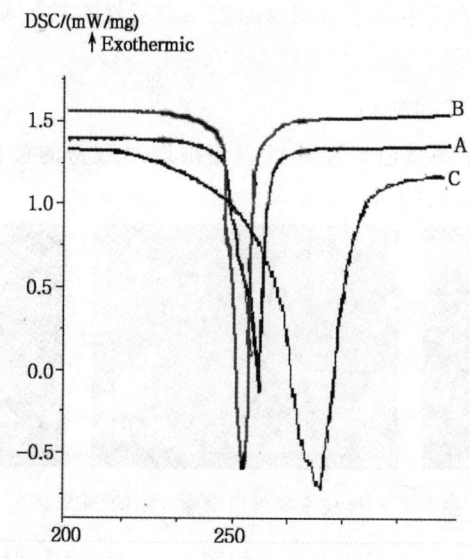

图 3-28　接枝蚕蛹蛋白聚酯纤维的 DSC 图

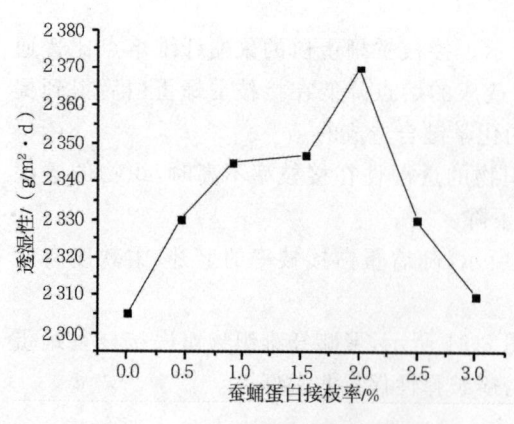

图 3-29　蚕蛹蛋白聚酯织物的透湿性

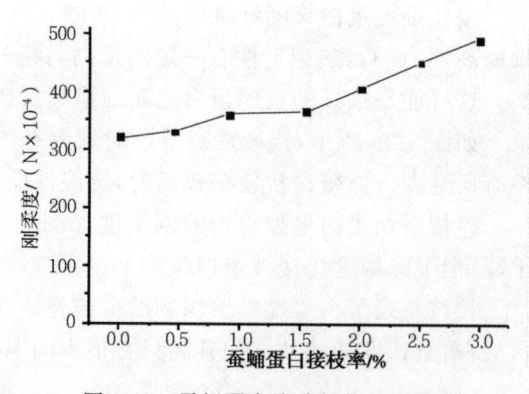

图 3-30　蚕蛹蛋白聚酯织物的刚柔度

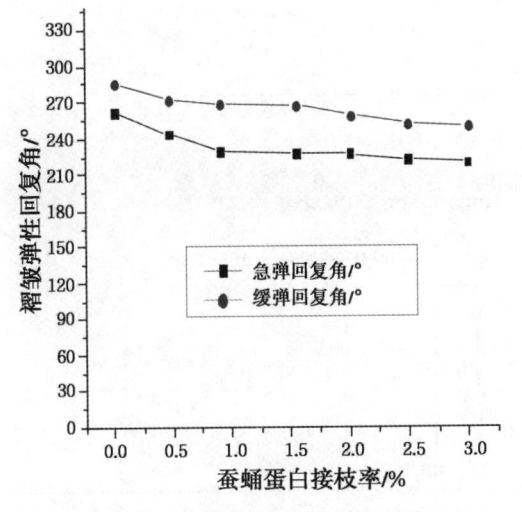

图 3-31　蚕蛹蛋白聚酯织物褶皱弹性 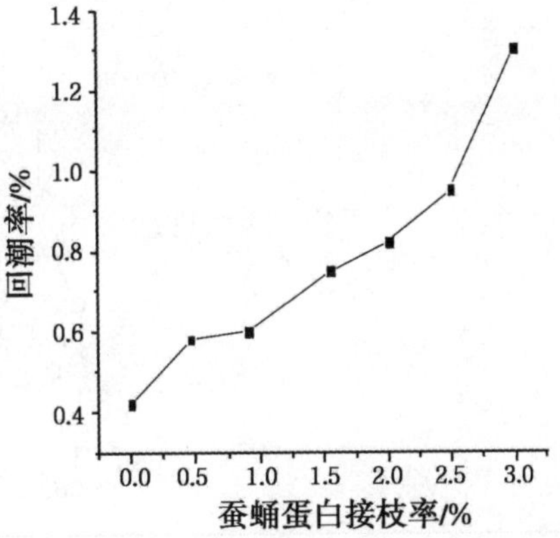　　　　图 3-32　蚕蛹蛋白聚酯纤维回潮率

如图 3-32 所示,聚酯纤维织物接枝蚕蛹蛋白后回潮率有较大幅度的改善。在接枝率为 3.0% 时,回潮率达到 1.3%,增加了 200% 以上。

聚酯织物在镶嵌接枝蚕蛹蛋白后,褶皱弹性保持良好,吸湿性有很大幅度的提高,服用舒适性能得到改善。

二、腈纶接枝丝胶蛋白面料

腈纶织物具有良好的褶皱弹性,也是服用性能突出的织物。因此,在腈纶织物上接枝各种蛋白质,也可以期望制备出服用性能、舒适性能和生物相容性能都优良的接枝蛋白面料。

(一)腈纶接枝蛋白织物制备工艺

腈纶→腈纶碱减量→浸渍含丝胶蛋白和交联剂的溶液→轧干→60 ℃烘干→100 ℃烘焙→洗涤→烘干。

(二)具有柔软功能的交联剂——蔗糖脂肪酸酯缩水甘油醚

用普通的交联剂在接枝碱减量腈纶织物上接枝蛋白后,织物柔软度下降太多,服用性能、穿着舒适性能随之大幅下降。因此,需要使用具有柔软功能的交联剂。

蔗糖脂肪酸酯缩水甘油醚是具有柔软功能的交联剂,其分子上有一条疏水碳氢链,能够在一定程度上阻碍蛋白质分子之间的强相互作用,从而降低织物的刚性,柔软度增加。同时,分子中含有 7 个环氧基,具有高效的交联功能。

其结构式和合成反应如图 3-33 所示。

图 3-33　蔗糖脂肪酸酯缩水甘油醚的合成

腈纶碱减量的目的是让腈基水解产生羧基和酰胺基，为蔗糖脂肪酸酯缩水甘油醚交联剂接枝蛋白质提供可反应基团，接枝模式如图 3-34 所示。

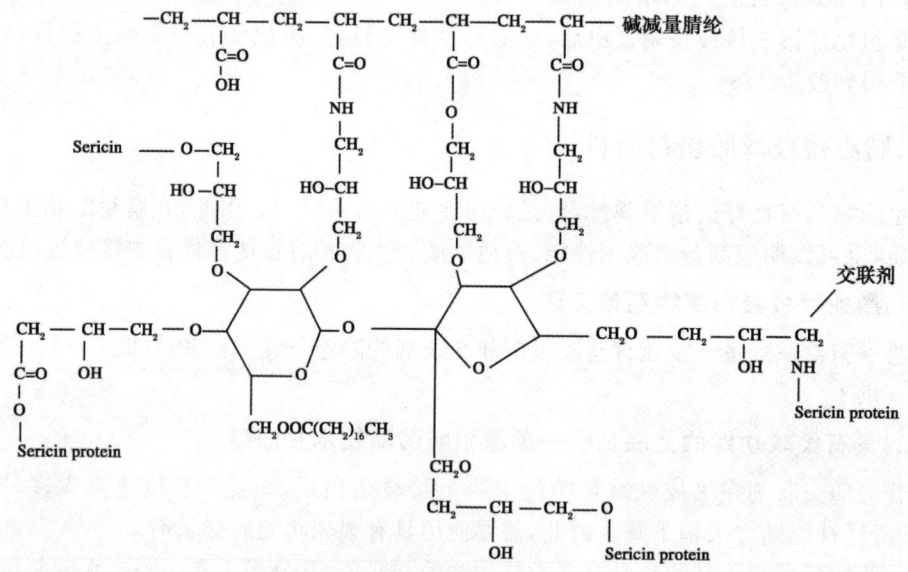

图 3-34　碱减量腈纶接枝丝胶蛋白模式

(三) 接枝丝胶蛋白腈纶织物的服用性能

图 3-35 是接枝丝胶蛋白腈纶织物的刚柔度。由于接枝时使用的是具有柔软功能的交联剂——蔗糖脂肪酸酯缩水甘油醚，所以，织物的刚度增加幅度相对较小，保持了良好的柔软性能和手感。

图 3-36 是接枝丝胶蛋白腈纶织物的褶皱弹性。接枝丝胶蛋白后的织物褶皱弹性保持相当良好，几乎没有发生褶皱弹性的下降。

接枝丝胶蛋白腈纶织物的透湿性能如图 3-37 所示，接枝丝胶蛋白腈纶织物的透湿性能基本没有变化。

接枝丝胶蛋白织物的回潮率如图3-38所示。接枝丝胶蛋白腈纶织物的回潮率有较大幅度的升高,服用舒适性能得到改善。

接枝丝胶蛋白腈纶织物的透气性能如图3-39所示。随着腈纶织物接枝接枝丝胶蛋白接枝率的提高,织物的透气性能有一定的提高。

接枝丝胶蛋白的腈纶织物褶皱弹性、柔软性保持良好,回潮率和透气性有所改善。

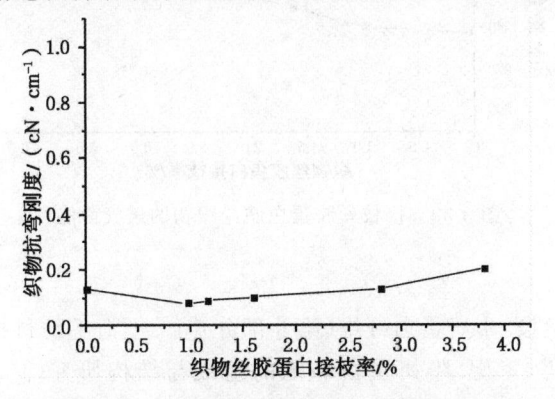

图3-35 腈纶接枝丝胶蛋白织物抗弯刚度

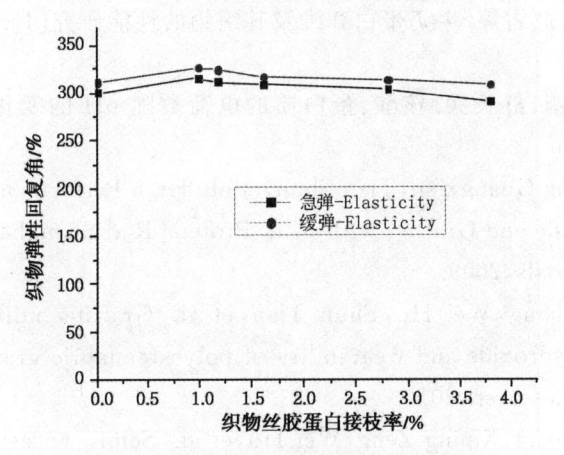

图3-36 腈纶接枝丝胶织物的褶皱弹性

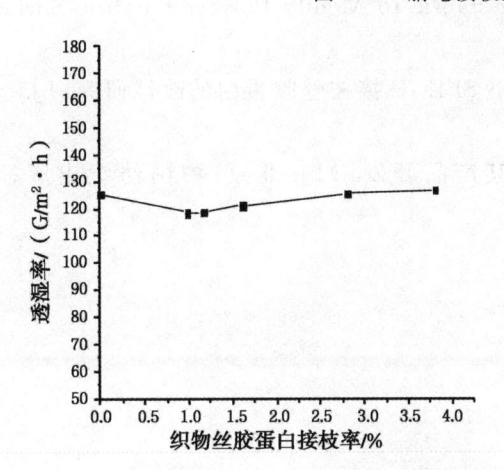

图3-37 接枝丝胶蛋白腈纶织物的透湿性

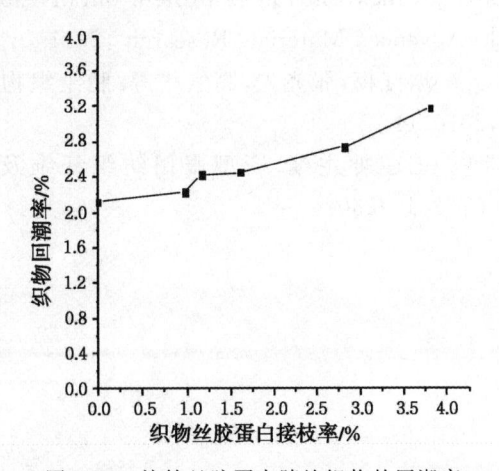

图3-38 接枝丝胶蛋白腈纶织物的回潮率

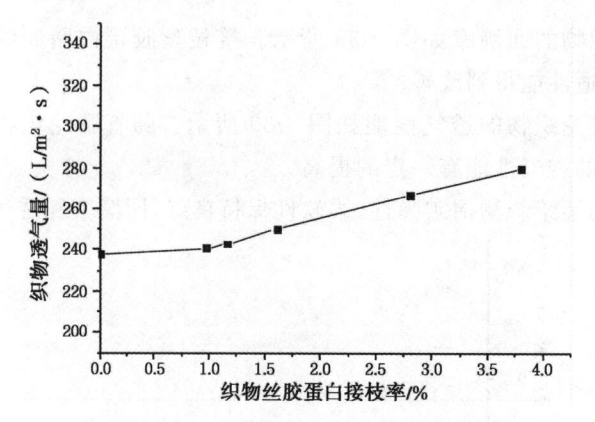

图 3-39 接枝丝胶蛋白腈纶织物的透气性能

参考文献:

[1] 汪玲玲译,行兰校. 牛奶蛋白纤维(第Ⅱ部分)[J]. 上海毛纺科技,2010,2:46~48.

[2] 阮超明,俞建勇,王妮. 牛奶蛋白纤维的组成与结构研究[J]. 西安工程大学学报,2008,22(1):6~9.

[3] 徐欣,沈兰萍,赵雪婷. 牛奶蛋白纤维及其织物的性能研究[J]. 国际纺织导报,2010,1(16):23~24.

[4] 张光先,李学刚,舒长兵. 核酸、蛋白质的电荷数随 pH 的变化规律[J]. 有机化学,2000,20(3):401~406.

[5] Hu Wei,Zhang Guangxian,Tian Shun,et al. High Performance of Polyester Fabric Encased with hydroxide and Grafted with Milk Protein[R]. Shanghai Proceeding of international fibrous materials,2009.

[6] Guangxian Zhang,Wei Hu,Shun Tian,et al. Grafting milkprotein on polyester fabric encased with hydroxide and wearability of polyester fabric grafted milk protein[J], Advanced Materials Research,2011.

[7] Guangxian Zhang,Xiping Zeng,Wei Hu,et al. Semi-encasing Sucrose Ester and Grafting Silkworm Pupae Protein onPolyester Fabric to Modify Polyester Fabric Surface [J]. Advanced Materials Research ,2011.

[8] 琚红梅,张光先,高素华等. 腈纶织物用 SFEGE 接枝丝胶蛋白的改性研究[J]. 丝绸,2010,11: 5~8.

[9] 王建坤主编. 新型服用纺织纤维及其产品开发[M]. 北京:中国纺织出版社,2006:201~230.

第四章　新型合成纤维

第一节　聚乳酸(PLA)纤维

一、概述

众多石油基合成聚合物在世界范围内每年要生产大约1.4亿吨,这样大量的聚合物在生态系统中成为工业废物。21世纪最重要的主题之一是要提高人们的生活水平,减少自然环境的负担。塑料和合成纤维是非常经久耐用的材料,但它们大多数不能自然降解,在用后废弃时可能会带来环境上的问题。自20世纪80年代开始从环保的角度出发,可生物降解塑料的开发和研究就已成为世界的热点。可生物降解的塑料被定义为"一种可通过微生物的作用在自然环境中降解为低分子化合物的塑料"。这是一种环保材料,它可为人类提供一种减轻环境污染而使得现代文明与自然之间达到一种平衡的途径。塑料的"生物降解性"取决于材料的化学结构和最终产品的构造,而不只是取决于生产的原料。因此,可降解塑料可以基于天然材料或合成树脂。天然生物降解塑料主要是基于可再生资源(如淀粉),可以是自然产生的或由可再生资源合成的。它们来自于多糖(淀粉、纤维素、木质素等)、蛋白质(明胶、毛、丝等)、脂质(脂肪和油)、产自于植物或微生物(PHA)的聚酯、源于生物起源单体(聚乳酸)及各种聚合物如天然橡胶等的聚酯等。聚乳酸是各种可生物降解塑料中的一种,美国粮食公会和卡吉尔·道(Cargill·Dar)聚合物公司与日本钟纺纤维公司共同向世人推出了一种新型的环保型纤维——由玉米制成的聚乳酸纤维。卡吉尔·道聚合物公司开发了能从玉米料中产出纤维的工艺,并由钟纺纤维公司联合岛津制作所共同开发出了商品名为"Lactron"的PLA纤维。由于它是以由玉米淀粉发酵形成的乳酸为原料,经脱水反应制成的聚乳酸溶液纺丝后所制成的可生物降解的合成纤维,所以Lactron又被称为"玉米纤维"。Lactron最早是在1994年广岛亚运会上制作了T恤衫,此后,Lactron纤维及其产品又得到进一步的改善并广泛应用。

聚乳酸纤维(poly lactic acid 简称 PLA)是以农业产品玉米、小麦等淀粉为原料,经过微生物发酵将淀粉转化为乳酸,然后采用化学方法将乳酸合成为丙交酯,再聚合成高分子材料,最后经纺丝成为纤维。Lactron是用由玉米淀粉等生产出的乳酸制造而成的、能完全参与自然循环、可生物降解的合成纤维聚乳酸纤维,用熔体纺丝法制造而成。纤维生产中不使用石油等化学材料,且不必担心环境污染。因为当它被使用完丢弃后,土壤和海水中的微生物能将其降解为二氧化碳和水。尤其是它的再生产和再循环的周期较短,为一年。因为原料是淀粉,它在空气中通过植物的光合作用可非常有效地降解为二氧化碳。该纤维从初始原料到产品的循环过程为:从淀粉开始制成乳酸,然后合成为聚乳酸,再纺成PLA纤维(Lactron),制成各种成品。使用后的废弃物埋在土中或水中,在微生物的作用下降解为二氧化碳和水,它们在阳光作用下,通过光合作用又会生成初始原料淀粉。这样一个循环过程既能重新得到初始原料淀粉,又可借助光合作用减少空气中二氧化碳的含量。

聚乳酸纤维产品有长丝、短纤、复丝、单丝之分,其性能优越,穿着舒适,有弹性,且吸湿、透气、耐热性以及抗紫外线功能都很好。这种纤维原料来源于可再生的天然植物,制品废弃后,借助土壤和水中的微生物作用,完全分解成植物生长所需要的二氧化碳和水,形成资源循环再生,因而聚乳酸纤维从生产到废弃完全是自然循环(如图 4-1 所示),不会对环境产生污染,是一种完全自然循环的可生物降解环保纤维。用它可制造内衣、外衣、家用纺织品、医疗卫生用品、农业和工业用材料,发展前景十分可观,美国和日本都在大力推进其商业化的进程。

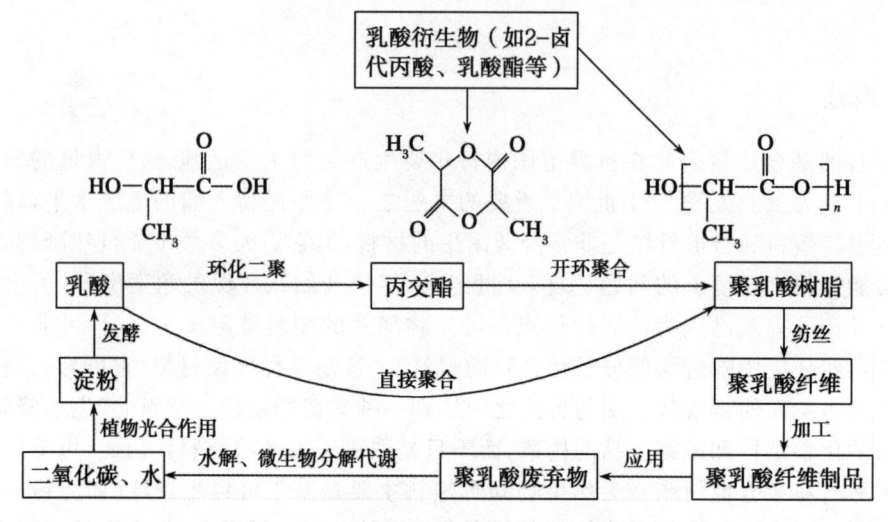

图 4-1 聚乳酸纤维的自然循环示意图

目前,学术界对聚乳酸纤维的研究很多,主要以日本钟纺公司的 Lactron 为代表。日本尤尼契卡和可乐丽公司生产的 PLA 纤维商品分别为 Terramac 和 Plastarch,美国杜邦公司和孟山都等公司也相继开发了 PLA 纤维。目前,商业化生产的 PLA 纤维是以玉米淀粉发酵制成乳酸,经脱水聚合反应制得聚乳酸酯溶液进行纺丝加工而成。

日本钟纺公司已将 Lactron 开发成一广泛应用于衣用和非衣用领域的新型纤维材料。1998 年,钟纺公司将 Lactron 与棉、毛或其他天然纤维混纺,或将其长纤维与棉、羊毛或黏胶等可生物降解的纤维混用,制成"钟纺玉米纤维"产品。其特点为保形性好,与棉混纺时,其性能与涤/棉混纺织物相似,处理方便,光泽明亮而不刺眼,其低折射指数使其具有真丝般的光泽,真丝般的优良手感,良好的"灯心草"性能,吸水吸湿性好而干燥迅速,制作成内衣时,有助于水分的转移,不仅接触皮肤时有干爽感,且可赋予其优良的形态稳定性和抗皱性,与毛混纺时,其保形性、抗皱性好,轻盈。

PLA 纤维之所以受到众多纤维公司和消费者关注,并显示出强大的生命力,主要是 PLA 纤维有许多突出的优点,如原料来自于天然植物,容易生物降解,降解产物是乳酸、二氧化碳和水,是新一代环保型可降解聚酯纤维;有较好的亲水性、毛细管效应和水的扩散性;模量和弯曲刚度是涤纶的一半,故手感柔软;有良好的回弹性、抗皱性和保形性;极限氧指数较高(LOI 为 24~29),点燃后自熄性好,燃烧发烟量低,有较好阻燃性;有防紫外线能力,紫外线吸收率低,折射率低,染色制品显色性好;易染性、染色温度低于涤纶等。

二、聚乳酸纤维的生产

(一)原料的生产

聚乳酸的原料是乳酸。由于乳酸分子中有一个不对称碳原子,所以具有 D-型(右旋光)和 L-型(左旋光)两种对映体,等量的 L-乳酸和 D-乳酸混合而成的 DL-乳酸不具旋光性。

L-乳酸的工业化生产主要有微生物发酵法和化学合成法两大类。中国发酵乳酸工业主要采用玉米、大米、薯干粉等为原料,以谷糠、麦皮等为辅料,以 α-淀粉酶、糖化酶为液化剂、糖化剂,$CaCO_3$ 为中和剂,经发酵生产乳酸钙,再进一步酸化纯化得到乳酸产品。

由于原料原因,聚乳酸有聚 D-乳酸(PDLA)、聚 L-乳酸(PLLA)和聚 DL-乳酸(PDLLA)之分。成纤聚乳酸以 L-乳酸为单体,生产纤维一般采用 PLLA。

(二)聚乳酸的聚合

聚乳酸的聚合方法有两种。

1. 减压在溶剂中由乳酸直接聚合,即:

乳酸→预聚体→聚乳酸。

乳酸直接缩聚是由精制的乳酸直接进行聚合,是最早也是最简单的方法。该法生产工艺简单,但得到的聚合物分子量低,且分子量分布较宽,其加工性能等尚不能满足成纤聚合物的需要,而且聚合反应在高于 180 ℃ 的条件下进行,得到的聚合物极易氧化着色,应用受到一定的限制。

2. 常压下以丙交酯(环状二聚乳酸)为原料开环聚合,即:

乳酸→预聚体→环状二聚体→聚乳酸。

丙交酯开环聚合生产工序为:先将乳酸脱水环化制成丙交酯,再将丙交酯开环聚合制得聚乳酸。其中乳酸的环化和提纯是制备丙交酯的难点和关键,这种方法可制得高分子量的聚乳酸,也较好地满足了成纤聚合物和骨固定材料等的要求。

(三)聚乳酸纤维的制备

聚乳酸在所有生物可降解聚合物中熔点最高,结晶度大,热稳定性好,加工温度在170～230 ℃ 之间,有良好的抗溶剂性,因此能用多种方式进行加工,如挤压、纺丝、双轴拉伸、注射吹塑。聚乳酸及其共聚物纺丝可采用溶液纺丝和熔体纺丝工艺,熔体纺丝与溶液纺丝相比具有经济上的优势。

1. 干法纺丝

采用二氯甲烷、三氯甲烷、甲苯为溶剂,将聚乳酸溶解成为纺丝液进行干法纺丝,其工艺流程如下:

聚乳酸溶剂溶解→纺丝液过滤计量→纺丝→溶剂蒸发→纤维成形→卷绕→牵伸→纤维成品。

干法纺丝时聚乳酸热降解少,得到的纤维强度较高,但采用的二氯甲烷、三氯甲烷、甲苯等溶剂有毒,纺丝环境恶劣,溶剂回收困难,需作特殊处理,因而纤维生产成本高,且纺丝工艺相对复杂,限制了干法纺丝的工业化生产。

2. 熔体纺丝

聚乳酸是线型热塑性聚酯树脂,现有的用于涤纶生产的各种纺丝工艺,包括高速纺丝一步法、纺丝-拉伸二步法等,都可采用。常用的工艺流程如下:

聚乳酸→真空干燥→熔融挤压→过滤计量→纺丝→冷却成形→卷绕→热盘牵伸→上油→纤维成品。

熔体纺丝具有工艺技术成熟,环境污染小,生产成本低,便于自动化、柔性化生产等优点,因此,目前工业化生产聚乳酸纤维主要采用熔体方法。

聚乳酸的分子量及其分布、纺丝溶液的组成及浓度、拉伸温度、聚乳酸的结晶度和纤维直径,都会影响最终纤维的性能。PLLA 对温度非常灵敏,在升温过程中特性黏度有较大幅度的下降,而且温度越高,特性黏度下降的幅度越大(见表 4-1)。不同特性黏度的聚乳酸其合适的挤出温度如表 4-2 所示。因此成纤聚合体中的金属、单体、水等的含量必须严格控制,尤其是残留金属及水分子在纺丝前必须严格去除,否则在纺丝过程中会引起分子量的急剧下降和腐蚀加工机械,制得的纤维性能降低。

表 4-1　PLLA 的特性黏度

温度/℃	特性黏度 η	$\Delta\eta$
室温	1.35	0
205	1.16	0.19
215	0.89	0.46
225	0.82	0.53

在熔融纺丝前,把聚乳酸末端的—OH 用醋酸酐和吡啶进行乙酰化,结果发现其热稳定性有所提高,纺丝温度低于 200 ℃,聚乳酸基本不发生热降解。采用二步法,即第一步熔融挤压,第二步热拉伸,可制得断裂强度高于 7.2 cN/dtex 的聚乳酸纤维。

表 4-2　聚乳酸的特性黏度和合适的挤出温度

原料特性黏度/(dl·g)	熔体挤出温度/℃
1.89	245
1.75	220
1.61	215

纺丝的气体环境对初生纤维特性黏度的影响极大(见表 4-3),若用氮气保护,聚乳酸降解率明显降低,不同分子量的聚乳酸应该有不同挤出温度。

表 4-3　不同纺丝气氛下聚乳酸的降解率

纺丝的气体环境	原料特性黏度/(dl·g)	初生纤维特性黏度/(dl·g)	降解率/%
空气	4.45	1.05	76.4
氮气	4.45	3.36	25.6

三、聚乳酸纤维的性能

PLA 纤维融合了天然纤维和合成纤维的特点,并集两者的优点于一身,具有许多优良性能,包括生物可降解性能、优良的机械性能和染色性能、优异的触感、导湿性能、回弹性能、阻燃性能、UV 稳定性以及抗污性能等。

(一)基本物理性能

聚乳酸纤维的基本物理性能如表 4-4 所示。

表 4-4　Lactron 纤维与其他纤维的性能比较

纤维	Lactron	涤纶	锦纶
比重/(g·cm^{-3})	1.27	1.38	1.14
折射指数	1.4	1.58	1.57
标准回潮率/%	0.5	0.4	4.5
燃烧热/(kJ·kg^{-1})	19 000	23 000	31 000
熔点/℃	175	260~265	215
玻璃化温度/℃	57	70	40
结晶度/%	70	50~60	50~60
拉伸断裂强度/(cN·dtex^{-1})	4.0~5.0	4.0~5.0	4.0~5.3
伸长率/%	30~40(复丝) 25~35(单丝)	30~40	30~45
杨氏模量/(kg·mm^{-2})	400~600	1 100~1 300	300
沸水收缩率/%	8~15	8~15	8~15

Lactron 的密度和模量界于涤纶和锦纶之间,这些特征使得织物轻量、柔软。低折射指数使其织物具有柔和优雅的真丝般的光泽。高结晶度使其具有尺寸稳定性和热定型能力。175 ℃的熔点在可生物降解塑料中最高,但在熨烫时需加以注意。其燃烧热比涤纶和锦纶低,只有聚乙烯和聚丙烯的三分之一。

(二)力学性能

PLA 纤维属于高强、中伸、低模型纤维。足够的强度使其可做一般通用的纤维材料,实用性高;较低的模量使其纤维面料具有很好的加工性能;其断裂强度和断裂伸长率都与涤纶接近。同时,它还具有良好的弹性回复率,适宜的玻璃化温度使其具有良好的定型性能和抗皱性能。这些使得其面料具有高强力、延伸性好、手感柔软、悬垂性好、回弹性好以及较好卷曲性和卷曲持久性的优点。

(三)吸湿性能

PLA 纤维的吸湿吸水性较小,回潮率很低,与涤纶接近,但有较好的芯吸性,故水润湿性、水扩散性好,具有良好的服用舒适性。

(四)阻燃性和耐紫外线性能

PLA 纤维具有良好的耐热性,并且极限氧指数在常用纤维中最高。它的发烟量少,在燃烧中只有轻微的烟雾释放,虽不属非燃烧性的聚合物,但是它的可燃性低,发烟量低,并且该纤维在燃烧时,几乎不会产生有害气体。同时,该纤维及其织物几乎不吸收紫外线,在紫外线的长期照射下,其强度和伸长的变化均不大。

(五)特殊性能

1. 生物可降解性（绿色环保性）

生物可降解性是聚乳酸纤维的最突出特点。PLA 不接受直接的酶攻击，而是在自然降解环境下首先发生简单的水解作用，使分子量有所降低，最先形成的较低分子量的组分水解到一定程度方可以在酶的作用下进一步产生新陈代谢作用而使降解过程得以完成。实验表明，采用土埋法及海水浸渍法，约 8~10 个月后其强度几乎下降为零；在活性污泥中分解时，由于存在丰富的细菌，分解快速，1~2 月后纤维强度几乎下降为零；在标准堆肥中分解时与纤维素纤维相似，具有非常好的生物降解性。

2. 抑菌性

与可降解性紧密相连的是抑菌性，PLA 不直接受微生物所产生的氧化酶和水解酶的攻击，而新陈代谢或腐败、降解，初期发生的水解作用只导致聚合物分子量的下降，并不产生任何的可分离物，也不造成物理重量的流失，这种水解产生的大分子也不能成为微生物的营养品而发生新陈代谢作用。在一定的环境条件下，当水解发展到相当程度时方开始真正的降解作用。因此，PLA 能够用作食品包装材料，对橙汁类饮料和食品更具保鲜作用。

3. 人体可吸收生态性

聚乳酸在人体内可以经过降解而被吸收。目前，聚乳酸在医用绷带、一次性手术衣、防粘连膜、尿布、医疗固定装置等方面已经得到广泛应用。

四、聚乳酸纤维的产品及其应用

目前聚乳酸纤维主要以日本钟纺公司的 Lactron 为代表，其主要产品如表 4-5 所示。聚乳酸纤维在衣用和非衣用方面都有广泛的应用，如表 4-6 所示。

(一)服装用纺织品

1. 内衣面料

聚乳酸纤维混纺做内衣，有助于水分的转移，不仅接触皮肤时有干爽感，且可赋予优良的形态稳定性和抗皱性，它是以人体内含有的乳酸为原料合成的乳酸聚合物，不会刺激皮肤，对人体健康有益，非常适合作内衣原料。

表 4-5 Lactron 的主要产品

复丝(dtex·f^{-1})	33.3/12,55.6/24,83.3/24,83.3/36,83.3/48,166.7/48,333.3/48,333.3/72,1 111.1/240
单丝/dtex	333.3,422.2,444.4,555.6,888.9,111.1
短纤维	线密度为 1.67,2.22,3.32,5.56,7.78,11.11,16.67 dtex 切断长度为 30,38,51,64,76 mm 等
扁纱/dtex	555.6,888.9,1 111.1,2 222.2
切割带	线密度为 1.67,2.22,3.32,5.56,7.78,11.11,16.67 dtex 切断长度为 4,5,10 mm 等
非织造布 /(g·m^{-2})	15,20,30,50,100,150,200

表 4-6　Lactron 的应用开发

非衣用	工程和栽培	植物网、非织造布、垫子、花盆、弯曲薄膜等
	建筑和民用	医用床单、网、垫子、沙袋、地面增强材料、排水材料
	农业、园艺和森林	农业覆盖材料、油布、粘合带、绳索、播种布、捆扎带、阻止杂草生长的网袋等
	渔业	水生植物网、渔网、钓鱼线等
	造纸业	包装材料等
	卫生设备和医疗	尿布、个人卫生用品、手术缝合线、医疗纱布、吸收体等
	家用	垃圾袋、毛巾、食品袋、过滤器、各种各样的日常用品、户外休闲品等
衣用		工作服、制服、内衣、外套、服饰和各种物品等

2. 运动衣面料

聚乳酸纤维具有良好的芯吸性、吸水、吸潮性能以及快干效应,具有较小的体积密度,强伸性与涤纶接近,非常适合开发运动服装。可以用短纤维纺成纱或直接用长丝进行织造。

(二)家用装饰纺织品

聚乳酸纤维具有耐紫外线、稳定性良好、发烟量少、燃烧热低、自熄性较好、耐洗涤性好的特点,特别适合制作室内悬挂物(窗帘、帷幔等)、室内装饰品、地毯等产品。

(三)产业用纺织品

作为环保材料或利用其在自然界中可生物降解的性能,PLA 还可广泛应用于非衣用领域。

在医疗器械领域,聚乳酸纤维用于制作手术缝合线。由于聚乳酸纤维具有自动降解的特性,免去了病人取出缝合线的二次手术,受到极大的欢迎。此外,聚乳酸纤维还可以用于制作修复骨缺损的器械和工程组织(包括骨、血管、神经等)制作支架材料。药物缓释材料是聚乳酸纤维在医疗领域的又一个广泛应用的用途,尤其是缓释蛋白质类和多肽类药物具有特别的优越性。聚乳酸纤维是第三代生物材料的典型代表。聚乳酸纤维在其他一些领域,例如编织品、渔网、包装材料、汽车内装饰材料等诸多领域也有广泛的用途。

聚乳酸纤维来自于天然植物资源,最终的降解产物变成二氧化碳和水而回归大自然,二氧化碳和水经过光合作用又生成植物组分,是一种可持续发展的新型绿色高分子材料,其应用前景会越来越好。

第二节　水溶性维纶(PVA)纤维

一、概述

水溶性纤维(water soluble fiber)是一种能在水中溶解或遇水缓慢水解成水溶性分子(或化合物)的纤维。较有代表性的是水溶性聚乙烯醇(PVA)纤维,其商品名是水溶性维纶纤维,海藻纤维、羧甲基纤维素纤维等也属于水溶性纤维。从纤维的原料、性能、制造方法及成本等各方面综合比较，这些水溶性纤维品种中应用最广、生产量最高、最有发展前途的是水溶性聚乙烯醇纤维，其他品种发展较少。

维纶是聚乙烯醇缩甲醛纤维的商品名称，是以聚乙烯醇（PVA）为原料纺制成的合成纤维。聚乙烯醇简称PVA，水溶性聚乙烯醇纤维又叫做水溶性PVA，是改性聚乙烯醇纤维。由于其大分子链上有许多羟基，通过降低PVA相对分子质量和增加分子间距离，使水分子容易渗透到大分子侧基中，因此具有水溶性，在一定温度的水中纤维能全部溶解。水溶性PVA纤维是目前世界上生产的唯一溶于水的合成纤维，它不仅成本低，而且性能也是其他水溶性纤维所不能比拟的。日本早在20世纪60年代就开始了水溶性PVA纤维的工业化生产。为了降低纤维在水中的溶解温度、减小溶解时和高湿度时的收缩率、提高纤维强度、减少纤维之间的粘连、使纤维易保存以及赋予水溶性PVA纤维以热压黏结性等多种功能，日本可乐丽公司（KURARAY）发表过许多这方面的相关专利和文章，至1995年已取得许多进展。1996年该公司宣布用无公害的溶剂湿法冷却凝胶纺丝法制得具有热黏、低温水溶可乐纶K-Ⅱ系列纤维。

根据水中溶解温度的高低，PVA纤维可粗分为低温溶解（0～40 ℃）、中温溶解（41～70 ℃）和高温溶解（71～100 ℃）三类。另外又可分为长丝和短纤维；水溶性常规纤维和水溶性复合纤维；单一水溶性纤维和多功能水溶性纤维（诸如具有热压黏合性的水溶性PVA纤维）等。

水溶性PVA广泛用于造纸、医用无纺布、女用卫生巾、纺低线密度纱、制无捻纱、作绣花底布等方面，还可用于缝纫线、绳索、衣料及内装饰用针织物和机织物、桌布、工业用织物等。

二、水溶性PVA的制造方法

水溶性PVA纤维有长丝和短纤两大类，目前国内外制造水溶性纤维的方法主要有湿法纺丝、干法纺丝、增塑熔融纺丝、硼酸凝胶纺丝等。

（一）湿法纺丝

湿法纺丝的原理是将PVA水溶液喷入高浓度Na_2SO_4溶液中凝固，凝固了的纤维在湿热条件下牵伸、干燥，再经干热牵伸，并加以热处理而制得。

（二）干法纺丝

干法纺丝是将高浓度的PVA纤维溶液喷入热空气中，使溶剂蒸发而凝固成丝，再经干热牵伸、热处理而得到，其纺丝成形过程近似于熔纺。干法纺丝可制造常温以上的水溶性PVA纤维。该方法主要制备长丝，也可制备既可水溶又具黏合性的长丝。

（三）增塑熔融纺丝

PVA的熔点与其分解温度非常相近，不能直接进行熔纺。为使PVA的熔融温度下降，宜采用增塑熔融纺丝法。

其纺丝原理为：加一定量的水使其增塑，然后在一定的温度（120～150 ℃）下使其成为半熔化状态，以很大的压力从喷丝头中压出，接着在空气中冷却凝固。

常用的增塑剂有水、乙二醇、甘油等。将具有不同醇解度、聚合度或改性的PVA试样增塑熔融纺丝，可制得不同温度下水溶性的PVA纤维。

(四)硼酸凝胶纺丝

硼酸凝胶纺丝的原理是将已添加硼酸的 PVA 凝胶液,喷入 NaOH 和 Na_2SO_4 溶液中进行成形、交联,交联的纤维在湿热条件下经牵伸、热处理而制得。这种纤维的交联可使水溶性 PVA 纤维在中等湿度的大气中具有较好的稳定性,而在水中很快发生水解而脱开,因此对其水溶性不发生影响。

(五)溶剂湿法冷却凝胶纺丝

这是日本可乐丽公司1996年命名的一种新型纺丝方法,据称它是世界上首次完全不用水的、无污染的湿法纺丝方法。

纺丝原液由喷丝孔挤出后,经急速冷却成为"均匀的冻胶流",再进入低温凝固浴逐渐固化。如果取 DMSO(二甲基亚砜)作溶剂,甲醇作沉淀剂,基本上属于稀释凝固,这样就能得到横截面是均匀圆形、没有皮芯结构的纤维,制得的纤维结构均匀,性能较好。

这种纺丝方法的优点是原料多品种(PVA、PAN 等)、纤维结构均匀、强度高、可纺性好、生产率高,而且生产过程中,作为原液溶剂与沉淀剂的有机溶剂都是在封闭系统中完全回收并循环使用,没有废液排出,不污染环境。

1996年日本可乐丽公司声称用该纺丝方法生产出了可乐纶(Kuralon)K-Ⅱ系列水溶性纤维。它的特点是水溶温度覆盖5~90℃区间,也是目前唯一的60℃以下水溶性PVA短纤维。

三、水溶性 PVA 纤维的性能

(一)水溶性和高吸湿性

水溶性 PVA 是一种水溶性高分子物,因其大分子主链上有许多亲水性的羟基,因而纤维具有优良的水溶性和高吸湿性。纤维的公定回潮率为5%,在合成纤维中是最高的。

水溶性 PVA 的水溶性除和原料的化学组成密切相关外,在制造加工过程中所采用的加工工艺及其形成的聚集态结构,也具有决定性的影响。在水溶性 PVA 纤维的生产过程中,主要靠控制湿热拉伸、预热、干热拉伸、热定型工序的成型、拉伸和热处理条件来调整水溶性纤维的水溶温度。降低干热拉伸倍数,可使纤维的结晶度降低,从而降低纤维的水溶温度。

由于水溶性 PVA 分子链上有许多具有亲水性的羟基,因此具有很高的吸湿性。纤维吸湿后,其物性会发生变化。空气湿度对水溶性纤维的物理性能有较大影响,特别是溶解温度较低者其影响更大。人体出汗时会使织物有黏湿的感觉,因此对水溶性纤维而言,应特别注意其溶解温度及因湿度变化而引起物性变化,通过原料选择和采用合适的加工工艺以提高水溶性纤维的尺寸稳定性。

(二)力学性能

由于水溶性纤维除用作高吸湿卫生用品外,通常都不作为结构材料而保留在最终成品中,它们总是在加工过程的某一个阶段,为取得某种效果而被溶去,因此一般而言,对其物理机械性能无较高要求。但既然是纤维材料就应当满足纺织加工要求,必须具有一定的强伸度,例如水溶性刺绣底布,要全幅地卷装在自动刺绣机的棚架上,承受1000多只绣针的连续穿刺,因此必须预加一定张力,且无较大变形,否则刺绣过程就无法连续进行。

(三)环保性能

水溶性PVA纤维不仅具有理想的水溶温度、强度,有良好的耐酸、耐碱、耐干热性能,而且溶于水后无味、无毒、水溶液呈无色透明状,在较短时间内能自然分解,对环境不产生污染,是绿色环保产品。

四、水溶性PVA纤维的应用

(一)水溶性PVA纤维伴纺产品

1. 伴纺羊毛纤维

近年来,国际羊毛局向世界羊毛工业推广了"羊毛/PVA"毛织物生产制造技术。它利用支数不是很高的羊毛与水溶性PVA纤维混纺,经纺纱、织造制成坯布后,再在后整理过程中除去PVA纤维,从而制得低成本、高品质的轻薄纯毛面料。这种工艺称为水溶性PVA纤维伴纺羊毛工艺。

"羊毛/PVA"的毛产品制造技术是利用易水溶纤维的低温水溶性,将其以约10%~20%的比例混入羊毛中,混纺或交捻进行纺纱、织造,然后在染色、整理阶段把易水溶纤维溶解掉。其结果可以使羊毛支数提高20%左右,并且增加了羊毛纤维间的空隙,使毛织物轻薄化、柔软化、更具有蓬松性,有柔软的手感和保暖性能。因水溶性PVA纤维的强度较高,与羊毛混纺可大幅度提高羊毛的可纺性和可织造性。由于PVA纤维的增强效果,使羊毛的纺织生产工艺性能得到提高,并使羊毛原料的应用范围扩大。

作为伴纺羊毛的水溶性纤维,常制成毛条以便与羊毛条进行并混。其主要技术要求为:溶解温度为80~90℃,温度过高易损伤羊毛;纤维长度控制在(80±5 mm),接近羊毛纤维的长度;纤维线密度范围为1.66~2.77 dtex;单纤干断裂强度大于或等于4 cN/dtex。

用水溶性纤维伴纺生产细特轻薄毛织物,具有原料成本低、能提高纺织效率和织物档次的优势。

2. 伴纺棉纤维

利用水溶性PVA纤维与棉混纺开发高支纱产品的前景广阔。以7.29 tex以上纯棉低特纱为原料的织物具有薄、软、爽的仿绸风格和吸湿透气、穿着舒适等优异的服用性能。传统采用新疆长绒棉和进口埃及棉为原料,需辅以精良的细纱设备和严格合理的工艺控制才能纺制细特纱。目前国内可供纺细特纱的仅有新疆长绒棉,其主体长度一般为35~38 mm,线密度在1.06~1.30 dtex之间,强力偏低,约为同特埃及棉的80%,要使成纱质量全面达到较高水平,需混用一定比例的埃及棉。而利用水溶性PVA纤维与棉混纺,可少用或不用埃及棉,为纺制纯棉低特纱开辟了一条新途径。

用新疆长绒棉与水溶性PVA纤维混纺,再在织物后整理中用退PVA的方法开发细特纱,既可降低成本,又可提高生产效率和成纱质量。同时,混纺纱退PVA后,纱线内部纤维间隙和毛细孔隙增多增大,从而可提高织物的吸湿性和透气性,使织物更轻盈、更舒适。

水溶性PVA纤维在与棉混纺时的比例一般控制在10%~45%之间。

(二)利用水溶性PVA纤维开发无捻棉纱

无捻棉纱是利用正常纱线与水溶性PVA长丝并线后再反向加捻,使棉纱充分解捻形成无捻纱线。其方法是,将水溶性PVA纤维与其他单纱合股后反向加捻,或采用包缠纱生产技术,用水溶性 PVA 纤维作为包缠纤维包缠短纤维纱条,织成织物后溶去水溶性 PVA 纤维,即可得到织物中纱线无捻的效果。用这种工艺制成的毛巾在柔软性、舒适性方面都要优于普通毛巾。对于与棉混纺生产的弱捻或无捻毛巾来说,可达到高柔软性、使用舒适、有温暖感、减少对皮肤摩擦的效果。

由于水溶性 PVA 纤维具有优良的水溶性、亲水性和吸湿性,已被应用到各个领域,是非常有发展前途的功能化原料。从理论上来讲,水溶性 PVA 纤维可以应用于任何纺纱系统,它能提高纤维的可纺性和可织造性。尤其对于加工某些高档纯纺产品,可以应用水溶性纤维混纺工艺,提高产品档次,扩大织物设计范围。采用与水溶性 PVA 纤维混纺、交织的方法生产细特轻薄产品,不必引进设备或进行设备改造,就可用低价的原料生产高档次的产品,大大降低了生产成本。

(三)在水刺法非织造布中的应用

利用水溶性 PVA 纤维的重要特性,在水刺非织造产品中可以生产两大类产品:一类为产业用的绣花底布;另一类为医疗卫生用的吸收或防护材料,如一次性使用的手术衣、医用纱布、婴儿尿布、妇女护垫、一次性洁净布、包装材料等用即弃产品。

水溶性非织造布作为服装行业绣花的骨架材料,可单独在其上面绣花,也可与其他服装面料衬在一起使用,加工完后只要在热水中处理掉非织造布,即可保留下绣制的花形。

第三节　新型聚酯纤维

进入 21 世纪以来,世界范围内的聚酯纤维产品的发展达到了前所未有的规模,同时,我国聚酯市场中聚对苯二甲酸乙二醇酯(PET)常规产品的需求趋于饱和。因此,调整产品结构,研发具有特殊使用性能、高附加值的新型聚酯产品,并且在应用市场领域开拓创新,是聚酯产业可持续发展的方向之一。许多聚酯纤维新品种的开发应用因此而加快了。聚酯是羧酸和醇的线性缩聚物,通过改变羧酸单体、醇单体或羟基酸单体的分子结构可以制备不同链结构的聚酯,相应地,不同结构的聚酯具有不同的性能。人们根据高分子结构与性能相关的原理,相继研究开发出多种聚酯新品种,聚对苯二甲酸丁二醇酯(PBT)纤维和聚对苯二甲酸丙二醇酯(PTT)纤维是开发应用较快的两个品种。

一、PBT 纤维

(一)概述

从 20 世纪 80 年代后期以来,消费者对服装穿着的性能和舒适性的要求越来越高。合成纤维中的高弹性纤维是随着国际上弹力服装的流行而发展起来的,因为弹力服装能保形、伸缩自如,紧贴皮肤的弹力针织服装还能显示人体身段的健美。由于弹力服装能提供适体的动作跟踪性,对于运动服和体操服尤为重要,弹性纤维也因此成为当今的重要需求。

当前使用的弹力纤维主要是氨纶(聚氨酯甲酸酯纤维)。除了氨纶外,具有高弹性的聚酯新纤维 PBT 和 PTT 也已在开发应用中。

PBT 纤维,学名为聚对苯二甲酸丁二酯纤维,是 1979 年才开发成功的新型高弹性聚酯纤维。与普通聚酯纤维不同的是,纤维大分子中不仅含有苯环和羧基等构成的共轭体,又有比普通聚酯纤维长的H链段结构。由于大分子中引入了酯链,故具有较好的弹性。PBT纤维比氨纶纤维抗老化性能强,比锦纶、氨纶的耐化学性好,而弹性模量与锦纶相似,因此,自开发以来需求量上升很快。我国在20世纪90年代开发成功了该纤维。

用PBT制成的服装同氨纶服装一样,可随人体的伸屈而伸缩,具有柔软、舒适、适体的感觉。与氨纶相比,PBT虽然弹性不如氨纶高,但是价格低,而且不像氨纶那样需要包覆或包芯才能使用,而是可以直接使用。

纺织用PBT纤维的生产,在日本和美国最早始于20世纪70年代末和80年代初这段时期。日本和美国因PBT纱的应用趋向不同,因而所生产的PBT纱线的支数范围也不同。日本的PBT主要用于浴衣和女性贴身内衣裤及连裤袜的制造上,因此以供细支纱为主;而美国主要用来制造弹力牛仔裤和运动衣,纺制特数较高的纱(56～78 dtex或更高)。由于PBT纤维的强度不是很高以及深色染色技术开发的滞后,直到20世纪90年代,许多外国制造公司才对它重新感兴趣。近年来,我国已有涤纶生产企业利用PET生产设备纺制PBT长丝。

(二)PBT纤维的制造方法

PBT纤维属聚酯系纤维,它由对苯二甲酸及丁二醇进行酯交换,再进行缩聚,或由高纯度的对苯二甲酸及丁二醇直接酯化缩聚而成。

PBT采用熔体纺丝方法,其生产方式与PET纤维基本一致,可使用PET纤维的纺丝设备,因此,生产PBT纤维不需要新增大量设备。

(三)PBT纤维的结构

与PET纤维相比,PBT纤维的分子结构仅多了两个亚甲基(—CH$_2$—),而这正是PBT纤维具有相当好弹性的基础。PBT大分子链中,既含有PET分子链中苯环与羰基所形成的共轭体系,又含有长度与PA6(聚酰胺6)相似的亚甲基链段(如图4-2所示),因此赋予了PBT纤维刚柔并济的优良性能。

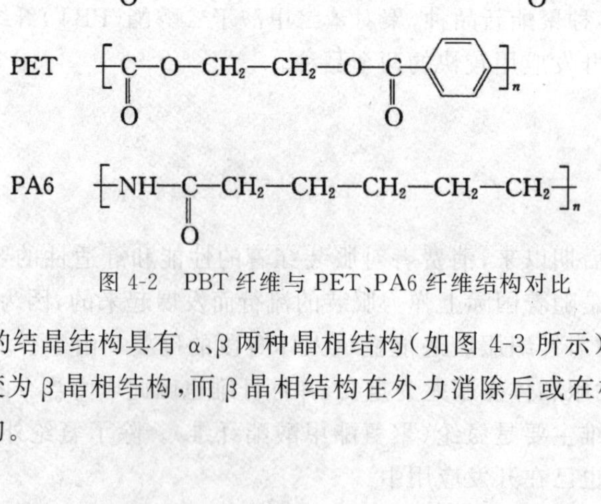

图4-2 PBT纤维与PET、PA6纤维结构对比

PBT大分子的结晶结构具有α、β两种晶相结构(如图4-3所示),且在室温下,α晶相结构通过拉伸可转变为β晶相结构,而β晶相结构在外力消除后或在松弛热处理状态下又可转变为α晶相结构。

（a）α型松弛　　　　（b）β型紧张

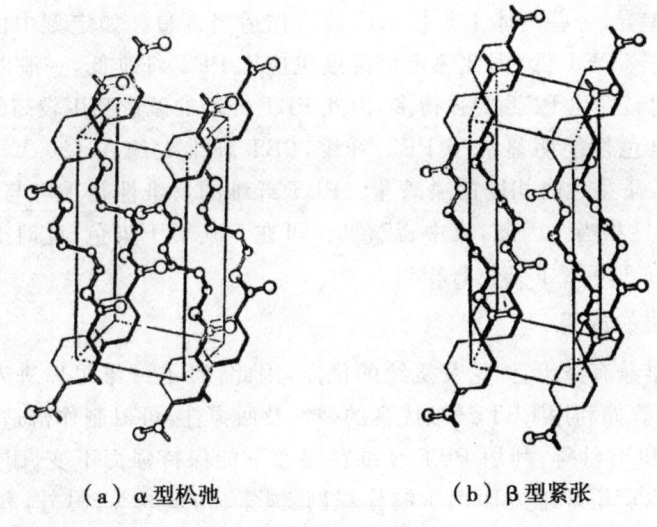

图4-3　PBT分子结晶结构

在纺丝过程及PBT初生纤维的存放中,这种晶型的转变也始终存在。因此,控制纤维晶态结构的比例,使PBT纤维在保持良好弹性的同时,又具有优良的尺寸稳定性,是PBT纤维生产中必须攻克的一个难题。

(四)PBT纤维的性能

1. 物理性能

PBT纤维的基本物理性能如表4-7所示。

表4-7　PBT纤维的基本物理性能

性能	PBT	PET	PA6
熔点/℃	224~232	260~266	214~233
玻璃化温度/℃	23~46	69	50~75
晶区密度/(g·cm^{-3})	1.296	1.400	1.230
非晶区密度/(g·cm^{-3})	1.280	1.355	1.084
标准回潮率/%	0.4	0.4	4
密度/(g·cm^{-3})	1.32	1.38	1.14

由表4-7可看出,PBT纤维熔点和玻璃化温度都比PET纤维低,因此其耐热性比PET稍差。

2. 力学性能

PBT与PET一样同为饱和聚酯,具有与PET相近的强度,由于它所具有的亚甲基链段与锦纶相似,因此弹性较好,手感柔软,又由于其α、β晶相结构的相互转变在室温下就能进行,这两种晶型的互变赋予了PBT良好的弹性回复率,它的弹性要高于涤纶和锦纶。但两种晶型的互变同时也会导致PBT纤维相对于其他纤维而言尺寸稳定性较差。

3. 染整加工性能

PBT纤维的染整加工方式,可参照常规的PET纤维的方法与工艺。但由于其物理性能与 PET 纤维稍有差异,一些具体工艺技术参数应作适当调整。如定型中由于 PBT 纤维的熔点和玻璃化温度较 PET 低,因此热定型温度也应比 PET 纤维低,一般以 160~180 ℃为宜。PBT 纤维的耐碱性比 PET 要强得多,因此 PBT 纤维的碱量要用较高的碱液浓度。

PBT 纤维的染色性能明显优于 PET 纤维,PBT 纤维大约在 120 ℃下染色就可达到 PET 纤维在 130 ℃下染色时相同的染着量。PBT 纤维的易染性几乎可与阳离子染料可染涤纶(CDP)的染色性相当。因此,染中、浅色时,可在 100 ℃下染色,此时 PBT 纤维上的染着量与 PET 纤维在 120 ℃下染色时相当。

(五)PBT 纤维的应用

由于 PBT 纤维兼有涤纶、锦纶及氨纶的优点,因此,PBT 纤维可以进入涤纶、锦纶及氨纶的部分应用领域。如利用 PBT 纤维优良的弹性及回弹性,可以制作舒适而有弹性的运动衣、簇绒地毯用的 BCF 纱等;利用 PBT 纤维在湿态下能保持强力不变、耐疲劳性优于涤纶及锦纶的特点,在水产用纤维方面用于制作织网、绳索、钓鱼线等;另外,利用 PBT 与 PET 有良好相容性这一特点,可以制作 PBT/PET 共混纤维或复合纤维,扩大 PBT 的使用范围。

PBT 纤维及其混纺纱制作的织物,不仅能表现形体美,而且能舒解繁重压力下身体的紧张程度,其价格及加工方法均比氨纶有竞争优势。

二、聚对苯二甲酸丙二醇酯纤维(PTT 纤维)

(一)概述

PTT 纤维,学名为聚对苯二甲酸丙二醇酯纤维,是 1,3-丙二醇(PDO)和对苯二甲酸(TPA)缩聚制成的芳香族聚合物。PTT 与 PET、PBT 同属聚酯材料,以 PTT 聚合物为原料,采用熔融挤出纺丝可以生产各种 PTT 长丝和短纤维。PTT 纤维具有良好的使用性能和加工性能,它既克服了 PET 纤维的刚性和 PBT 纤维的柔性,又有聚酯和聚酰胺纤维的优点,特别是它良好的回弹性和较高的伸长率,已引起人们的关注,国外已把它列为 21 世纪的新型纤维材料之一。

早在 1941 年,Whinfield 等人成功地合成了 PTT 聚合物,由于 PTT 的原料 PDO 价格昂贵,因而未能实现工业化生产。直到 1994 年德国 Gegussa 公司开发成功用丙烯醛为原料的 PDO 生产装置,才使 PTT 工业化生产成为可能。1995 年美国壳牌化学公司亦开发成功以环氧乙烯为原料生产 PDO 的装置,并于 1996 年建成了 7.2 万吨和 9.1 万吨 PTT 聚合物的工厂,推出了商品名为 Corterra 的 PTT 纤维。

由于 PTT 纤维的某些性能优于 PET,又能与 PET、PBT 等纤维混纺,使用范围越来越宽,因此,在其原料问题解决之后,发展相当快。同时,生产装置可以采用现有的 PET 生产装置,产品使用后又可以用与回收 PET 同样的方法予以回收,有利于环境保护,因此发展前景广阔。

目前国际上一些著名大公司都在加大投入,进行 1,3-丙二醇和 PTT 纤维的生产技术和应用研究,日本、韩国、我国台湾、欧洲、美国等一些大化纤生产商都已着手生产 PTT 纤维。

我国对 PDO 和 PTT 的开发研究仍处于起步阶段,近年国外 PDO 生产技术的突破和 PTT 树脂的工业化生产和应用,为我国开发 PTT 提供了有利条件。预计在不久的将来国产 PTT 纤维也将进入市场,并得到越来越多的应用。

(二)PTT 纤维的制造

PTT 纤维的开发难点主要集中在如何以较低的成本制取纤维级 1,3-PDO 的问题上,而在获得了纤维级的 PDO 以后,聚合和纺织阶段的开发难度则相对较小。

1. 1,3-PDO 的合成

1,3-PDO 的合成路线有以下 4 种,已实现工业化生产的有 2 种。

(1)Shell 公司的环氧乙烷(EO)法。以环氧乙烷(EO)为原料,经氢甲酰化(OXO)反应得到 3-羟基丙醛(3-HPA),然后加氢得到 1,3-PDO。

这一工艺路线的特点是产品质量和生产成本具有竞争力,但是技术难度高,设备投资大。

(2)Degussa 公司的丙烯醛水合法。该路线中,丙烯醛先水合(50 ℃,10 Mpa)生成 HPA,然后是 HPA 加氢(50~125 ℃,10 Mpa)生成 PDO。

该法的优点是工艺条件缓和,水合技术难度较低,设备投资相对环氧乙烷法较小。缺点是丙烯醛来源困难,有剧毒,且 PDO 产品中醛含量较高,质量较差。另外,生产成本比环氧乙烷法高。

(3)杜邦公司生物工程法。杜邦公司和 Genencor 公司合作采用生物工程方法从玉米及甘蔗中制造 PDO,使 PDO 的生产成本降低。

(4)其他合成路线。20 世纪 70 年代,以日本帝人公司为主,探讨了从乙烯出发合成 1,3-PDO 的技术路线。该路线 1,3-PDO 的收率高,副产物也可转化成 1,3-PDO 的前驱体,但化学反应过程复杂。80 年代后这方面的工作未再见报道。

2. PTT 的合成

与 PET 和 PBT 相似,PTT 也有两种合成方法,即通过对苯二甲酸二甲酯(DMT)的酯交换法和通过精对苯二甲酸(PAT)的直接酯化法。从合成工艺路线上来看,PTT 与 PET 几乎相同,这对我国这样的 PET 生产大国来讲,发展 PTT 是十分有利的。

3. 纺丝工艺

PTT 纤维的生产工艺与其他热塑性聚酯的熔融纺丝相类似,经历原料干燥、纺丝、拉伸、卷绕等工艺步骤。除了加工温度和催化剂之外,PTT 的合成与 PET 加工大体上相同。因此,一般可以将现有的 PET 生产装置加以改造用于生产 PTT。但由于 PTT 结构性能的特点,其生产过程也有不同的要求。其工艺流程如下。

长丝:切片干燥(≤30 mg/kg,无需结晶器)→熔融(245~265 ℃)→纺丝(2 500~5 000 m/min)→卷绕。

短纤维:切片干燥→熔融→纺丝→集束→牵伸→定型→切断。

(三)PTT 纤维的结构

PTT 的结构单元中含有奇数个亚甲基单元。正是由于 PTT 奇数个亚甲基单元的"奇碳效应",使苯环不能与 3 个亚甲基处于同一平面,由此使 PTT 大分子链形成螺旋状排列,呈现明显的"Z"字形构象,使得 PTT 大分子链具有如同线圈式弹簧一样变形的弹性,如图 4-4 所示。

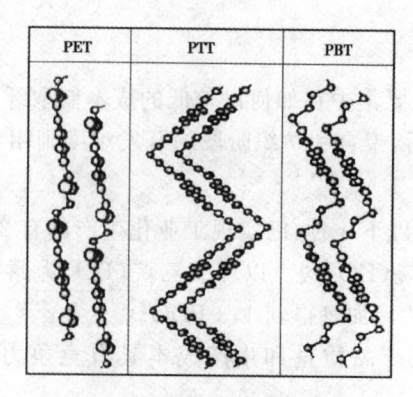

图 4-4 PTT 的分子链构象

(四)PTT 纤维的性能

1. 物理性能

PTT 纤维的基本物理性能如表 4-8 所示。

由于"奇碳效应",PTT 纤维的熔点和玻璃化温度明显低于 PET。

2. 力学性能

PTT 纤维的初始模量明显低于 PET 纤维,但较 PBT 纤维略高;而 PTT 纤维的弹性回复率明显高于 PBT 和 PET 纤维,呈现优良的拉伸可逆性,如表 4-9 所示。PTT 大分子链之间形成螺旋状排列,这种弹簧般的排列赋予 PTT 良好的弹性回复性,而且纤维的模量较低,这决定了 PTT 纤维具有柔软的手感。PTT 纱即使拉伸 20% 仍可回复至原长,其弹性回复性几乎是涤纶纱的两倍,经过 10 次 20% 的拉伸几乎仍然能 100% 地回复,这表明 PTT 纤维具有优异的弹性回复性能。

表 4-8 PTT 纤维的基本物理性能

纤维	PET	PTT	PBT	PA6
密度/(g·cm^{-3})	1.40	1.35	1.34	1.14
熔点/℃	265	225	228	265
玻璃化温度/℃	80	40~60	25	50~90
24 h 吸水性/%	0.09	0.03	—	2.8
14 d 吸水性/%	0.49	0.15	—	8.9

表 4-9 PTT 纤维与其他纤维拉伸回复率的比较

纤维	PET	PTT	PBT	PA6
急弹性伸长回复率/%	82	68	54	32
15 min 缓弹性伸长回复率/%	18	12	22	12
总回复率/%	100	80	76	44
10 次拉伸循环后剩余形变率/%	19	38	43	70

3. 光学性能

PTT 纤维的光学性质类似于 PET,其折光指数较高,但双折射率较低。

4.染色性能

PTT纤维的染色性能优于涤纶纤维,即使在常温常压染色条件下用低温型分散染料也能染成深浓色,而且具有较好的染色牢度。

(五)PTT纤维的应用

1.在地毯工业中的应用

由于PTT纤维优良的回弹性、染色性、耐污性和较高的玻璃化温度,它非常适合于制造地毯。PTT的蓬松性优于PA地毯,而且具有PA地毯所没有的抗污性和抗静电性,可以减少相应的后整理程序。PTT地毯更适合于连续染色和印花工艺,并且可以使用较廉价的分散染料代替PA用的酸性染料,这不但降低了成本,还降低了对环境的污染程度。

2.在非织造领域的应用

由于PTT纤维有较大的比重,因此可以克服喷丝板能力的限制,制得超细丝,可广泛用于非织造布领域。利用短纤维(纯纺或混纺)采用针刺或水刺的加工技术,采用纺粘法制造基于PTT纤维的非织造布,尺寸稳定,采用熔喷法制造的PTT非织造布手感相当柔软、悬垂性好,最薄可达12 g/m^2。目前,还可以采用皮芯型和并列型PTT短纤维生产纺粘非织造布。

3.在服装领域的应用

由于PTT纤维在高速纺丝下制成的PTT长丝和短纤均具有良好的手感和悬垂性,加之PTT纤维优良的弹性回复性、抗褶皱性、抗日光性和染色性,可以广泛用于高档服饰、泳衣、紧身衣等。

4.在复合纤维中的应用

用PTT作皮、PET作芯或两组份并列生产的复合纤维,可用作非织造原料,利用外皮熔点低的特点可作黏合剂,利用这种复合纤维在收缩中的差异可制成三维立体卷曲的高蓬松织物。以PTT作海可生产海岛型超细纤维,这种纤维可用作人造革基布或其他超细纤维织物。

5.在其他领域的应用

PTT纤维可以用于替代PA和聚酯纤维的交捻混织,用来作为车用内饰织物。PTT纤维还可用于制作建筑用安全网、复合篷盖、网球拍、钓鱼竿的线绳等。

参考文献:

[1]Shah,A. A. ,Hasan,Fariha. ,Hameed,Abdul. ,Ahmed,Safia. . Biological degradation of plastics: a comprehensive review [J]. Biotechnol. Adv. ,2008(26):246~265.

[2]K. Madhavan Nampoothiri,Nimisha Rajendran Nair,Rojan Pappy John. An overview of the recent developments in polylactide (PLA) research [J]. Bioresource Technology,2010 (101): 8493~8501.

[3]杨旭红.Lactron——一种可生物降解的合成纤维[J].国外丝绸,2001(3):38~41.

[4]王建坤主编.新型服用纺织纤维及其产品开发[M].北京:中国纺织出版社,2007.

[5]孙晋良.纤维新材料[M].上海:上海大学出版社,2007.

[6] http://bbs.sgst.cn/archiver/tid—3974.html

[7] 袁昂,黄次沛.水溶性PVA纤维[J].合成纤维,2002,31(1):23～26.

[8] 王琛.水溶性纤维的开发与应用[J].四川纺织科技,2001(1):13～16.

[9] 卢惠民,周学达.PVA纤维伴纺牦牛绒纺纱工艺研究及产品开发[J].上海纺织科技,2009,37(5):38～39.

[10] 张慧,张一风.PVA纤维与羊绒混纺纱的纺纱工艺研究[J].毛纺科技,2009,37(7):38～40.

[11] 王殿生.水溶性PVA纤维及其在水刺法非织造布中的应用[J].产业用纺织品,2001(7):13～15.

[12] 杨始堃,游飞越,陈玉君.聚对苯二甲酸丁二醋结构与性能研究进展[J].聚酯工业,1995(1):1～16.

[13] Donald R. Kelsey, Kathy S. Kiibler, Pierre N. Tutunjian. Thermal stability of poly(trimethylene terephthalate) [J]. Polymer, 2005 (46): 8937～8946.

[14] K. Vellingiri, M. Parthiban. PTT——创新的聚合物及其在纺织品中的用途[J].国际纺织导报,2009(2):12～14.

第五章　差别化纤维

差别化纤维（differential fiber）是化纤行业中使用的术语，是差别化化学纤维的简称，泛指对常规化纤有所创新或具有某一特性的化学纤维。一般通过化学改性或物理变形，使常规纤维的形态结构、组织结构发生变化且与常规化纤有显著的不同，提高或改善纤维的物理、化学性能，使常规化纤具有某种特定性能和风格或取得仿生的效果。差别化纤维在概念上与功能性纤维有区别，前者以改进服用性能为主，如注重纤维的舒适性，而后者突出防护、保健、安全等特殊功能。但是，目前两者的区别逐渐模糊而变得密不可分，某些功能性纤维可通过差别化技术获得，还可通过差别化手段使纤维获得仿真（仿棉、麻、毛、丝等）或仿生效果。

关于差别化纤维的分类，目前人们用得比较普遍的主要有两种分类方法，一类是按照差别化纤维所力求改善的性能，或者纤维经改性后所具有的性能特点，另一类是按照纤维改性的方法进行分类。在现有各种常用纤维中，改性处理主要针对合成纤维中应用最广泛的几种纤维进行，如聚酯纤维、聚丙烯腈纤维、聚酰胺纤维等，另外对其他常用纤维如黏胶纤维、棉、麻、毛、丝等的改性也做了许多工作。一般地说，改性处理主要为了改善纤维下列性能中的某一项或几项：吸湿性、覆盖性、收缩性、抗起毛起球性、抗静电性、热稳定性、原始色调、染色性等。因此，差别化纤维品种较多，如异形纤维、复合纤维、超细纤维、高吸湿性纤维、保暖纤维、仿生纤维及超感性纤维、抗起毛起球纤维、自卷曲纤维、高收缩性纤维、易染纤维、有色纤维、仿真丝、仿毛和仿麻纤维等。此外通过差别化技术还可制作抗静电、抗菌、阻燃、远红外、防紫外、发光等功能性纤维，产品品种日新月异。结合纤维改性方法上的某些特征，可将差别化纤维按照表5-1分类。

差别化纤维有着广泛的用途，除传统服装外，正在向工业如汽车、建筑、楼房室内外装饰、劳动保护等领域发展。差别化纤维应用的开发方向向非服装领域扩展，各国非服装用差别化纤维占总需求的份额逐年增加，尤其是差别化纤维的一些优异性能，是产业领域的最佳选择，并处于特殊的重要地位。

表 5-1 差别化纤维分类表

差别化纤维	异形纤维	变形三角截面纤维、异形中空纤维、三角形截面纤维、五角形截面纤维、三叶形截面纤维、Y型截面纤维、双十字截面纤维、扁平形截面纤维
	复合纤维	并列型、皮芯型、海岛型
	超细纤维	细度小于 0.44 dtex(0.4旦)的纤维
	高吸湿性纤维	高吸放湿聚氨酯纤维、细旦丙纶纤维、高去湿四沟道聚酯纤维、聚酯多孔中空截面纤维 WELLKEY、导湿干爽型涤纶长丝、高吸放湿性尼龙、HYGRA 纤维、大麻纤维、挥汗纤维、Sophista 纤维、高吸湿排汗加双抗纤维
	保暖纤维	蓬松保暖纤维、蓄热保暖纤维
	新视觉纤维(仿生)	超微坑纤维、多重螺旋结构纤维、仿羽绒纤维
	抗起球型纤维	抗起球型聚酯纤维、抗起球型聚丙烯腈纤维
	自卷曲纤维	自卷曲聚酯纤维、自卷曲聚丙烯腈纤维
	高收缩性纤维	高收缩性聚丙烯腈纤维、高收缩性聚酯纤维
	特亮、亚光、消光纤维	特亮、亚光、消光聚酯纤维
	易染纤维	CDT、PBT、ECDP
	有色纤维	有色黏胶纤维、有色聚酯短纤维
	仿真纤维	仿真丝纤维、仿毛纤维、仿麻纤维
	功能性差别化纤维	抗静电纤维、阻燃纤维、抗紫外线纤维、远红外线纤维、抗菌纤维等

第一节 异形纤维

一、异形纤维发展概况

异形纤维是指用非圆形孔喷丝板加工的非圆形截面的化学纤维,如图 5-1 所示。

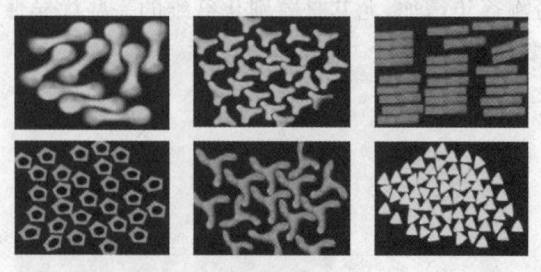

图 5-1 异形纤维截面形状

异形纤维最初由美国杜邦公司于 50 年代初推出三角形截面,继而,德国又研制出五角形截面。60 年代初,美国又研制出保暖性好的中空纤维。日本从 60 年代开始研制异形纤维。随后,英国、意大利和前苏联等国家也相继研制该类产品。由于异形纤维的制造以及纺织加工技术比较简单,且投资少,见效快,因此发展也比较快。我国异形纤维的研制是在70年代中期,在喷丝板制造方面改进了加工技术,提高了板的可纺性,在纺丝方面,已有了成熟、完整的工艺,在纺织产品方面主要是以仿各种天然纤维为主。由于天然纤维一般都具有不规则的截面形状,棉纤维腰圆形内有中腔,该形状使得棉织物具有保暖、柔软等特点;蚕丝的三角形截面使它具有特殊的悦目的光泽;麻类纤维多为腰圆、扁圆或多角形,纤维覆盖性好;羊毛外有鳞片、内有毛髓,每根纤维在纵向和径向变化多端,蓬松度高、手感好、覆盖性好。受此启发,借鉴天然纤维的外观,仿造天然纤维的形态,简单地改变合成纤维的截面形状,就可以获得一些类似天然纤维的特性。因此,在化纤领域逐渐开发出了形态各异的异形纤维,异形纤维在世界各国得到广泛的重视、开发和利用,异形纤维产品受到广泛青睐,颇受消费者欢迎。

二、异形纤维纺丝技术

纺制异形纤维最简单的方法是使用非圆形截面的喷丝孔,此外制造异形纤维还有其他一些方法,概括如下。

(一)喷丝孔异形法

将喷丝孔按所要求的截面进行加工,纺丝液从异形孔中喷出后在一定介质中固化成丝,横截面形状为异形,如图5-2所示。

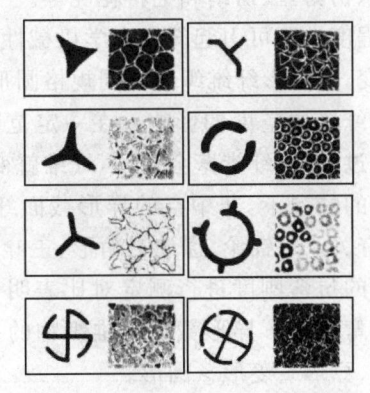

图5-2 异形纤维截面和喷丝孔板形

(二)膨化粘着法

该法采用具有异形喷丝孔的喷丝板或一组距离较近的喷丝孔板纺制成丝。纺丝时,纺丝液被挤压出喷丝孔的瞬间,由于压力突然降低,在喷丝孔处形成负压,纺丝液被空气自然吸引发生膨化,此时的纺丝液尚未凝固,因此相邻部分就会相互粘接,纤维截面随之改变,形成中空、多孔及豆形截面的纤维。

(三)复合纤维分离法

将两种或两种以上的高分子聚合物从同一个喷丝孔中喷出制成一根单丝纤维,该纤维含多种组分,之后将其中一种组分溶解或用机械方法使其分裂,单根纤维就分裂成更细且截面呈异形的纤维。

（四）热塑性挤压法

利用高分子材料的热塑性，纺丝液经喷丝孔挤出后，在尚未完全固化时，用特殊热辊挤压成型。该工艺类似冶金工业中的轧钢。

（五）变形加工法

即孔形或孔径变化法。用两块重叠的喷丝板，每块板的喷丝孔形状各异，但中心线基本吻合。纺丝时将两块板相对移动或转动，从而使纺出纤维的截面和外形也有相应变化。

三、异形纤维特点

异形纤维的性质随截面形状不同而异。异形纤维由于易形成应力集中源，纤维强度较圆形截面纤维约低10%~20%，且耐摩擦性能差。圆形截面纤维有蜡感，而异形纤维由于增大了织物的摩擦系数，使蜡感消失，同时，还可改善悬垂性和耐折皱性。

异形纤维跟一般的纤维相比，有如下特点：第一是光学效应好，特别是三角形纤维，具有小棱镜般的分光作用，能使自然光分光后再度组合，给人以特殊的感觉；第二是表面积大，能增强覆盖能力，减小织物的透明度，还能改善圆形纤维易起球的不足；第三是因截面呈特殊形状，能增强纤维间的抱合力，改善纤维的蓬松性和透气性；第四是抗抽丝性能优于圆形纤维。异形纤维大量用于机织、编织及地毯工业中。我国利用异形纤维主要生产纺织品和针织品，如生产仿细夏布、波纹绸、仿薄丝、仿绢和毛料花呢等。

此外，纤维异形化在很大程度上还可引起纤维力学机械性质的变化，如纤维抗弯性能的改变，从而引起手感风格的改变，使异形纤维织物比同规格圆形纤维织物更硬挺。对中空纤维来说，其硬挺度、手感等受到纤维中空度的影响。在一定范围内，中空纤维的硬挺度随中空度增加而增加，但是，中空度过大时，纤维壁会变薄，纤维就变得容易被挤瘪、压扁，而使硬挺度反而降低。在截面积相同的情况下，非中空的异形截面纤维比同种圆形截面纤维难弯曲，这和异形截面的几何特征有关。对锦纶、涤纶三角形、三叶形、菱形和豆形几种不同截面异形纤维织物和圆形纤维织物的抗弯刚度进行测定对比表明，三角形等异形截面纤维织物都具有比圆形纤维织物高的抗弯刚度。异形截面纤维织物的抗弯性能有以下规律：织物抗弯刚度排序为三叶形＞三角形、豆形＞菱形＞圆形。

四、异形纤维光学性质

异形纤维的重要特征尤其表现在光学性质方面，三角形截面涤纶会发出丝绸般的光泽，而五叶形截面显示出类似人造丝、醋酯丝样的光泽。一般纤维光泽与截面形状的关系是截面凹凸的个数越多，光泽的扩散性越好，但光泽的强度和方向性变差。另外，由于异形纤维具有光泽效应，反射率大，在相同条件下染色时尽管染料吸收量大但染色却偏浅。如要从外观上得到同样深度的颜色，必须比圆形截面纤维增加10%~20%的染料。不过，在视觉上由于光泽的影响，鲜艳度有增加的感觉。异形截面丝较圆形丝表面对光的反射程度大，难以透光，故其织物有防污效果。

五、各种异形纤维制品的开发与应用

近几年来，异形纤维的用途日益广泛，在衣着、装饰及产业用纺织品三大领域内有着广阔的市场前景,也是非织造布及仿皮涂层的理想原料。例如,在地毯领域中,异形纤维的特点是富有弹性、不起球,有高度的蓬松性、覆盖性和防污效果;无纺布领域,异形纤维的附着性比圆形纤维大得多;在工业卫生领域,用 X、H 形纤维制造的毛刷类产品,其清洁程度要好得多。中空纤维除衣着领域外,在污水处理、浓缩分离、海水淡化、人工肾脏等方面也得到广泛的应用。下面重点介绍异形纤维在纺织服装产品中的应用。

(一)变形三角截面纤维

这类纤维的应用最为广泛,仿丝绸、仿毛料都是这类纤维。它以三角形截面为基础,根据产品要求变形为各种形状,这类纤维具有均匀的立体卷曲特性,可以与毛或黏胶纤维混纺,特别适合做仿毛法兰绒,其手感温和、色泽文雅。为使织物得到闪光效果,可将该纤维应用于灯芯绒中。生产中该纤维的用量不宜过大,一般混用量不超过 20%,这样织物不仅具有绒毛丰满、绒条清晰圆润、手感弹滑柔软等灯芯绒的基本风格特征,而且还可降低成本。织物可用作服装衣料,也可用作挂、垫、罩、靠、套等装饰织物。

(二)异形中空纤维

这类纤维一般指三角形和五角形中空纤维。其性能优越,可以用来制造质地轻松、手感丰满的中厚花呢,制造有较高耐磨性、保暖性、柔软性的复丝长筒袜,也可以用来制造具有透明度低、保暖性好、手感舒适、光泽柔和的各种经编织物。另外,用异形纤维参与混纺制织仿毛织物也能够获得较好的仿毛效果,如用圆中空涤纶与普通涤纶、黏胶三者混纺后,其仿毛感、手感和风格都优于普通涤黏混纺织物。曾经对相同组织、相同规格的圆中空涤纶/普通涤纶/黏胶混纺织物和普通涤纶/黏胶混纺织物进行比较、测试,前者不但具有一般仿毛织物的风格特征,而且蓬松性、保暖性好,织物厚实、重量轻,若再结合织物结构的变化,还具有良好的透气性,比较适合夏季衣料用织物。

(三)三角形截面纤维

这种纤维光泽夺目,如三角形尼龙长丝有钻石般的闪烁光泽,用其制造的长筒丝袜具有金黄色的华丽外观。这类纤维一般作为点缀性用途与其他纤维混纺或交织,可以制作毛线、围巾、春秋羊毛衫、女外衣、睡衣、晚礼服等等,所有这些产品均有闪光效应。

1. 应用开发实例(1)

银枪大衣呢是一种花式的顺毛大衣呢,其规格、组织、工艺与顺毛大衣呢相同,唯原料配比有区别。最早的银枪大衣呢要用 10% 左右的马海毛,马海毛是一种安哥拉山羊的毛,光泽极好。银枪大衣呢使用白马海毛与染成颜色的其他纤维均匀混合,经纺、织和洗、缩、拉、剪等工艺整理而成,织物在乌黑的绒面中均匀地闪烁着银色发亮的枪毛,美观大方,是大衣呢中高档的品种之一,适宜制作男女大衣。由于我国这种马海毛数量极少,所以,生产中现在可以用三角形截面的有光异形涤纶纤维替代马海毛,制织彩色仿银枪大衣呢,如墨绿银枪、咖啡银枪、玫红银枪,专用于制作女式大衣。

2. 应用开发实例(2)

我国山东省的信德成功研制出涤纶新织物,就是用涤纶 175D 三角异形丝×300D 有光丝 126×76 成品幅宽 150cm 的涤纶卡其。此织物强度大,反光效果好,用鲜艳的荧光染料染色,在阳光的作用下绚丽多彩,三角异形丝更给你一种奇妙的视角。该织物经过涂层后又加强了防雨作用,是户外风景区做旅游帐篷的理想材料,既装点风景又经济耐用,上市后得到广大用户的青睐,销售情况很好。

(四)五角形截面纤维

这类纤维是星形和多角形纤维的代表。它最适合做绉织物,往往用来仿乔其丝绸。多角形低弹丝可以做仿毛、仿麻、针织或外衣织物,产品光泽柔和,手感糯滑、轻薄、挺爽。另外,因多叶形截面纤维手感优良,保暖性好,有较强的羊毛感,而且抗起球和抗起毛,更适于制作绒类织物。特别是用其做起绒毛毯时,其绒毛既能相互缠结,又能蓬松竖立,富有立体感和丰满厚实感。

(五)三叶形截面纤维

这类纤维除具有优良的光学特性外,还具有较大的摩擦系数,因此织物手感粗糙、厚实、耐穿,比较适合做外衣织物。尤其是三叶形长丝更适合做针织外衣料,它不会出现勾丝和跳丝,即使出现了也不会形成破洞。三叶形纤维制作的起绒织物,其绒面可以保持丰满、竖立,具有较好的机械蓬松性。较高捻度的三叶形长丝制作的仿麻织物手感脆爽,更宜做夏季衣料。

(六)Y型截面纤维

目前,我国台湾省为了提高纺织产业的国际竞争能力,在岛内推广异纤度异截面Y型纤维,异形纤维已经在台湾省的纺织产业中被广泛运用。

据悉,异纤度异截面Y型纤维横截面能够形成许多单纤间孔隙,Y型截面纤维孔隙率达40%,较之三角形截面的20%及圆形截面的15%高出许多。这些孔隙提供了汗水湿气导流的毛细孔道,因此是吸湿排汗布的最佳素材,此外,Y型截面纤维织物与皮肤接触点较少,可减少出汗时的黏腻感。Y型异形纤维的最大特点是重量轻、吸水吸汗、易洗速干,产品可用于女装的衬衣、裙装及运动休闲服、训练装等面料的生产。

(七)双十字截面纤维

这类纤维编织的袜子具有许多优点,服用性能好,不仅解决了袜子脱垂下落,而且在相同纤度下,因这类纤维截面大,用料将大大节省。

(八)扁平形截面纤维

这类纤维具有优良的刚性,可以作为仿毛皮中的长毛用纤维。扁平黏胶长丝制成的绒类织物具有丝绒风格。

第二节 复合纤维

一、复合纤维定义

在纤维截面上存在两种或两种以上不相混合的聚合物,这种化纤称之为复合纤维。即将两种或两种以上的聚合体,以熔体或黏液的方式分别输入同一个喷丝头,在喷丝头的适当部位相遇后,从同一纺丝孔纺出,从而在无限长的同一根丝条上同时存在着两种或两种以上的聚合体,即制成了复合纤维。

二、复合纤维种类

复合纤维品种有上百种,分类方法也较多,按生产方式可分为复合纺丝和共混纺丝;纺丝的形态常用的有五种:共纺型,并列型,皮芯型,裂片型,海岛型。很多纤维的阻燃、抗静电、导电功能也通过复合纺丝的特殊结构来达到。

三、复合纤维性能与特点

复合纤维是由两种聚合物"粘"成单丝的化纤。由于两种聚合物的成分、力学机械性能不同,如收缩率不同,所以产生强烈收缩,形成天然永久的卷曲状。复合纤维具有"扬长避短"的特点,例如涤/锦复合纤维,用锦纶作皮层,涤纶作芯层,就能使两者的缺点退而避之,使两者的优点兼而有之。它既具有锦纶的耐磨、高强、易染、吸湿的优点,又有涤纶弹性好、保形性好、挺括、免烫的优点。一般复合纺以涤/锦复合为主,有橘瓣形、米字形等异形截面,具有良好的吸湿性,主要应用于清洁用品,家纺用品等。根据不同聚合物的性能及其在纤维横截面上分配的位置不同,可以得到性能不同、用途不同的复合纤维。除了截面形状不同外,截面的结构和形态不同的复合纤维可以发挥多种效果,两种或两种以上成分纺制,经拉伸加热处理会产生永久卷曲状态,使纤维呈现类似羊毛的感觉。

(一)皮芯型纤维

利用两种聚合物各自分布在纤维的皮层和芯层,可以得到兼有两种聚合物特性和突出一种聚合物特性的纤维。

(二)并列型或偏心皮芯型纤维

利用两种聚合物在纤维截面上不对称分布,在后处理过程中产生收缩差,从而使纤维产生螺旋状卷曲,可制得类似羊毛的弹性和蓬松性的化纤。

(三)海岛型或裂离型纤维

利用纤维内两种不相溶的组分,经物理或化学方法裂离成细旦或超细旦纤维,最低纤度可达 0.01 dtex。

四、复合纤维产品开发与应用

(一)绒类织物

以桃皮绒织物为例,复合纤维开纤后的低线密度这一特点使织物经磨毛处理后,表面形成极短的微纤绒毛,织物外观独特、手感温暖、厚实,因而成为近年来国内、国际市场上流行的面料,被称为人造麂皮。与天然麂皮相比,人造麂皮不仅具有天然麂皮的手感和外观,而且在织物的轻、薄、染色性、可洗性、抗皱性、透气性等诸方面均已超过了天然麂皮,而且有天然麂皮无法比拟的防霉性、防虫蛀性及耐洗涤性。人造麂皮主要用于外套、夹克、高尔夫手套及家具用织物。

(二)制造人造皮革

两种成纤聚合物通过海岛纺丝、拉伸、切断得到海岛型复合短纤维,再制成三维立体交络结构的非织造布,然后用聚氨酯配制的浸渍液进行处理。待聚氨酯凝固后,将纤维中的一种成分溶出,形成超细纤维或多孔状的藕形纤维。根据是否进一步在其表面涂敷聚氨酯发泡层,可以得到不同的产品,即 2 层基体结构皮革和 1 层基体结构皮革。最后再经染色、着色、烤花等表面处理,得到人造皮革产品。

(三)仿真丝织物

仿真丝织物的用途极为广泛。涤/锦复合丝经开纤处理后,纤维异形断面和不同线密度,以及其芯吸导湿特性,使得织物具有良好的手感、悬垂性和独特光泽,其服用舒适性和美感优于真丝织物。

(四)高效能洁净布

该类织物表面由超细纤维所覆盖,具有复杂的三维空间结构,因而它能够吸收更多的液体及灰尘,不凭借任何额外的清洁剂而能得到满意的清洁效果,是眼镜片、相机、高级仪器镜头的最佳清洁布。

(五)时装织物

自从超细纤维的出现促进了时装业创造性的发展以来,再加上各种混纤(异线密度、异截面、异收缩)的抗皱性等,人造麂皮已应用在多种产品上,如高档服装、室内装饰、皮包、鞋及其他许多产品。同时,新的变形技术、特种整理技术的发展,使得用超细纤维可生产出具有不同风格的织物,其干爽手感、仿真丝以及仿毛型的织物可达到"仿真超细"的水平,如 TORAY 公司生产的新合纤织物"Cheey-Leshe"具有柔软、蓬松、干爽手感以及轻质保暖等特点,在时装界颇有影响。

(六)针织织物

涤/锦超细丝与棉纱复合网络生产了网络复合纱,可开发针织面料。超细纤维在开纤分离后,单根纤维的直径很小,因而相同特数纱的纤维根数远远超过普通纤维,故纤维的比表面积要比普通纤维大很多,所以超细纤维织物具有优良的吸湿性和导湿性,手感柔软,悬垂性好。另外在开纤过程中会使部分纤维断裂,织物表面就会覆盖一层纤维短绒,毛感较强。超细纤维与棉纱复合网络后,其抗起球性能大大优于普通长丝织物,棉纤维的加入还使穿着更舒适、更美观。从外观看,织物具有明显的混色闪光效果,这种织物既保持了常规涤纶长丝织物的尺寸稳定性和免烫性,又有棉纤维的吸湿性和透气性,是一种理想的新型针织面料,特别适合做 T 恤衫和休闲服装,具有广阔的市场前景。

(七)其他功能性织物

由于涤/锦复合纤维经开纤后形成极细的纤维而具有异形截面、大的比表面积和独特的界面特性,因此被广泛用作高性能吸水面巾、快干巾、过滤材料和功能性纸张。由于其单丝线密度细,超细纤维纱由于截面内纤维根数多而变得十分紧密,采用合适的组织结构将变得更加紧密,从而不用任何附加的涂层或膜就可以满足既防风又透气的要求。

第三节 超细纤维

一、超细纤维基本概念

用于纺织原料的天然纤维按粗细排列应为毛、麻、棉、丝，普通化学纤维多数是按天然纤维的细度和性能纺制的。十多年前，国外研制出比真丝还要细得多的超细纤维，这种纤维由于功能独特发展很快，日、欧厂商为此耗费巨资激烈竞争，花样繁多的高档超细纤维纺织品已纷纷占领市场。超细纤维的定义说法不一，我国纺织行业内部认可的划分为：一般将单纤维细度小于 0.44 dtex(0.4 旦)的纤维称为超细纤维，细度大于 0.44 dtex 而小于 1.1 dtex(0.4～1 旦)的纤维称为特细纤维。超细纤维是近年来发展迅速的差别化纤维的一种，被称为新一代的合成纤维，是一种高品质、高技术的纺织原料，是化学纤维向高技术、高仿真化方向发展的新合纤的典型代表。

二、超细纤维研发现状

天津工业大学(原天津纺织工学院)功能纤维研究所研制成功一种生物可吸收性止血敷料——超细纤维止血敷料。该止血敷料所用超细纤维以明胶为主，添加医学上允许使用的几种原料，采用特殊纺丝工艺制成的混合料纤维。该纤维平均直径为 1.5 μm，表面光滑，由它制成的止血敷料柔软，具有一定的强度及伸长率。经医学检测证明：该止血敷料对人体组织无毒、无刺激，在腹腔内具有较快吸收性，在 10 天内全部消失，不和其他组织粘连，还具有促进皮肤伤口愈合、缩短伤口愈合时间的作用，在骨组织中两周内部分吸收，四周内完全吸收，促进骨组织伤口愈合。经部分临床应用表明，其止血和吸收效果优于壳聚糖纤维敷料、吸收性明胶海绵、止血纱布等。该超细纤维止血敷料可广泛作为人体表皮、内脏、骨组织等各个部分的止血用品。

上海合成纤维研究所研制成功海岛型复合超细短纤维。海为改性涤纶、岛为锦纶(或海为改性涤纶、岛为普通涤纶)，规格有 2 旦、3 旦、4 旦、38 mm 至 100 mm，每根纤维含 37 岛，分离后为 0.04 旦至 0.08 旦的超细纤维，强力大于 3 cN/dtex。据称该产品已实现商品化，可供应市场，制造高档合成革。

韩国银星公司(Silver Star)开发出超细纤维织物，其性能优于棉产品，质轻、保暖、吸水能力是棉的三倍。在韩国，绝大多数卫生间用品，如浴衣、毛巾、垫块和拖鞋等都喜欢用棉制品，触感柔软，对皮肤无刺激。超细纤维只有头发细度的 1%，吸水性优异，不易弄脏，所以开发这类织物主要用于洁净用品，以填补市场缺门商品。单纤细度为 0.2 旦的超细纤维，采用橘瓣式技术将长丝分成八瓣，使纤维比表面积增大，织物中孔隙增多，借助毛细管芯吸效应增大吸水效果。

日本独资企业东丽合成纤维(南通)2002 年生产、销售和外销三旺的形势下，表示将在近年扩大投资，优先发展超细纤维，满足国际和国内市场的需求。这个公司被中国纺织工业协会列入 2002 年全国化纤行业企业销售收入前 50 名企业中，名列第 34 位。

德国一家公司研制成功了一种镀银超细纤维织物,可以杀灭皮肤上的细菌。用这种织物缝制的内衣可以缓解神经性皮炎患者的痛苦。制造商的有关资料说,镀银超细纤维织造的内衣之所以抗菌,是因为带正电荷的银离子可以吸收并杀灭带负电荷的细菌。研究人员说,虽然不能单纯依靠穿上新型织物内衣治愈神经性皮炎,但患者至少会感到一定程度的好转。神经性皮炎患者大多会因金黄色葡萄球的繁殖而继发感染,医生对付细菌感染的药物通常是抗生素、防腐剂和可的松,但疗效常难持久。镀银超细纤维内衣可望产生长久作用。

三、超细纤维纺丝技术

双组分复合纺丝法是目前应用和研究最多的方法,它可分为复合和共混纺丝两类方法,以复合法应用最多,其生产工艺和剥离方法各异。

(一)复合纺丝——机械(或化学)剥离法

该方法是将两种亲和性略有差异的聚合物(如聚酯/尼龙)通过复合纺丝法制成橘瓣形、中空橘瓣形、米字形或齿轮形等复合纤维,然后采用化学或机械方法对复合纤维实施剥离,最终制得超细纤维的方法。所得复合纤维的线密度为 2.0 dtex 左右,经过化学或机械剥离后,可得到 0.15 dtex 左右的超细纤维。与复合纺丝——溶解(或水解)剥离法相比,此法所用两种聚合物在剥离后均可被全部利用,剥离后的超细纤维具有非圆形的尖角。但与直接纺丝法相比,该类方法需使用较为复杂的复合纺丝设备(特别是纺丝组件),一次性投资较大,如若复合纤维剥离时机掌握不好,还会影响纺织加工。由于两种聚合物材料的同时存在,若剥离不太完全,又会影响染色加工效果。聚酯与尼龙制成剥离型复合纤维后,用苯甲酸处理使尼龙组分收缩而剥离,所得聚酯纤维具有较好的染色牢度。该法制造的超细纤维是用作高级擦拭布的上好材料。它还适用于制作高密度防水、透气材料等,超细纤维可用作防水织物、人造麂皮、仿真丝织物、眼镜洁净布。

(二)复合纺丝——溶解(或水解)剥离法

溶解剥离法是选用对某种溶剂有不同溶解能力的两种聚合物,采用复合纺丝法纺制成"海岛型"复合纤维。此法所得复合纤维的线密度一般在 2.0~2.5 dtex 左右。将这种复合纤维用苯、甲苯或二甲苯等有机溶剂处理,则可溶解掉海组分,得到 0.05 dtex 左右的超细纤维,染色也比较均匀。但该法的不足之处,是需使用有毒、易燃、易爆的有机溶剂,因此在生产过程中对设备有一定的要求,回收比较困难。

水解剥离法是对复合纺丝——溶解剥离法的改进。它可以用热碱液或热水水解的组分,例如易水解聚酯(EHDPET,也有人称水溶性聚酯、碱溶性聚酯或 COPET)来替代上述的海组分,纺制成丝并经纺织加工后,通过水解将易水解的海组分溶除,从而获得线密度为 0.05 dtex 的超细纤维织物。采用水解剥离法,避免了使用有机溶剂,减少了环境污染,并可在印染厂的碱减量过程中完成水解剥离。由于无需专门的减量处理设备,因而简化了操作过程,这是水解剥离法最显著的优点。然而,该方法仍然存在着水解产物的回收及再利用问题。目前,复合纺丝——溶解剥离法已几乎淘汰,而复合纺丝——水解剥离法正在盛行之中。

该法制造的超细纤维更适合于制作桃皮绒、麂皮绒以及仿真丝绸类织物。无论是复合纺丝——溶解剥离法还是复合纺丝——水解剥离法,当前主要还是生产长丝。但从纤维的应用角度考虑，今后更多地发展短纤维才更加合理。该类短纤维可先制成针刺或水刺非织造布，然后经浸胶、固化、剥离、起绒等一系列处理过程，最终制得人造麂皮类制品。

(三)共混纺丝——溶解(或水解)剥离法

利用非相容高聚物体系(如 PA6)共混纺丝，依据两组分组成比和熔体黏度比的相互关系，可使其中一组分形成分散相(微纤组分)，另一组分形成连续相(基体组分)。分散相以微纤状分散在基体相中，即所谓"不定岛"式的"海岛型"共混纤维结构。这种共混纤维溶除海相后即可得到以岛组分构成的超极细纤维。采用共混纺丝——溶解(或水解)剥离法可得到0.000 5 dtex 左右的束状超极细纤维。还有资料记载现已有单丝线密度为 0.000 01 dtex 的超极细旦丝实现工业化生产。

共混纺丝——水解剥离法超极细纤维的制造技术，同样是以可用热碱液或热水水解的组分来替代上述海组分，纺成纤维后，经水解溶除，就可获得由岛相组成的超细纤维。该法避免了使用有机溶剂，减少了环境污染。

该法制造的超细纤维网络体是制造高档人造麂皮的最佳纤维材料。这种超极细纤维网络体在超净过滤材料、柔软的擦拭布材料及高吸水材料等产业用、医用领域也有良好的应用前景。

共混纺丝法与复合纺丝法相比，最大的优点是设备简单，常规纺丝设备稍加改造即可用来纺丝，从而降低了投资成本。但是，共混纺丝对原料的选择及纺丝成形的工艺要求却较高。且共混纺丝不同于复合纺丝，由于所选聚合物体系相容性的差异，海岛结构的形成及剥离不容易控制。通常，作为岛相的组分是有效成分，即最终留存下来并形成超细纤维的成分，而海相是最终要被溶除掉的成分。因此，如何设法尽可能地提高岛相组分含量，同时制得更细的超细纤维，这是采用共混纺丝法制造超细纤维在理论研究与技术实践上的难点之一。目前，有关共混纺丝——水解剥离法的一些工作仍处于研究阶段，但它有希望成为一种最新的、有益的生产技术。

四、超细纤维性能

超细纤维由于直径很小，因此其弯曲刚度很小，纤维手感特别柔软。超细纤维的比表面积很大，因此超细纤维织物的覆盖性、蓬松性和保暖性有明显提高，比表面积大则纤维与灰尘或油污接触的次数更多，而且油污从纤维表面间缝隙渗透的机会更多，因此具有极强的清洁功能。将超细纤维制成超高密织物，纤维间的空隙介于水滴直径和水蒸气微滴直径之间，因此超细织物具有防水透气效果。

超细纤维在微纤维之间具有许多微细的孔隙，形成毛细管构造，如果加工成可被水润湿的毛巾类织物，则具有高吸水性，洗过的头发用这种毛巾可很快将水分吸掉，使头发快干。例如涤/锦复合超细纤维，如图

图 5-3　涤锦复合超细纤维
(﹡型截面超细纤维照片)

5-3 所示，为剥离型超细纤维，以尼龙-6 及聚酯切片为原料，已成功开发了"＋"字形、"﹡"形及"米"字形等几种不同截面形状的复合超细纤维，品种与规格：DTY 为 165 dt/72×12,165 dt/72×16；110 dt/72×12，110 dt/72×16；单丝纤度＜0.33 dtex，最低可达到 0.13 dtex；强度为≥2.6 cN/dtex；伸长率为 M±8%（M＝20%～30%）；沸水收缩率 DTY≤5.0%。

五、超细纤维产品功能效应

超细纤维由于纤度极细，大大降低了丝的刚度，作成织物手感极为柔软，纤维细还可增加丝的层状结构，增大表面积和毛细效应，使纤维内部反射光在表面分布更细腻，使之具有真丝般的高雅光泽，并有良好的吸湿散湿性。用超细纤维制成服装，舒适、美观、保暖、透气，有较好的悬垂性和丰满度，在疏水和防污性方面也有明显提高，利用比表面积大及松软的特点，可以设计出不同的组织结构，使之更多地吸收阳光热能或更快地散失体温，起到冬暖夏凉的作用。

该纤维开发的织物具有质地柔软、手感滑糯、光泽优雅以及良好的悬垂性、透气防水性，广泛应用于人造麂皮、桃皮绒、超高密织物、高性能洁净布及快干毛巾等高档纺织产品的生产。超细桃皮绒织物表面形成的绒毛，恰似桃子的表面，有着柔软的触感，并在光线下产生漂亮的暗色。

超细纤维擦拭布由超细及坚韧的纤维织成，有超强的组织结构，具有柔软坚韧的特性，还有不损伤工作物的优点。其超细坚韧的结构对于集尘可发挥最大的功效，具体表现如下。

（一）多重刮除效果

一根粗单纤维如将其超细化可变成好几百根超细纤维，因此作为拭净布时，超细纤维就可比一般擦拭布具有更多重刮除的效果。超细纤维作为洁净布材料，用来制作高科技擦镜布。使用普通纤维时一部分油污被擦去，另一部分油污被如同滚筒的纤维压成薄的油膜而留在玻璃上。使用超细纤维高科技擦眼镜布时，纤维越细，与镜面接触的根数越多，接触的面积越大，一根纤维未能刮去的油污，会被一根接着一根的其他纤维刮去。这犹如多枚刀刃的剃须刀，即所谓的"多重刮取效果"。

最近几年，超细纤维制品从当初的擦镜布开始，发展到厨房、浴室、汽车等各种用品的擦拭用途。近年又开发出一种新产品，把超细纤维和普通的合成纤维混在一起织成织物，有快速吸取脸部油脂和汗的效果，日本许多公司推出这种新型的女用手绢，但是，高温的熨烫会使这种纤维之间的空隙消失，减低吸污效果。

（二）宽接触面积效应

一般纤维较粗、弯曲刚性大，所以织物浮点与物体的接触面积小，反之超细纤维弯曲刚性小又柔软（仿蚕丝），所以织物浮点与物体的接触面积大，拭净力强。用超细纤维制造出的另一个商品是电脑用鼠标垫。

（三）内部剥离效应

由超细纤维做成的拭净布，在刮起污物后，污物会顺着纤维的毛细管通道往外迁移，呈内部剥离的效应，如此污物不会残留在拭净布的表面，因此就不会刮伤极精密的产品。

六、超细纤维制品的开发与应用

0.44 dtex 以下的超细纤维和 1.0 dtex 以下的微纤维，其线密度远小于常规纤维，可以制成各种仿真制品。目前部分国内外厂家开发出超细旦人造丝纤维，可以和真丝产品相媲美。超细纤维所生产的舒适手感产品多被应用于内衣配件、袜类与运动服上。织布厂对超细纤维的需求与日俱增,因为超细纤维可以改善布料的手感,满足消费者的需求。

2003年3、4月份间,在亚洲和世界其他一些国家爆发了传染性非典型肺炎疫情,急需用于防止非典传播的服装和织物。中国、韩国的厂家开发出数种可防止非典传染的超细纤维织物(非织造物),在抗击传染性非典型肺炎上起了很大的作用。

超细纤维在纺织领域中开拓了前所未有的出路,其主要应用领域为高档时装面料、高密织物、高性能揩布、仿真丝、仿毛仿桃皮绒织物、人造麂皮绒、高级拭镜纸、气体过滤材料等,还可用于人造血管等生物医学工程领域。

1. 应用开发实例(1)

仿真丝织物　随着合成纤维纺丝及加工技术的发展,化纤仿真丝织物在外观和服用性能上越来越接近真丝绸,甚至达到了以假乱真的地步。用超细纤维制作的仿真丝织物,既具有真丝织物轻柔舒适、华贵典雅的优点,又克服了真丝织物易皱、粘身、牢度差等缺点,足以满足人们渴望衣料多样化及高档化的要求。从开发的超细仿真丝织物看,所用纤维密度一般约在 0.1~0.5 dtex。

2. 应用开发实例(2)

超高密度防水透气织物　用超细纤维制作的超高密织物,虽然密度很高,但质地轻盈、悬垂性好、手感柔软而丰满、结构细密,虽不经涂层和防水处理,却同样具有很高的耐水性,轻便易折叠、易携带,是一种高附加值的纺织产品。这类织物一般采用涤/锦剥离型超细复合丝,单丝线密度一般在 0.1~0.2 dtex。

3. 应用开发实例(3)

仿麂皮及人造皮革织物　用超细纤维做成针织布、机织布或非织造布后,经磨绒或拉毛,再浸渍聚氨溶液,并经染色和整理,可制作仿麂皮或人造皮革织物。制成织物的许多性能不亚于天然麂皮,既轻薄柔软又光滑的表面纹理,既防水又透气,强力好,不变形。

4. 应用开发实例(4)

高性能清洁布　它是超细纤维制品的另一个代表产品。其织物由于具有比普通织物多无数倍的微细毛孔,有较高的比表面积和微孔,因而具有很强的清洁能力,除污快而彻底,不掉毛,洗涤后可重复使用,在精密机械、光学仪器、微电子、无尘室及家庭等方面具有广阔的用途。

第四节　纳米纤维

一、纳米材料的定义

在三维空间中至少有一维处于纳米尺度,即 1~100 nm 的范围。可分为以下几种。

(1)零维纳米材料:纳米颗粒,原子团簇。
(2)一维纳米材料:纳米丝、棒、管等(或统称纳米纤维)。
(3)二维纳米材料:超薄膜、多层膜、超晶格等(如纳米纤维无纺布)。

二、纳米纤维的定义

纳米纤维是指直径为纳米尺度而长度较大的线状材料,广义上讲包括纤维直径为纳米量级的超细纤维,还包括将纳米颗粒填充到普通纤维中对其进行改性的纤维。具体地讲就是由零维或一维纳米材料与三维纳米材料复合而成制得的传统纤维,也称纳米复合纤维,即由纳米微粒或纳米纤维改性的传统纤维。狭义的纳米纤维指直径为1~100 nm的纤维(即一维纳米材料)。定义的延伸:只要纤维中包含有纳米结构,而且又赋予了新的特性,则可以划入纳米纤维的范畴。

三、纳米纤维的制造及用途

制造纳米纤维的方法有很多,如拉伸法、模板合成、自组装、微相分离、静电纺丝等,其中静电纺丝法以操作简单、适用范围广、生产效率相对较高等优点而被广泛应用。

(一)静电纺丝法

采用静电力将停留在喷嘴等纺丝部前端的溶液拉伸为丝条状,作为膜状纤维集合体回收在捕集器上。这时候,从纺丝部拉伸出来的丝条状溶液(喷射流)呈现不稳定的螺旋轨道,同时经过溶剂的挥发、牵伸,进行纳米纤维化。其纤维直径依赖于溶液的黏弹性、溶液的电气特性、施加电压、喷嘴径等。

(二)纳米技术在开发生产功能纺织材料方面的应用

制造纳米复合纤维利用纳米颗粒所具有的特性对纺织产品进行功能性整理或利用纳米膜材料,将纳米颗粒嵌于薄膜中生成复合薄膜,再与纺织品层压复合等方法均可获得理想的功能保健纺织品。

将纳米复合粉体添加到普通的纺织纤维中去,可以获得各种各样的功能性差别化纺织材料,常用的纳米复合粉体有①紫外线屏蔽剂:Al_2O_3、MgO、ZnO、TiO_2、SO_2、$CaCO_3$、高岭土、炭黑、金属;②远红外陶瓷微粉:Al_2O_3、SiC、ZrO_2、TiO_2、SiC;③除臭剂:含纳米颗粒的胶体或溶液。经过以上三种纳米复合粉体进行差别化处理的纤维或纺织品材料可使纤维获得抗紫外线、远红外线或抗红外线以及抗菌防臭、消臭等纤维或纺织品,其主要原理是利用纳米颗粒所具有的较大的比表面积对于紫外线、细菌、真菌和霉菌等一系列对人体有害的物质具有极强的吸附性能,从而对以上物质产生屏蔽作用,使人体穿着纳米材料纺织品服饰就能起到保护作用。

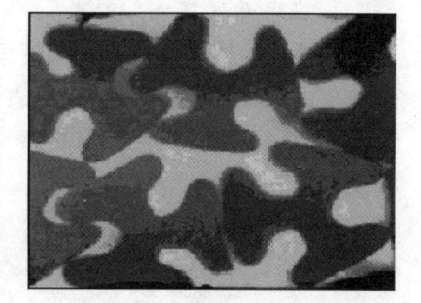

图 5-4 抗紫外线聚酯三 T 纤维

四、纳米纤维开发实例:抗紫外线聚酯三 T 纤维

如图 5-4 所示为抗紫外线聚酯三 T 纤维,该纤维将抗紫外线纳米颗粒植入到纤维沟槽中,使得纤维中纳米颗粒耐水洗,具有永久的抗紫外线功能,即永远性 UV-CUT。另外该纤维还具有快速吸水吸湿的特点,能提供干爽清凉舒适感、蓬松、丰满及麻纱手感。

第五节　其他差别化纤维

一、吸湿排汗纤维

(一)概述

吸湿排汗纤维被认为是"运动服装新型纤维"的一种。所谓吸湿排汗纤维,采用全新的纤维截面形状设计,高异形度的四沟道纤维断面结构及蓬松的纱线结构,使纱线增加了毛细管作用,使织物由于纤维上或纤维间的毛细通道,产生芯吸作用使其能够快速吸水、输水、扩散和挥发,从而保持人体皮肤的干爽。同时,由于聚酯纤维在湿润状态时也不会像棉纤维那样倒伏,所以始终能够保持织物与皮肤间的微气候状态,达到提高舒适性、干爽性的目的,使肌肤保持干爽和清凉,因而又称干爽纤维,也有人将吸湿排汗纤维称为"可呼吸纤维"。使用吸湿排汗面料具有吸水、吸湿快干、吸湿排汗、吸湿透气的功能,能够改善贴身衣物的舒适性,就是因为可调节贴身衣物与皮肤表面间的水分及湿度之间的关系,即调节"服装与人体间的微气候"。如图 5-5 所示为吸湿排汗原理图。

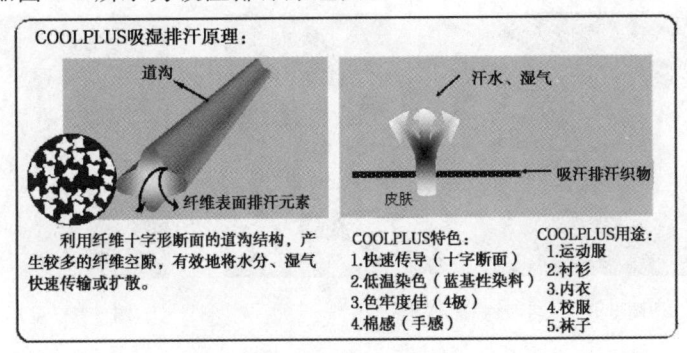

图 5-5　吸湿排汗原理

(二)吸湿排汗纤维品种实例

1. 开发实例(1)

三叶形截面纤维　如图 5-6 所示。该纤维具有优良的光学特性和较大的摩擦系数,织物手感粗糙、厚实、耐穿,比较适合做外衣织物。三叶形长丝适合做针织外衣料,它不会出现勾丝和跳丝,即使出现了也不会形成破洞。三叶形纤维制作的起绒织物,其绒面可以保持丰满、竖立,具有较好的机械蓬松性,良好的吸湿速干性。

图 5-6　三叶形截面纤维　　　　　　图 5-7　Y 形截面纤维

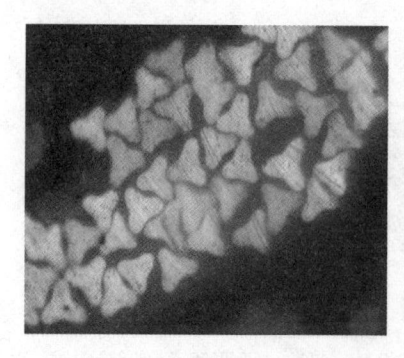

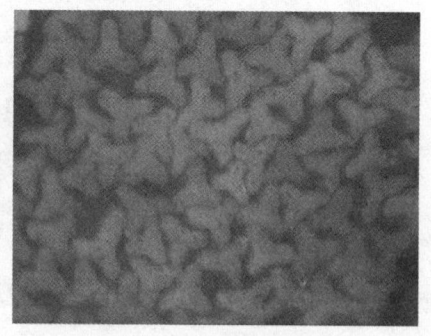

2. 开发实例（2）

Y 形截面纤维　如图 5-7 所示。Y 形截面纤维孔隙率达 40%，提供了汗水湿气导流的毛细孔道，是吸湿排汗织物最佳素材。Y 形截面纤维织物与皮肤接触点较少，可减少出汗时的黏腻感。其最大特点是重量轻、吸水吸汗、易洗速干，运用复合纺丝技术便可变化原料种类，创造多样化视觉与手感。

3. 开发实例（3）

人字形纤维　如图 5-8 所示。

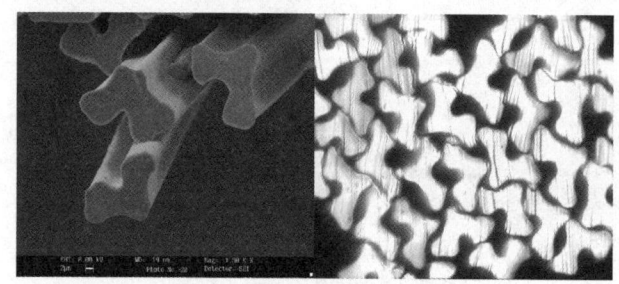

图 5-8　人字形截面纤维　　　　　　图 5-9　星形截面纤维

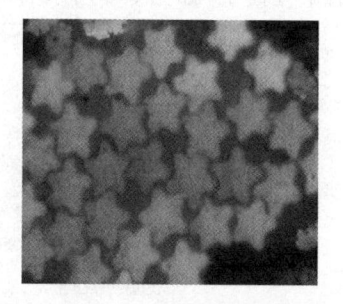

4. 开发实例（4）

星形截面纤维　如图 5-9 所示。多角形低弹丝可以做仿毛、仿麻、针织或外衣织物，产品光泽柔和，手感糯滑、轻薄、挺爽。多叶形截面纤维手感优良，保暖性好，有较强的羊毛感，而且抗起毛和抗起球，更适于制作绒类织物。用其做起绒毛毯时，其绒毛既能相互缠结，又能蓬松竖立，富有立体感和丰满厚实感。

5. 开发实例（5）

W 形截面图　如图 5-10 所示。该纤维具有较好的吸湿速干性，柔软性。

6. 开发实例（6）

国内开发的吸湿导汗凉爽纤维　如图 5-11 所示。

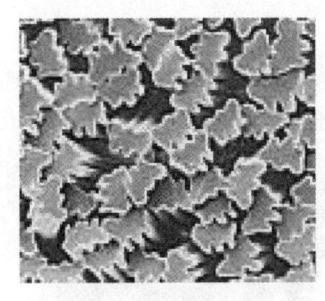

图 5-10　W 形截面纤维 　　　　　　　　图 5-11　吸湿导汗凉爽纤维

7. 开发实例(7)

王字形纤维　这种纤维具有特殊截面形状——长丝截面呈"王"字形形状。由于"王"字形截面中的强烈的四通道具有超强的毛细虹吸效应,且在后加工过程中,具有良好的保持度,从而使由该纤维构成的面料具有优良的吸湿排汗功能,纤维与肌肤接触时倍感自然、干爽、柔软与舒适。

8. 开发实例(8)

Coolmax 高去湿四沟道聚酯纤维　四沟道聚酯纤维,具有优良的芯吸能力,将疏水性合成纤维制成高导湿纤维,将高度出汗皮肤上的汗液用芯吸导到织物表面蒸发冷却。实验证明,在 30 分钟后湿度去除百分率:棉为 52%,四沟道聚酯纤维为 95%。应用于运动服装、军用轻薄保暖内衣特别有效,保持皮肤干爽和舒适,且具有优良的保暖防寒作用。加拿大军队即以此保暖内衣配备了它的地面部队,提供士兵以优良的防寒作用,保持干爽和舒适。

9. 开发实例(9)

十字截面沟槽聚酯纤维　如图 5-12 所示。十字截面聚酯纤维有四个沟槽,当水珠滴落在上面时无法稳定滞留,沟槽产生加速的排水效果,人体的汗液利用纱中纤维的细小沟槽被迅速扩散到布面,再利用十字形截面产生的高比表面积,使水分被快速蒸发到空气中。十字形截面还使纱具有良好的蓬松性,织物具有良好的干爽效果。

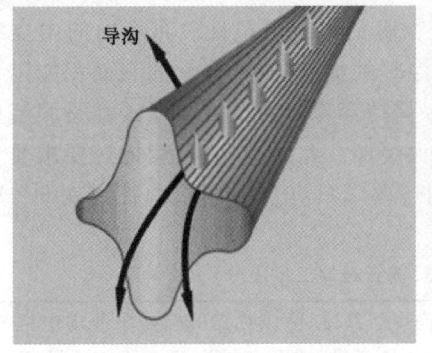

图 5-12　十字截面沟槽聚酯纤维 　　　　　图 5-13　特殊的十字截面沟槽纤维

10. 开发实例(10)

特殊的十字截面沟槽纤维　如图 5-13 所示。这种纤维采用了特殊的十字截面沟槽设计,提供了快速传导水分的管道,使纤维同时具有良好的吸湿、导湿及快干功能,再加上纤维与皮肤接触点因截面设计而减少,保证流汗后的肌肤依然保持优越的干爽感。

11. 开发实例(11)

方形纤维 如图 5-14 所示。这种纤维不易滚动,有纸质感、挺括、反光性、手感佳。平滑织物表面,表面光泽柔和、手感光滑。四角纤维有致密堆叠、高遮蔽率特性,使得布成为具有防风、防水与透气功能的智慧型衣料。

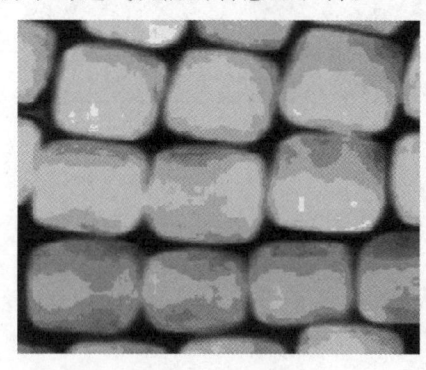

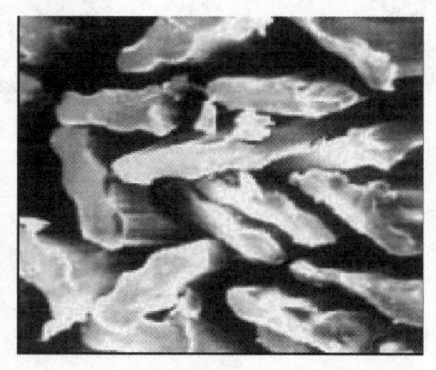

图 5-14 方形纤维　　图 5-15 花生形状的扁平截面纤维

12. 开发实例(12)

花生形状的扁平截面纤维 如图 5-15 所示。

二、保暖纤维概况

"所谓保暖有两种,一种是尽量保持热量,一种是用某种方法取得热量。"保暖性受以下几种因素影响:纤维材料与纱线、纱线结构、织物结构、编织结构、后处理加工。通过纤维材料与纱线取得保暖效果时,与空气含有率、皮肤触感、吸散湿性、吸湿发热性、光吸收发热性和红外线放射性等功能性因素有关。纤维材料和纱线中含有的空气越多,保温效果越好。羊毛和棉纤维材料加工的面料厚度与保暖性有关,越厚保暖性越高。在寒冷天气保持身体温暖,最有效的方法便是穿着多层衣服,以保持身体的温度,这样便可根据外在环境的温度变化而增加或减少衣服,外衣可减慢身体热量的流失,中层则可提供额外的温暖,而最贴近皮肤的一层则需要良好的排汗功能,因为这是保暖的最首要条件。布料内的中空纤维提供永久性保温及排汗效应,中空纤维能提供轻盈温暖的优点,而其较大的表面积能迅速并自然地将湿气从皮肤排出布料表面,加速其蒸发,以保持穿着者的温暖。保暖性是服装的重要功能之一,同样,絮棉之类的填充材料,也要求有保暖性。此外,被盖用絮棉还要求具有一定的悬垂性(适合感)及吸湿透气性,褥垫用絮棉则还要求具有良好的垫弹性。表 5-2 所示为保暖纤维分类表。

表 5-2 保暖纤维分类(按纤维加工手段分)

蓬松保暖纤维	高中空度纤维、圆形中空纤维、细旦高中空纤维、冷胀热缩的新型服装用中空纤维、异形中空纤维(三角中空纤维、新型四孔涤纶纤维、四孔三维卷曲涤纶短纤维、"Microart-TM"型纤维丝、多孔蜂巢涤纶纤维、中空微多孔干爽纤维、Thermolite"系列纤维"、远红外线聚酯三角中空纤维)、三维卷曲纤维(中空三维卷曲短纤维、抗菌异型七孔三维卷曲纤维、七中孔三维卷曲涤纶短纤维、中空复合三维卷曲纤维)、球形纤维
蓄热保暖纤维	阳光纤维、远红外纤维

(一)蓬松保暖纤维

人体热量向环境的散失有辐射、对流和热传导方式。在体温下,辐射散热较小,因此减少纤维的热传导率是一种重要的保暖手段。设计粗厚的织物结构,使纤维束间的空气量增加,虽起到保暖的作用,但无论是服装还是被褥,都给人以笨重感,通过起毛加工使织物表面耸立起绒毛以加大空隙度,虽然减少了热传导,但却加速了对流散热,保暖效果并不明显。开发含有大量滞留空气的纤维,即各种各样的中空纤维,制造出既轻又保暖的衣料和填充材料,是纤维制造业近年来努力的方向。

(二)蓄热保暖纤维

人们把陶瓷微粉应用于功能纤维之初就是为了获得蓄热保温效果,以得到储能纤维。根据所采用陶瓷粉体种类的不同,有两种蓄热保温机理。一种是将阳光转换为远红外线的纤维,称之为阳光纤维;另一种是低温(接近体温)下辐射远红外线纤维,称之为远红外纤维。低温辐射远红外线的波长为 $4\sim14~\mu m$,其射线重返人体不仅可以起到保温作用,而且可进入皮下深层,具有使血管扩张、促进血液流动、改善新陈代谢等功效。从发展趋势看,远红外纤维的主要应用将转向保健型纤维。一般选用的陶瓷粉为金属氧化物的粉体,常用陶瓷粉有氧化锌(ZnO)和二氧化钛(TiO_2)。

(三)保暖纤维新概念

保暖内衣的面料年年都有创新,近年不断出现许多新品种。从市场情况来看,不同品牌保暖内衣所用的面料主要有以下几种。

实例 1　暖棉内衣:有双重纱和三层纱两种。双重纱由两层纯棉纱织成,现在市场上比较流行的是三层夹棉内衣,即两层纯棉夹一层保暖丝,御寒效果较好,价格适中。

实例 2　莱卡棉内衣:"莱卡"是著名的高弹性纤维,是美国杜邦公司注册的聚氨酯纤维的商品名称,弹性好,加入纯棉织物可以克服纯棉内衣易变形的缺点。一般来说,纯棉内衣穿着一年左右就"走样",而莱卡棉内衣能保持 2～3 年不变形。

实例 3　南极棉内衣:里外两面是纯棉,中间夹了两层塑料薄膜,薄膜和纯棉之间填充太空棉,以达到保暖效果。

实例 4　北极绒内衣:与南极棉的结构基本相同,不过,紧贴皮肤的一层为一种具有真丝般手感的新型纤维——丝普伦,最里层的隔离层也是网状结构,透气性能和弹性都不错。

实例 5　生态绒内衣:复合纤维,含有天然矿石中提取的远红外磁粉,主要为中老年人设计。由于是新开发的产品,实际效果如何还没有定论。

实例 6　远红外功能内衣:远红外功能纤维制成的内衣强调保健功能。这种内衣在国内刚刚兴起,而且价格较高。

除了以上六例保暖内衣面料外,选用中空保暖且附加干爽功能的纤维面料做冬季保暖内衣也是比较不错的选择。在常用物质中,由于静止空气的导热系数最小,是最好的热绝缘体,因此纺织材料的保暖性主要取决于纤维层中夹持的空气的数量和状态。在空气不流动的前提下,纤维层中夹持的空气越多,纤维层的绝热性越好,服装的保暖性也越好。中空保暖纤维就是利用了这个原理创新出来的。另外考虑人体冬季出汗后的湿传递效果,使用特殊的纺丝过程,使中空纤维侧面有许多微孔与中空部分连通,并形成类似神经网络形态的孔洞分布,流汗后汗水可以很快进入纤维内部的沟槽,并透过沟槽与孔洞迅速蒸发,让人体有干爽清凉的舒适感。如中国台湾的工业技术研究院材料与化工研究所成功开发的新型中空微多孔纤维就是中空保暖且附加干爽功能纤维的典型代表。

三、新视觉纤维(仿生纤维)

(一)超微坑纤维(super micro pit fiber)

该纤维具有深色感,模仿生物的精巧结构而开发出超微坑纤维,使纤维具有深色的光泽。把纤维表面制成微细凹凸结构,从而使光形成散射,增加内部吸收光,由于减少光的反射率,提高黑色感,使色泽的深色感增强,鲜明度提高。微坑技术平均每平方厘米能形成40~50亿个微坑。形成微坑的方法有化学法和物理法。化学法是把与成纤高聚物折射率类似的、平均粒径在 0.1 μm 以下的超微粒子,均匀地分散在高聚物熔体中,纤维成形后,经溶解除去微粒,可获得表面有微细凹凸结构的纤维。物理法可利用低温等离子体处理纤维,使纤维表面呈凹凸结构,如图 5-16 所示。

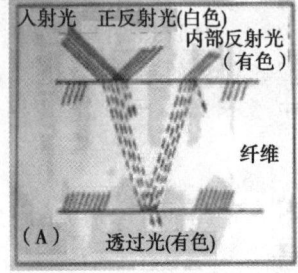

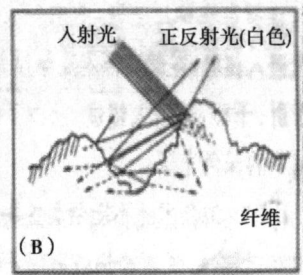

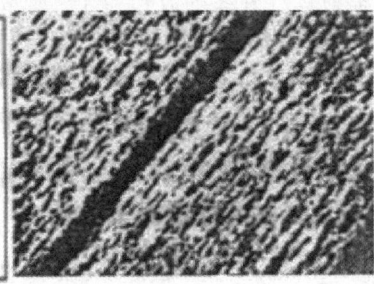

图 5-16 超微坑纤维

(二)多重螺旋结构纤维(multi helix fiber)

生息在亚马逊河流域的闪蛱蝶,周身散发钴蓝的色彩,具有金属般的光泽。多重螺旋纤维就是模仿这种闪蛱蝶翅膀上的鳞片结构制成的。当光线照射在鳞片上时,大部分入射光进入狭缝,在壁内部不断地反射、折射、干涉,并增大幅度,从而产生鲜明的深色光泽。闪蛱蝶翅膀如图 5-17 所示。

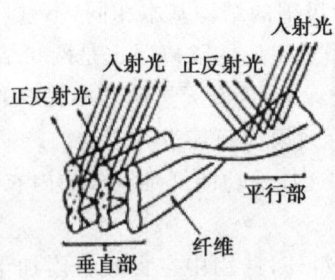

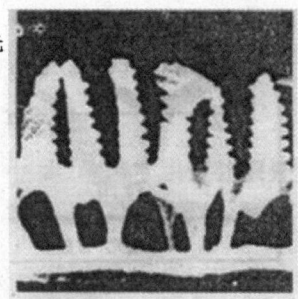

图 5-17 闪蛱蝶翅膀　　图 5-18 闪蛱蝶鳞片结构的扫描电镜图

制造多重螺旋纤维时,可用两种热收缩率不同的聚酯切片,经混合熔融后纺丝成纤,然后进行热处理,纤维每隔 0.2 mm~0.3 mm 周期性地形成一个螺旋形扭曲。用该纤维织成的织物,光在纤维的平行部和垂直部来回折射,产生深色感的光泽。闪蛱蝶鳞片结构的扫描电镜图如图 5-18 所示。

四、抗起球型纤维

合成纤维织物由于具有强力高、拒水性好、手感柔软等特点,深受广大消费者的喜爱。然而合成纤维织物在使用过程中经常起毛、起球,影响外观的美感和服用性能。如何避免合成纤维织物起球、起毛,一直是研究的方向。合成纤维织物起球的原因及起球过程可以分析为:合成纤维织物容易起球的原因与纤维性状有密切关系,主要是纤维间抱合力小、纤维的强度高、伸长能力大,特别是耐弯曲疲劳、耐扭转疲劳与耐磨性好,故纤维容易滑出织物表面,一旦在表面形成小球后,又不容易很快脱落。在实际穿用和洗涤过程中,纤维不断经受摩擦,使织物表面的纤维露出于织物,在织物表面呈现出许多令人讨厌的毛茸,即为"起毛",若这些毛茸在继续穿用中不能及时脱落,就互相纠缠在一起,被揉成许多球形小粒,通常称为起球。

为了消除或减少合成纤维纺织品在使用过程中起毛和起球现象而开发的具有一定抗起毛起球性能的纤维品种属于抗起毛起球型纤维,如各种抗起毛起球型聚酯纤维,抗起毛起球型聚丙烯腈纤维等。

在生产抗起球型聚酯纤维时,可以在聚酯分子链中引入化学稳定性基团来提高熔体黏度,以获得低起球倾向的改性聚酯,或在聚酯中加入化学添加剂,通常加入对苯二甲酸钙盐,从而降低摩擦系数,以防止起球。另外还可以用表面处理的方法提高纤维的抗起毛起球性。

五、自卷曲纤维

(一)自卷曲纤维概况

选取两种不同的原料采用共轭纺丝制得纤维截面为"∞"形,利用两种聚合物受热时收缩率的差异,经热处理后使丝条沿纤维轴方向呈三维卷曲状,自身如弹簧一样具有弹性。该纤维具有易染深染匀、特殊的光泽、丰富而柔软的手感等特点,织成的面料具有蓬松、悬垂性好又富有弹性,且具有易导湿排汗、耐热耐氯耐碱的特性。也称自卷曲弹性纤维,如图5-19所示。

图5-19 自卷曲弹性纤维

(二)自卷曲纤维用途

中高档运动服、休闲服、风格别致的新型仿丝绸、紧身裤、芭蕾服、连裤袜、无根袜等。

(三)已开发自卷曲纤维规格

50D/12F,100D/24F

六、高收缩性纤维

(一)高收缩性纤维概况

1. 定义

收缩纤维是一种新型合成纤维。沸水收缩率在20%左右的纤维称为一般收缩纤维,而沸水收缩率为35%~45%的纤维称为高收缩纤维。

2. 类型

常见的有高收缩型聚丙烯腈纤维(腈纶)和聚酯纤维(涤纶)两种。

与结晶性高聚物纤维相比,聚丙烯腈纤维具有独特的结构,不存在严格意义上的结晶区和无定形区,而只有准晶态高序区和非晶态的中序区或低序区。这种独特的结构,使它具有独特的热弹性,可以制成高收缩腈纶纤维,用于腈纶膨体纱的生产。

3. 获得改性的途径

制造高收缩丙烯腈纤维,常采用下列方法。

(1)在高于腈纶玻璃化转变点的温度下,进行多次热拉伸,使纤维中的大分子沿纤维轴向取向,然后骤冷,使纤维的大分子链的形态和张力暂时被固定下来,再进行湿热处理,此时大分子链因热运动而卷缩,于是引起纤维在长度上显著收缩。

(2)增加第二单体丙烯酸甲酯的含量,可大幅度地提高腈纶的收缩率。

(3)采用热塑性的第二单体与丙烯腈共聚,能明显地提高纤维的收缩率。

高收缩型聚酯纤维一般是通过对结晶性聚酯的改性而获得的,主要通过两条途径来生产高收缩涤纶。

(1)采用特殊的纺丝与拉伸工艺,如用市售的POY丝经低温拉伸、低温定形等工艺可制得沸水收缩率为15%~50%的高收缩性涤纶。

(2)采用化学变性的方法,如以新戊二醇制取共聚聚酯纺丝,以这种纤维制成精梳毛条或纺成纱线进行染色,制成织物后在180 ℃左右的温度下,使其收缩,收缩率可达40%。

(二)高收缩性涤纶短纤维性能特点

采用物理和化学改性相结合的方法生产。纤维具有高取向低结晶结构,160 ℃干热收缩率可达40%以上。用该种纤维织成的仿毛织物具有良好的手感和缩绒风格,织成的无纺布在热处理条件下收缩后可达到非常均匀密致的效果。主要质量指标(规格:1.33 dtex×51 mm)如表5-3所示。

表5-3 高收缩性涤纶短纤维主要性能指标

项目	指标
断裂强度/(cN·dtex^{-1})	4.5±0.50
断裂伸长率/%	55.0±5.0
线密度偏差率/%	±3.0
长度偏差率/%	±3.0
10%定伸长强度/(cN·dtex^{-1})	2.00±0.50
疵点/(mg·100 g)	≤8.0
含油率/%	0.18±0.03
160 ℃干热收缩率/%	≥40

(三)高收缩纤维主要用途

高收缩纤维在纺织产品中的用途十分广泛,它可以与常规产品混纺成纱,然后在松弛状态下水煮或汽蒸,其中高收缩纤维卷曲,而常规纤维由于受高收缩纤维的约束而卷曲成圈,则纱线蓬松圆润如毛纱状。高收缩腈纶就采用这种方法与常规腈纶混纺制成腈纶、棉(包括膨体绒线、针织绒和花色纱线),或与羊毛、麻、兔毛等混纺以及纯纺,仿羊绒、仿毛、仿马海毛、仿麻、仿真丝等产品,这些产品具有手感柔软、质轻、保暖性好等特点。另外也有利用高收缩纤维丝与低收缩及不收缩纤维丝织成织物,热处理后,使纤维产生不同程度的卷曲呈主体状蓬松,使用这种组合纱也是生产仿毛风格织物的做法。还可用高收缩纤维丝与低收缩丝交织,以高收缩纤维织底或织条格,低收缩丝提花织面,织物经后处理加工后,则产生永久性泡泡纱或高花绉。高收缩涤纶与常规涤纶、羊毛、棉花等混纺或与涤棉、纯棉纱交织,生产具有高收缩的织物。高收缩纤维还可用于制人造毛皮、人造麂皮、合成革及毛毯等。

(四)高收缩纤维制品的开发与应用

1. 应用实例(1)

1.33～1.56 dtex×51 mm 的高收缩纤维主要用于制合成革基布。

2. 应用实例(2)

1.33～2.0 dtex×51 mm 的高收缩纤维也可用于制中长仿毛织物。

3. 应用实例(3)

3.33 dtex×(76～106 mm)的高收缩纤维主要用于与毛、黏胶等混纺织造毛型纺织物。

七、特亮纤维、亚光纤维、消光纤维

(一)特亮异形DTY丝(如图5-20所示)

该纤维是拉伸变形丝,采用特殊设计的异形喷丝板,通过优化纺丝工艺和加弹工艺加工而成。该产品既有普通DTY的卷曲弹性,又有牵伸丝钻石般的光泽,打破了传统的异形丝的使用局限性,改善了DTY染色后织物发板、手感差的缺陷。该纤维在绣花线、商标线及高级领带等领域中有较大的需求量。

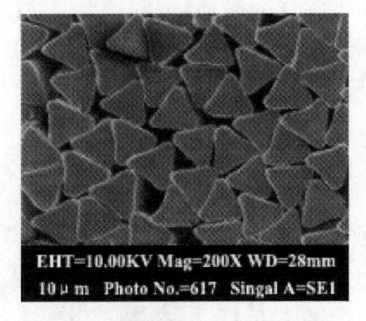

图 5-20　特亮异形 DTY 丝　　图 5-21　"八叶形"亚光纤维

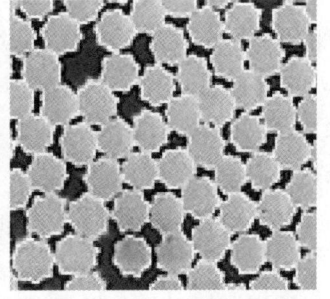

(二)"八叶形"亚光纤维(如图5-21所示)(eight leaves section dull fiber)

纤维横截面的形状很多,它们的光泽效应差异很大,其中有典型意义的是圆形和三角形。在圆形截面纤维中,光线在任一界面上的入射角,都和光线进入纤维后的折射角相等,在任何条件下都不能形成全反射。因此,这类纤维的透光能力较三角形截面纤维强,纤维外观比较明亮,称之为"极光"效应。对三角形截面纤维,照射到纤维上的光线会产生强烈的镜面反射效果,进入纤维内部的光线,也会在纤维的内表面产生镜面反射和平行的透射。像棱柱晶体一样转动,当以不同视角观察时,会产生光泽明暗相间的现象,称之为"闪光"效应。"八叶形"截面的纤维介于圆形和三角形之间,消除了极光和刺眼光泽,改善了光泽的柔和性和细腻化,使纤维的极光、呆板和刺眼现象消失,达到了"亚光"效果。

(三)全消光聚酯纤维(full dull PET fiber)

随着人们追求休闲、舒适、随意的生活潮流的发展,对织物有了新的要求。传统的普通半消光聚酯纤维所加工成的衣物由于表面的光泽比较明显,表面蜡质感强,难以应用到休闲服饰及高档服装上。而全消光聚酯纤维在普通聚酯纤维的基础上通过物理改性,使聚酯纤维具备了光泽柔和、深染性好、织物悬垂性高、遮蔽性能强等特点。该纤维具有以下性能。①光泽柔和:消除了聚酯纤维表面的光泽,避免了极光的产生,使面料具有毛织物般柔和光泽。②深染性好:在后道整理过程中,经过碱减量的处理使纤维表面形成少量的微坑,使织物具有良好的皮肤触感和细腻干爽性能,且微孔的产生可以导致光的漫散射,并可提高织物染色深度。③织物悬垂性高:高浓度二氧化钛的添加,提高了纤维的比重,使织物的悬垂性能提高。④遮蔽性强。

八、有色纤维

在纺丝前或纺丝后进行染色(或着色)的纤维为有色纤维。涤纶、丙纶等纤维由于染色性差可采用混入或注入色母粒的方法生产有色纤维。已有的有色纤维包括有色黏胶纤维和有色聚酯短纤维。

(一)有色黏胶纤维

有色黏胶纤维是利用专有混合技术将具有纳米级的无毒、无害的颜料颗粒均匀、连续地添加入纺丝原液中,使颜料颗粒均匀地填充于纤维中。其特点是色泽鲜艳、亮丽、耐水洗、耐日晒等各项牢度性能好,不仅具有常规黏胶纤维的优异品质,而且克服了后整理过程中的污染废液排放和批与批之间色差大的缺点,实现了原材料环保、生产过程环保、产品环保。可根据用户要求生产不同品种、不同规格、不同颜色的长、短黏胶纤维。

(二)有色聚酯(涤纶)短纤维(如图5-22所示)

1. 有色聚酯(涤纶)短纤维概况

普通涤纶短纤可以用分散性染料染色,但需要在高温高压或载体存在下才能进行,对纤维损伤大、色牢度差,而且染色色谱范围比较窄。通过添加色母粒生产的有色纤维解决了后续工序的染色难题,缩短了产品的生产工艺流程,而且产品物理指标稳定、纤维着色均匀、色牢度高,增加花色品种,使最终纺织品更加绚丽多彩。用有色纤维纺

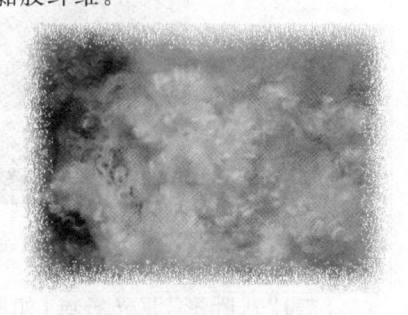

图5-22 有色短纤维

制织物可为后加工厂省去涤纶高温高压染色工序,减少三废污染,降低生产成本,且利于环保,为后加工厂带来显著的经济效益和社会效益。

2. 有色聚酯(涤纶)短纤维用途

(1)红、橙、黄、绿、青、蓝、紫各种颜色以及由此演变而来的各种色谱的有色纤维,用于纺制各种花色的纱线、织物。

(2)黑色纤维用于纺制麻灰纱、烟灰纱等针织、机织用纱。

九、交络丝(网络丝)和混络丝

(一)定义

一束丝通过特制的喷嘴,在喷射气流作用下,各根丝之间互相交错、旋转、拖合,并形成周期性的交缠点,这类丝称为交络丝或网络丝。两束或两束以上的丝经交络后,称为混络丝。

(二)性能与特点

交络丝最早仅是增加复丝网的抱合力。利用变形后交络点均匀的特性,使之便于后道加工。如机织时可以免浆或轻浆,印染前不需要退浆,可提高染色质量,节省能源和减少三废。随着后加工深度的提高,可开发混色交络、超喂交络、无残扭交络等交络丝,研制出更多的毛型织物新品种。交络丝的质量指标,如交络度、交络均匀度和交络牢度等,随加工织物的不同需要而不同。

(三)用途

中细旦交络丝适于做仿丝绸织物,中粗旦交络丝适于做仿毛织物,粗旦交络丝适于做装饰织物。

第六节　仪征化纤产品专辑

一、七种涤纶短纤维差别化产品介绍

(一)有光缝纫线型短纤维

添加了特殊的添加剂、取代二氧化钛而生产的1.33 dtex×38 mm有光缝纫线型短纤维为采用专用油剂的高强低伸型纤维,具有强度高、疵点少、卷曲良好、干热收缩度低、染色后色质鲜艳、可纺性良好等性能,可与进口产品相媲美。适用于调整缝纫要求的缝纫线和绣花线,可取代同类进口产品。

(二)阳离子改性短纤维

该纤维根据其染色的条件和对染料的要求不同,可分为阳离子可染(CDP)——高温高压阳离子染料染色和阳离子易染(ECDP)——常温常压阳离子染料染色两种。普通涤纶纤维对各种阳离子染料的亲和性差,因此与含有磺酸基团的组分进行共聚,由于磺酸基团的存在,使其同染料分子的结合能力加强,能改善纤维的染色性能,具有优异的织物性能,经阳离子染料染色的织物其颜色深且光亮。阳离子染料染色工艺不需要任何可致聚合物结构溶胀的化学品作为染色载体,可避免因使用有毒的化学品而造成的废水污染,因而降低生产成本,利于环保。产品用途较为广泛,阳离子短纤维较广泛地应用于仿丝绸、仿毛的纺织产品,能同各种异纤度、异长度、异截面、异收缩、各种有色纤维及其他化学纤维混纺制成各类织物。

(三)细旦短纤维

该纤维是单丝线密度为 0.89 dtex～1.33 dtex 的纤维,也称为细旦纤维。细旦纤维在纺织加工中,同样的纱支则相应增加纱线中纤维的截面根数,从而大幅度地提高成纱的均匀度及强度,亦有利于提高纱线支数,具有优异的织物性能。细旦纤维由于纤维纤度减少,纤维的比表面积及充填密度大大增大,成纱后在纤维间形成微气室,毛细管效应增大,因此吸湿透气,具有良好的保暖性。同时由于纤度细,纤维的弯曲刚度变小,使得制成的纺织品手感极为柔软,具有良好的悬垂性。产品用途较为广泛,细旦纤维用于纺制高支纱线,同棉花、黏胶、羊毛、麻混纺制成各种类型、风格的针织、机织面料,亦可用于纺制高档缝纫线,产品规格见表 5-7。

(四)吸湿排汗纤维

随着社会经济的发展和生活水平的提高,人们对服装的穿着舒适性的要求也越来越高,服装的穿着舒适性要求服装具有干爽、透气、保暖的效果。传统的天然纤维棉花具有较好的亲水性能和自然的形态结构,但在被汗液浸湿后,会发生粘贴在人体皮肤上的现象,带来极不舒适的感觉。普通聚酯纤维由于其本身的疏水特性,影响了织物的舒适性。吸湿排汗纤维采用了全新的纤维截面形状设计,将毛细管原理成功地运用到纺织品表面结构,使其能够快速吸水、输水、扩散和挥发,从而保持人体皮肤的干爽。同时,由于聚酯纤维具有较高的湿屈服模量,在湿润状态时也不会像海棉纤维那样倒伏,所以始终能够保持织物与皮肤间的微气候状态,达到提高舒适性的目的。产品用途广泛,适用于制作运动服、运动裤、衬衫、夹克、高尔夫装、内衣、袜子等,产品规格见表 5-7。

(五)荧光增白短纤维

该产品与美国 EASTMAN 公司合作,以 EASTMAN 公司 OB-1 增白剂为原料(通过美国 FDA 论证),将其均匀分散到纺丝熔体中进行纺丝而成。OB-1 可将日光中不可见紫外线吸收,转化为 420 nm～440 nm 的可见光反射出来,使反射光的强度比入射可见光强度提高 15%,因而织物带蓝紫光,纤维白度明显提高。纤维制品的半成品不需要再进行增白处理,且染色后织物更加鲜艳、光彩,增白效果持久。与传统的水溶性表面增白剂相比,OB-1 增白剂不溶于水,也难溶于有机溶剂,因此由该方法所产生的荧光增白纤维制品除了自身白度较高外,久洗亦不会泛黄,具有很好的耐洗性,与常规聚酯纤维白度值对比如表 5-4 所示。

表 5-4 荧光增白短纤维与常规聚酯纤维白度值对比表

样品检测项目	OB-1 增白布样	半消光布样	OB-1 洗涤 15 次后	表面增白布样洗涤 15 次后
L	93.65	86.54	93.42	86.20
a	−1.96	−6.02	−1.88	−6.68
b	−3.37	4.77	−2.14	6.55
白度	90.2	72.3	88.5	68.7

该纤维安全可靠,已经通过美国 FDA 认证。经济效益高、利于环保,简化了织物前处理工艺,从而降低了织物前处理能耗,减少了污水处理费,降低了成本。荧光增白聚酯纤维织物屏蔽紫外线范围广,具有很好的抗紫外效果,实验表明其紫外线屏蔽率达到 98% 以上,紫外线透过率小于 3%。产品用途较广泛,荧光增白纤维适用于 T 恤衫、衬衣、护士服、床单、

台布、缝纫线、无纺布及抗紫外线遮阳伞、遮阳帽等。纤维规格及指标与常规聚酯纤维相当，参见表 5-7。

(六)全消光纤维

与常规半消光纤维相比，全消光聚酯纤维加大了消光剂的用量，使聚酯纤维具备了光泽柔和、深染性好、织物悬垂性高、遮蔽性能强等性能，产生"亚光"的效果，可广泛用于休闲服饰及高档仿毛面料。纤维规格及指标参见表 5-7。

(七)三角异形短纤维

如图 5-23 所示，该纤维三角形截面形成三个镜面，有如三棱镜片的作用，入射光通过强的反射效应，使织物具有钻石般的光泽。圆形截面涤纶织物存在不透气、有蜡感和易起球等缺点，三角纤维由于截面形状的改变，使纤维间的摩擦力发生了变化，同时对人体皮肤的接触面积也产生差异，可改善织物的手感，触摸时产生细腻、滑爽的感觉。三角纤维间空隙率大，纱线或织物的透气性、回弹性好，降低单纤维线密度还可以使织物产生良好的悬垂性。

图 5-23 三角异形短纤维

采用三角纤维与异长度、异收缩、易染色和黏胶等其他化学纤维混纺制得的各类纺织产品，其仿毛仿真性能大大改善，其手感、外观、风格和服用性能千姿百态。产品规格参见表 5-7。

二、九种涤纶长丝差别化产品介绍

(一)吸湿排汗纤维

如前所述，产品性能及用途见吸湿排汗纤维短纤维差别化产品，规格、质量指标见表 5-7。

(二)特亮异型 DTY 丝

如前所述(见图 5-20)，特亮异型 DTY 采用特殊设计的异形喷丝板，通过优化纺丝工艺和加弹工艺加工而成。该产品既有普通 DTY 的卷曲弹性，又有牵伸丝钻石般的光泽，打破了传统的异型 DT 丝的使用局限性，改善了 DT 染色后织物发白、手感差的缺陷。由于采用特殊的加弹工艺，该纤维在加弹过程中扭曲变形小，纤维端面近似等边三角形，单根纤维相当于三棱镜，对光具有极光效应，因而具有高的光亮度，同时赋予了该产品较好的卷曲弹性和比较低的沸水收缩率。

该产品具有一定的卷曲弹性，有一定的蓬松性，因而织物有一定的弹性，手感好。由于比较低的沸水收缩率，经筒子染色后，保证了筒子内外层纱颜色的均匀性，且色丝的颜色鲜艳、亮丽，光亮度保持不变。主要用于绣花线、高档服装上的商标、高级领带、军服及行业制服的肩章、帽徽等各种对亮度要求高的织品，经多家下游厂家批量使用后，效果很好，可替代进口产品。

此外，该产品还可应用于近年来十分流行的闪光面料，做成的涤丝缎，绸面晶亮，有纬向加捻和纬向不加捻两种。纬向加捻品种一般用来做睡衣和礼服，色泽大多为浅色调，成品绸经碱处理后还须经高级柔软整理,要求绸面滑糯、悬垂性好、手感柔软而不纰,穿着舒适、飘逸。纬向不加捻的涤丝缎一般作为床上用品和装饰用绸。

产品规格:纤度为 83 dtex~220 dtex;孔数为 18 f~96 f。可根据用户需求开发特殊规格、品种的特亮异形 DTY 丝。

技术指标:沸水收缩率为 1%,其他各项指标参照常规 DTY 丝标准执行。

(三)海岛型超细纤维

如图 5-24 所示,海岛型超细纤维是将一种聚合物分散于另一种聚合物中,在纤维截面中分散相呈"岛"状态,而母体则相当于"海",最终通过织物后整理将海岛组分溶解,获得单丝直径低于 3.0 μm 的超细纤维。海岛超细纤维通常与高收缩纤维复合加工网络成异收缩复合纤维,由于这两种原料收缩率具有较大的差异,经过后整理过程,织物形成具有常青藤似的多层次结构,浮在织物表面的海岛丝其细绒毛像常青藤一样互相缠结,赋予织物超柔软的细腻、滑爽手感。高收缩纤维经收缩后成为芯丝,其较大的强度和硬挺度,赋予织物超悬垂性能。

织物具有以下性能。

(1)独特的风格。覆盖于织物表面的纤维纤细,且形成多层结构,使织物的反光点小,光泽、色泽柔和,表观丰满、细洁、精致,拥有较小的纤维抗弯刚度,容易使织物获得飘逸、潇洒的效果。芯层为粗旦高收缩丝,更赋予织物极佳的悬垂性。视觉的舒适性独具特点。

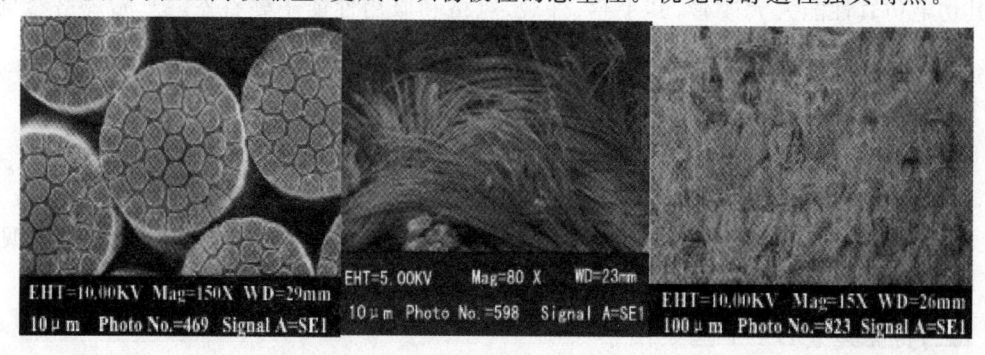

图 5-24 海岛型超细纤维

(2)优良的舒适性。由于纤维空隙多而密,可利用其毛细管作用,使织物获得较好的吸水、吸油性。织物间的微孔结构,允许织物内拥有较多的静态空气,因而可获得较好的隔热保暖作用。纤维极细的纤度,使织物手感柔软、滑爽,在触感和生理的舒适性方面具有明显的优势。

(3)显著的防水透气性能。通常雨滴的直径在 100 μm~200 μm,人体的水汽大约为 0.1 μm。控制收缩率,改变适当的纤维间隙,可织成间隙仅为 0.2 μm~10 μm 的海岛高密织物,达到优良的防水透气性能。

(4)极强的去污能力。超细纤维的比表面积极大,空隙多,使织物具有极强的清洁作用,纤维纤度纤细柔软,保护被清洁的物品不受伤痕,是新一代高性能的清洁用产品。

(5)广泛的用途。通过织物的设计加工,利用海岛纤维极度细纤化的特点,可以获得许多特殊的织物风格,如仿羊绒、仿麂皮、MOSS 绒、超高密织物等。这类织物可广泛运用于服装、服饰领域、箱包、室内用品及产业领域等。

利用海岛纤维开发的仿麂皮绒织物的许多性能并不亚于天然麂皮,有许多性能甚至优于天然麂皮。其织物手感柔软,悬垂性好,质地轻薄,为真皮的一半,可织成不同厚度和重量的织物,可以进行种种表面处理,取得形形色色的表面效果。表面有书写效果,立体感好,湿热收缩变形小,具有良好的防水透气效果,织物强度高,远优于天然麂皮。

织制超高密织物,利用高收缩丝的收缩性能,可织成密度更大、耐水压更高的织物。这类织物虽密度很高,但由于纤维极细,质地轻盈,悬垂性好,色泽柔和,手感柔软而又丰满,外观雍华而温馨,同时能保持相当的透湿性和透气性,穿着十分舒适。

(6)产品规格为纤维规格:100～167 dtex/48 f。

(7)技术指标:断裂强度≥2.8 cN/dtex,其余指标与常规 DTY 相当。

(四)色丝

通过添加色母粒生产的有色纤维解决了后续工序的染色难题,缩短了产品的生产工艺流程,而且产品物理指标稳定、纤维着色均匀、色牢度高,增加花色品种,使最终纺织品更加绚丽多彩。用色丝织制织物可为后加工厂省去涤纶高温高压染色工序,减少三废污染,降低生产成本,且利于环保,为后加工厂带来显著的经济效益和社会效益。色丝可直接用于色织物或者作绣花线用。

(五)全消光聚酯长丝

如前所述,规格见表 5-5、5-6、5-7。

(六)多重复合仿毛纤维

如图 5-25 所示,该产品具有异线密度、异截面形状、异弯曲刚度、异模量、异收缩率等多异特性。以该纤维为原料设计开发的面料在手感、风格、舒适性等方面都独具魅力。目前已应用于仿毛面料和武警制服等。

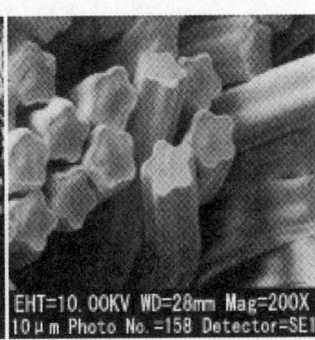

图 5-25 多重复合仿毛纤维

该纤维具有以下特点。

(1)优雅的风格。异形截面消除了极光,使面料具有毛织物般柔和的光泽,异线密度、异截面的设计,减少了纤维间的紧密程度,使织物蓬松、柔软,富有弹性。同时在染整过程中,由于收缩性能的差异,使织物产生多层结构;纤度的细旦化赋予织物良好的皮肤触感和细腻干爽性能;粗丝成为芯丝,提高了织物的弹性和悬垂性。

(2)显著的抗起毛起球性。异形纤维提高了纤维间的抱合性能,较低的耐磨性容易使布面的纤维从织物上脱落,改善了织物的抗起毛起球性,提高了织物的服用性能。

(3)良好的舒适性。异形异收缩纤维的织物内存在较多的空隙,使织物轻质化。异型纤维的比表面比普通圆形的纤维大20%左右,扩大了纤维散湿的面积,同时异形纤维的沟槽所形成的芯吸效应,加快了织物的导湿性能。较小的皮肤触感,减小了湿感,较快的吸湿、导湿、散湿性能可加快汗液的迁移和提高织物的干爽舒适性,同时织物具有易吸快干性能,尤其是在大运动量后,不会出现衣服湿透而产生冰凉粘身的感觉。由于排汗去湿透气性好,就不会产生闷热感,具有优良的舒适性和卫生性,非常适宜于大运动量的群体。

(4)广泛的应用。纤维的多异性提高了织物的蓬松性、柔软度、悬垂性、滑爽性、抗皱性、弹性、光泽、抗起毛起球性、吸汗透湿性、手感等,被广泛地应用于各类仿真面料。目前已应用在武警衬衫用面料上,且服用效果良好。

(5)产品规格。规格:334~345 dtex/120 f;沸水收缩率:12%;其他指标同常规 DTY 指标。

(七)远红外系列纤维

仪化公司已成功地研制开发出系列远红外纤维,其中包括远红外中空三维立体卷曲纤维及可用于织造的远红外长、短丝等品种。

1. 性能

(1)有效改善人体的微循环功能。

(2)具有显著的抑菌功能。

(3)远红外中空三维立体卷曲纤维在保持常规中空三维立体卷曲纤维特有的蓬松性、回弹性的基础之上,具有更好的保暖性。

(4)远红外系列长、短丝的诞生改变了远红外纤维只能用做填充料的历史,使远红外纤维可以广泛地应用到织造之中。

2. 用途

该产品适用于制作各种保暖服饰、保健内衣、保健袜、保健护具、被褥、床垫、毛毯等功能型健康用品,是一种新型的高科技纺织原料新品。

(八)雪纶丝

(1)休闲的风格。该系列产品通过特殊的复合加工手段,将黑白二色丝有机地进行融合,产品体现出一种回归自然的柔和、朦胧的美感。应用该系列 DTY 的针织产品经起绒后,面料能很好地体现出一种随意感的休闲风格。该系列产品面料的柔和、朦胧风格,迎合了当今人群追求舒适、柔美的潮流。

(2)均匀混色效果。通过改变混色原丝的配比、色泽和纤度及加工工艺,可以获得具有不同混色均匀性效果的产品。该系列 DTY 纤维的面料产品既可以实现以黑色为基础而均匀分布柔和白色色块,表现出沉稳而不失活力,也可以实现以白色为基础的随机分布黑色色点的自然、明快风格,还可以是黑色和白色均匀随机分布的均匀混色效果。各种不同的混色效果尽以体现休闲、舒适、随意风格为中心。

(3)色调和光泽。通过改变该系列产品混纤纺丝原丝规格和配合比例,可以实现以黑色为主色的深色调,均匀配合的中色调及以白色为主色的浅色调等不同色调风格,改变混纤原丝的光泽可以获得具有高光泽效果或半光效果的产品,丰富的色调和不同光泽效果可供客户选择,满足不同消费群体的需求。

(4)产品规格。纤度:220 dtex;根数:108 f~144 f;其他指标与常规纤维相当。

三、其他附表(表 5-5～表 5-7)

(一)差别化品种,见表 5-5、表 5-6

表 5-5　涤纶短纤维差别化品种

大有光缝纫线型短纤维	吸湿排汗纤维
阳离子改性短纤维	荧光增白短纤维
有色短纤维	全消光纤维
磷系阻燃纤维	抗菌纤维
细旦短纤维	三角异形短纤维

表 5-6　涤纶长丝差别化品种

正常生产品种	可定制生产品种
吸湿排汗纤维	多重复合仿毛纤维
特亮异型 DTY 丝	抗紫外线纤维
涤锦复合超细纤维	磷系阻燃纤维
海岛型超细纤维	抗菌纤维
色丝	远红外系列纤维
全消光	雪纶丝

(二)差别化涤纶短纤维产品性能用途一览表,见表 5-7

表 5-7　差别化涤纶短纤维产品性能用途一览表

品种	规格	用途
常规	1.33～1.67 dtex、2.22～2.78 dtex×38 mm～65 mm、4.44 dtex×90 mm	单唛头纺纱或与棉、毛、黏胶纤维等混纺生产常规纯涤、涤棉、毛涤、涤黏等产品及各种非织造布
三角异型	2.22 dtex×51 mm、1.67 dtex×38 mm	与其他纤维混纺,可用于仿毛织物的生产,手感、外观、风格和服用性能千姿百态
阳离子改性	2.22 dtex×51 mm、1.67 dtex×38 mm	与其他纤维混纺,广泛应用于仿丝绸、仿毛等产品
荧光增白	1.56 dtex×38 mm	适用于 T 恤衫、衬衣、护士服、床单、台布、缝纫线、无纺布及抗紫外线遮阳伞、遮阳帽等
细旦短纤	1.11 dtex×38 mm、0.89 dtex×38 mm	用于纺制高支纱,同棉花、黏胶、羊毛、麻混纺制成各种类型、风格的针织、机织面料,也可用于纺制高档缝纫线

续表

品种	规格	用途
有光缝纫线	1.33 dtex×38 mm	用该纤维生产出的纱线具有强度高、伸长小、纱疵少、染色后亮度高、色泽鲜艳等特点,使用于缝纫线和绣花线
有色丝	1.56~2.78 dtex×38 mm~65 mm（圆形）、1.67 dtex×38 mm,2.22 dtex×51 mm（三角异型）	红黄蓝三原色可以组合成各种色谱的有色纤维,用于纺制各种花色纱线、织物,黑色纤维用于纺制麻灰纱、烟灰纱等针织、机织用纱
吸湿排汗	1.56 dtex×38 mm	适用于T恤衫、衬衫、内衣、运动服等
抗菌	1.56 dtex×38 mm	适用于服用、医用、旅游业等服务业用品
远红外	1.56 dtex×38 mm	适用于各种保暖服饰、保健内衣、保健袜、保健护具、被褥、床垫、毛毯等健康用品
抗紫外线	1.56 dtex×38 mm	用于夏季或高紫外线地区户外穿着T恤、衬衫、外套及遮阳帽、遮阳伞的制作
磷系阻燃纤维	1.56 dtex×38 mm	应用于室内装饰、床上用品、服装、汽车内装饰及工业用材料
全消光	1.56 dtex×38 mm	可广泛应用到休闲服饰及高档仿毛面料

参考文献：

[1]姚穆.纺织材料学[M].北京:中国纺织出版社.

[2]于伟东.纺织材料学[M].北京:中国纺织出版社.

[3]邢声远.纺织新材料及其识别[M].北京:中国纺织出版社.

[4]陈运能.新型纺织原料[M].北京:中国纺织出版社.

[5]2004中国(上海)产业用化纤及新纤维技术与市场论坛.论文集.

[6]第二届全国纺织新材料新产品新技术应用研讨会.论文集.

[7]卢其昭.差别化纤维的性能及应用[J].北京纺织,1992(3):26~32.

第六章　高性能纤维

高性能纤维与普通商品纤维相比,具有高强度、高模量、耐高温、耐辐射、耐酸碱等耐腐蚀作用的特殊性能,这类纤维通常可作为复合材料的增强体,赋予材料优异的力学、热学、电学、光学等使用性能。高性能纤维这一概念的提出始于上个世纪中期,除了普通商品纤维用于服装制作外,人工制造的化学纤维,如醋酯纤维、涤纶纤维、锦纶纤维等,以其自身具有的特殊性能开始被广泛应用于军事、运输、建筑等产业领域。到了20世纪末期,第二代化学纤维的研究开发使其性能在强度、刚度及耐热、耐化学作用方面有了更进一步的改善,以芳香族聚酰胺纤维、高强高模聚乙烯纤维、碳纤维等为代表的高性能纤维所制备的材料开始被应用于高科技领域。进入21世纪,随着材料科学的进展,对高性能纤维的研制提出了新要求,具有特殊性能的纤维及智能纤维的研究开发成为纺织领域研究热点,也开辟了纺织品应用新领域。

随着石油价格的上涨和环境保护的制约,对材料成本、性能及多功能的要求也日渐提高,而高性能纤维的研制开辟了纺织材料应用的新领域,使纺织纤维从传统的服饰用途拓展到多功能、低污染的先进材料领域,占据了较大的国内外市场份额。本章所介绍的具有特殊性能的纤维已被广泛应用于生命科学、航空航天、电子行业、建筑工业等领域,成为纺织工业新的经济增长点。

从长远观点出发,继续提高纤维的性能,研究强度更高、性能更好的纤维将是21世纪的一个重要目标。然而,由于高性能纤维受技术难度、成本费用以及应用范围等因素的制约,致使其产量较低,只是普通材料的千分之一,而价格却极高,所以高性能纤维发展缓慢。基于以上原因,高性能纤维未来发展的方向将更致力于研究纤维的结构与性能的关系、纤维制备技术的开发,实现降低生产成本,扩大纤维应用领域。

目前,具有特殊性能并被广泛应用的纤维种类很多,本章着重介绍具有高强度、高模量(HM-HT)的芳族聚酰胺纤维,高性能聚乙烯纤维,碳纤维,玻璃纤维及具有耐热、耐化学性能的新一代化学纤维。

第一节　芳族聚酰胺纤维

美国联邦贸易委员会1974年将芳族聚酰胺纤维命名为:一种人工制造的纤维,它们的成纤物质是长链合成聚酰胺,其中至少85%的—CO—NH—链被直接连到两个芳香环上。我国将芳族聚酰胺纤维通称为芳纶纤维,根据酰胺键位置的不同,还可将芳纶纤维分为对位芳纶及间位芳纶。芳族聚酰胺纤维最突出的特点为高强度及高模量,由于其密度较低,因此具有极高的比强度,约为钢的6~7倍,其长期蠕变小,具有较高的尺寸稳定性,特殊的分子结构还赋予其优良的耐热及耐化学性能。

一、芳族聚酰胺纤维的制备

芳族聚酰胺纤维的品种很多,根据酰胺键位置的不同,通常将其分为对位芳族聚酰胺及间位芳族聚酰胺,我国分别称之为芳纶1414及芳纶1313。其中对位芳香族聚酰胺的研制始于1971年,由美国DuPont(杜邦)公司商品化生产,并以Kevlar纤维作为其商品名。Kevlar纤维由对苯二胺与对苯二甲酰氯通过缩合聚合反应而成,最终得到反应产物聚-p-亚苯基对苯二甲酰胺(PPTA),缩聚反应式如图6-1所示。

PPTA的聚合过程是在低温条件下完成的,整套方法包括将适量的对苯二胺在六甲基磷酰胺(HMPA)和N-甲基吡咯烷酮(NMP)混合物中溶解,在氮气的保护下在冰、丙酮浴中冷却到258 K(−15 ℃),然后伴随着迅速搅拌添加对苯二甲酰氯,最后得到黏稠的胶状产物,将反应混合物用水搅拌洗去溶剂和HCl,再经过过滤搜集,即得到成纤高聚物PPTA。

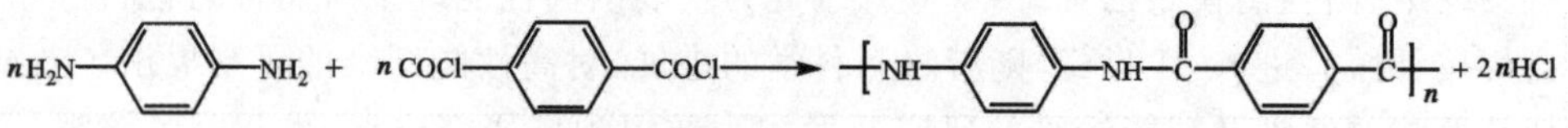

图6-1 由对苯二胺和对苯二甲酰氯低温缩聚合成的PPTA

纺丝时,将高聚物溶解在80 ℃的热浓硫酸中,制成一种具有液晶结构的各向异性纺丝原液,其浓度一般不能低于14%。在采用干-湿法纺丝时,应预先把纺丝原液加热到70~90 ℃,压出喷丝头后,先经0.52 cm长的空气层,而后进入温度约10 ℃、含硫酸量为20%~27%的凝固浴中。由于聚合物已经过高度预取向,因此初生纤维不需要进行拉伸就已具有优良的性能,只需充分水洗并在150 ℃的热空气中干燥即可。而对于专供制作复合增强材料用的纤维,还需要在550 ℃高温下,在氮气的保护下进行补充热处理,可进一步提高纤维的弹性模量和降低延伸度。

间位芳香族聚酰胺纤维的研制始于1960年,也是由美国DuPont商品化生产的,其商品名为Nomex纤维。Nomex纤维的化学名称为聚间苯二甲酰氯间苯二胺,由间苯二胺及间苯二甲酰氯通过界面缩聚或低温溶液缩聚的方法合成的,其反应式如图6-2所示。

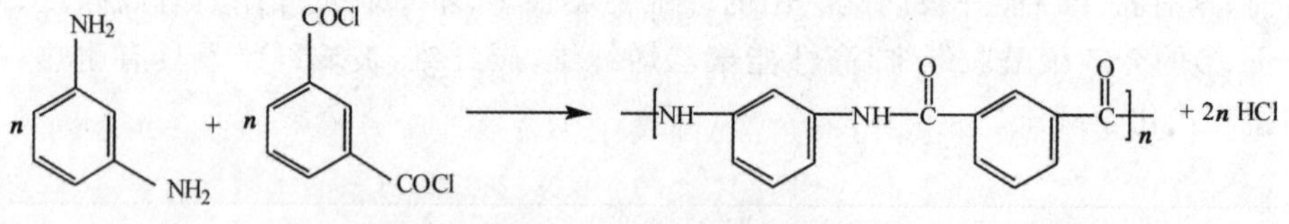

图6-2 由间苯二胺和间苯二甲酰氯缩聚合成的间位芳族聚酰胺

由美国杜邦公司商品化生产的Nomex纤维纺丝原液的制备是在低温条件下进行的,即采用二甲基甲酰胺或二甲基乙酰胺为溶剂、将间苯二胺溶于其中,并添加少量的酸为溶剂,冷却至0~1 ℃,在不断搅拌下加入间苯二甲酰氯进行反应,待反应结束后,加水进行沉析,经分离、洗涤和干燥后,即得到聚间苯二甲酰间苯二胺。所得到的聚合物再经干纺法或湿纺法进行纺丝,最终可得到Nomex纤维。

二、芳族聚酰胺纤维的结构与性能

芳族聚酰胺纤维具有区别于其他高性能纤维的独特性能,比如其拉伸强度和模量明显高于较早期的有机纤维。与玻璃纤维、碳纤维或陶瓷纤维等脆性纤维相比，芳族聚酰胺纤维具有良好的柔韧性，能够在织机上容易地完成织造。另外，该类纤维还具有耐有机溶剂、燃料、润滑剂和火焰的性能。他们之所以具备这些独特的性能，是由芳族聚酰胺大分子在分子水平上的结构特性决定的。

纤维的拉伸模量在很大程度上取决于分子沿纤维轴取向的情况和被单个分子链所占的有效横截面积。以 PPTA 纤维为例，由于对位上硬性的亚苯基环键合造成聚合物链非常刚硬，而对于 Nomex 纤维，亚苯基和酰胺单元在间位上链接，于是产生不规则链构向，最终也使得纤维的拉伸模量相对较低。同时在 PPTA 中，酰胺基沿线性大分子主链以规律的间隔出现，有利于相邻链间形成大量侧向氢键，最终引发有效的链堆砌和高结晶度，从而赋予纤维较高的拉伸强度及模量，其分子平面排列示意图如图 6-3 所示。

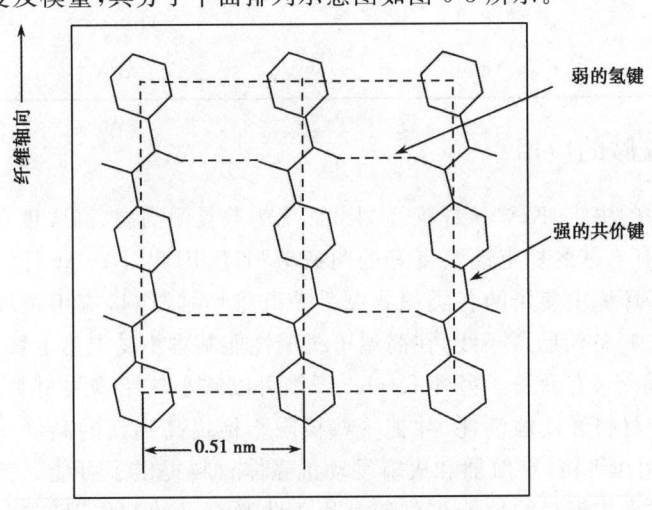

图 6-3　PPTA 纤维分子平面的排列

另外，纤维的三维结构如图 6-4 所示，纤维的内部是垂直于纤维轴的层状结构所组成，每一片交替组成部分以对断面的角度近似相等但方向相反地排布，层状结构由近似棒状的晶粒所组成，一些贯穿数层的长晶粒的存在加强了纤维的轴向强度。

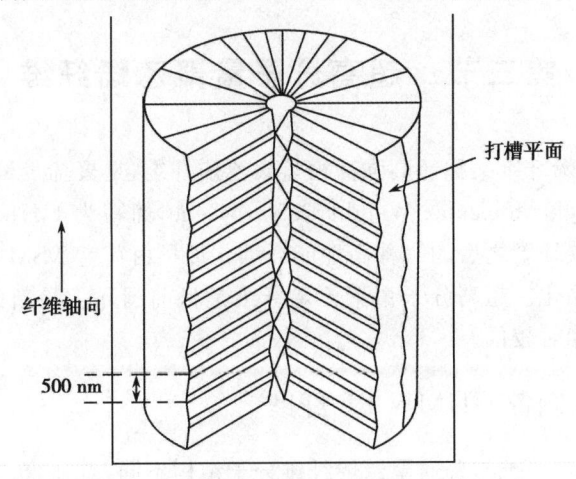

图 6-4　PPTA 纤维的径向褶皱结构模型

如上文所述，不同种类的芳族聚酰胺纤维具有不同的分子结构，决定其具有不同的性能，目前世界各国所生产研制的芳族聚酰胺纤维的物理性能如表 6-1 所示，不同结构及商品名称纤维的物理性能存在着明显差异。

表 6-1 世界各国生产的芳族聚酰胺纤维的物理性能比较

商品名	密度/(g·cm^{-3})	抗拉强度	抗拉模量	断后伸长率/%
Kevlar-29	1.44	2.9	72	3.6
Kevlar-49	1.45	2.8	130	2.4
Kevlar-149	1.47	2.3	144	1.5
Nomex	1.57	0.34	6.0	31
Twaron	1.44～1.45	2.8	80～125	3.3～2.0
Technora	1.43	2.98	103	2.7

三、芳族聚酰胺的应用

由于分子结构的决定，Kevlar 纤维经测试证明为兼具耐高温、高强度和高模量的特种合成纤维，另外还具有卓越的稳定性及良好的耐疲劳强度，因此，Kevlar 纤维主要用于需要高强度、高模量、高湿环境中使用的各类织物制品及纤维增强材料，应用领域非常广泛。例如 Kevlar 纤维可用来制备轮胎帘子线，在高温下机械性能基本不受温度的影响，在交变应力作用下内耗低、发热量小、寿命长。另外 Kevlar 纤维可以减小轮胎增强材料的体积和质量，而且最大限度地减少材料和能源消耗，并把一些极限指标提高到新的高度。优良的耐热特性还为 Kevlar 纤维用作飞机、宇航器和火箭发动机壳体材料提供了可能。前文所述的 Kevlar 所具有的高拉伸强度与模量的性能也可使其用于防弹制品的制作，目前军事领域所使用的防弹背心、防弹汽车、防弹坦克等都采用了芳族聚酰胺纤维作为原料。在建筑领域，芳族聚酰胺纤维还可用于桥梁和高层建筑的增补材料。对于 Nomex 纤维而言，其具备的突出的耐热性能及电绝缘性，使其可广泛用于阻燃织物、军事装备及电绝缘材料等。

第二节 超高分子量聚乙烯纤维

超高分子量聚乙烯纤维又称超高强高模量聚乙烯纤维，是聚烯烃纤维的一种，由超高分子量聚乙烯(Ultra-high Molecular Weight Polyethylene，简写为 UHMW-PE)制备而成，是继芳族聚酰胺纤维、碳纤维之后的一种高性能纤维。最早由荷兰 DSM 公司采用凝胶纺丝法制得，并率先实现商品化。超高分子量聚乙烯纤维是目前国际上最新的超轻、高比强度、高比模量纤维，成本也相对较低。

一、凝胶纺丝法制备 UHMW-PE 纤维

超高分子量聚乙烯纤维与普通聚乙烯纤维分子结构不同，普通聚乙烯纤维中，分子未取向并容易被撕开，而超高分子量聚乙烯纤维通过取向和链伸展来改善纤维的机械性能。通

常伸展和取向借拉伸实现,在纺丝工艺中若采用熔体纺丝的方法,极高的熔体黏度给纺丝加工过程带来了困难。另外,由于分子链的高度缠结,经熔体加工的 UHMW-PE 纤维只可能拉伸到有限的程度,因此,目前常采用凝胶纺丝的方法制备 UHMW-PE 纤维。在凝胶纺丝工艺中,聚合物分子被溶于溶剂中,分子缠结得以解开,并经过喷丝板纺丝,得到超倍拉伸、分子高度取向的纤维(如图 6-5 所示)。

高性能聚乙烯　　　　　常规聚乙烯

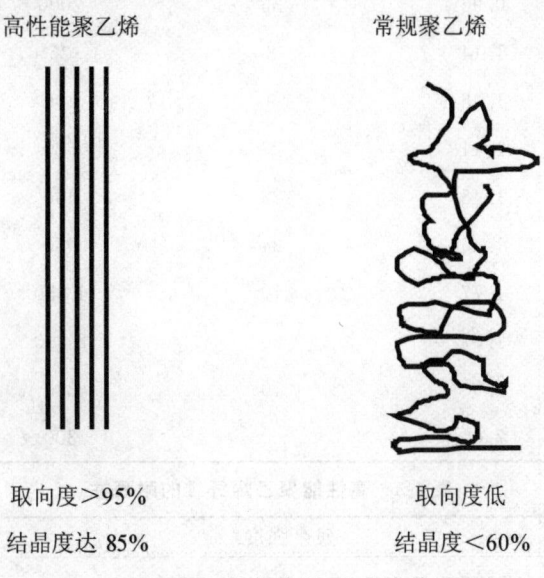

取向度＞95%　　　　　取向度低

结晶度达 85%　　　　　结晶度＜60%

图 6-5　UHMW-PE 与普通 PE 的大分子取向

二、超高分子量聚乙烯纤维的性能

UHMW-PE 纤维的分子量可以高达 $5\times10^{-5}\sim5\times10^{-6}$,超高的分子量及高度拉伸取向的分子结构赋予其许多特殊的性能,包括高强度及高模量,较高的耐冲击性及能量吸收能力,优良的耐热性及耐化学稳定性等,表 6-2 给出了超高分子量聚乙烯纤维与其他纤维及材料的性能比较。

其中它的强度达到 3 cN/tex 以上、模量大于 176 cN/tex,接近碳纤维,而高于芳纶纤维。另外由于其密度较低,为 0.97 g/cm³,决定了纤维具有很高的比强度和比模量。

UHMW-PE 纤维的自重断裂长度达到 336 km,大于芳纶(193 km)、碳纤维(171 km)、玻璃纤维(76 km)及钢丝(37 km)。超高分子量聚乙烯纤维可以吸收极大的能量,这一性能决定了该纤维能被用于抛射物防护用品,如防弹背心、头盔等。由于 UHMW-PE 的结晶度高、取向度大,故聚乙烯分子链的排列极为紧密。另外其分子结构中没有活性基团,因此该纤维具有良好的耐化学试剂、耐紫外线照射和耐光性。长时间日光照射下,纤维仍能保持较高的残余强度及模量(见表 6-3),其耐光性和耐化学药品腐蚀性优于芳纶等纤维。聚乙烯纤维的不足之处在于其熔点较低(约 135 ℃)和高温容易蠕变,因此仅能在 100 ℃以下使用。

表 6-2　高性能聚乙烯纤维与其他纤维性能比较

性能	密度/g·cm^{-3}	强度/g·d^{-1}	模量/g·d	伸长/%
Certran	0.96	16	640	4
Spectra 900	0.96	30	1 300	4
Spectra 1 000	0.96	35	2000	3
尼龙 HT	1.14	8	35	23
聚酯 HT	1.38	9	100	14
Vectran	1.41	23	520	3
Kevlar 29	1.45	22	450	4
Kevlar 49	1.45	24	950	1.9
碳纤维 HS	1.77	10	1 350	1.5
碳纤维 HM	1.87	20	2 500	0.5
玻璃纤维	2.50	10	310	3
钢	7.60	3	300	1.4

表 6-3　高性能聚乙烯纤维的耐晒性

日晒时间/h	残余强度/%	残余模量/%
150	100	100
300	100	100
500	95	100
1 000	90	100
1 500	80	90

三、超高分子量聚乙烯纤维的应用

超高分子量聚乙烯纤维在断裂时有很高的能量吸收作用，并且由于质量轻，比能量吸收也非常高，决定了此种纤维可以用作抛射物的防护服。UHMW-PE 纤维可用于"软性"和"硬性"两类抛射物防护中，软性抛射物防护可用于警察和军队的可挠曲背心以及防御手枪弹药，硬性抛射物防护可用来制作军用头盔。

UHMW-PE 纤维的另一主要用途是用于防割破和防刺穿，聚乙烯机织物和针织物都已被广泛用于制作耐割破手套、防卫套装等，给予其较好的防护效果。另外，高性能聚乙烯纤维的低密度及耐腐蚀的优良特性，还使其可用于海洋环境的股线及绳索。

第三节　碳纤维

碳纤维是指含碳量在90%以上的高强度、高模量并耐高温的无机高性能纤维，它是一种多晶体，由许多微晶体堆砌而成，结构类似石墨，但又不如石墨那样排列规整。碳纤维轴向结合力较强,故具有较高的轴向强度,然而其径向强度相对较低。另外,该纤维延伸度低,是一种典型的脆性材料。

碳纤维的制备通常以人造丝为原料,通过控制热解得到碳纤维,根据制备原料的不同,碳纤维通常可被分为聚丙烯腈碳纤维、沥青基碳纤维、黏胶基碳纤维等。

一、PAN 基碳纤维

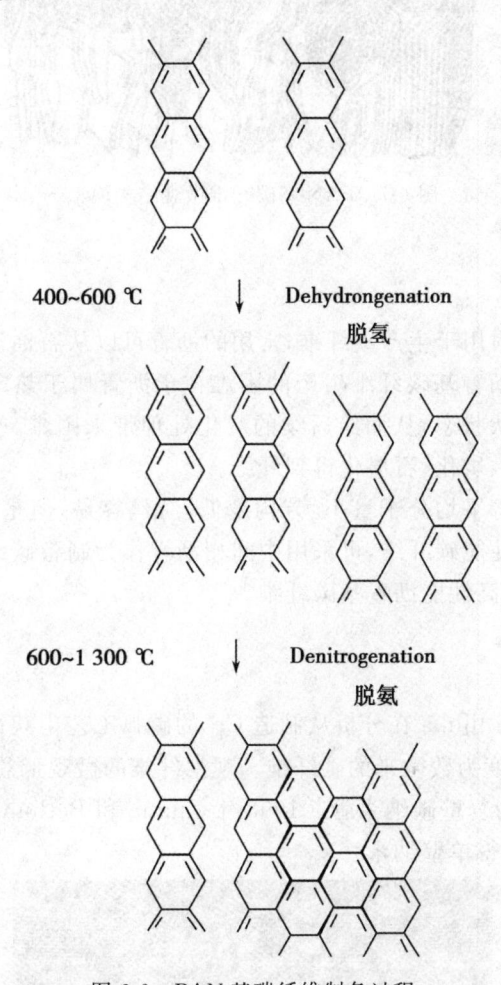

图 6-6 PAN 基碳纤维制备过程

采用聚丙烯腈制造碳纤维包括腈侧基发生环化、脱氰和脱氢以及芳香族片的形成几个步骤。具体过程为:先将前驱纤维置于 200~300 ℃氧化性气氛中,在张力作用下进行热处理,使线性的分子转变成为环状或梯形化合物,形成皮芯结构,当外皮体积达 86% 以上时,一般认为预氧化完成,然后在更高温度如 600 ℃以上进行脱氢碳化,使梯形结构之间进行分子间缩和,形成大的芳香族片,如图 6-6 所示。为了获得更高模量的碳纤维,可继续进行 2 000~3 000 ℃的高温处理,使之石墨化得到高模量碳纤维。

从 PAN 母体生产碳纤维的过程中,所遭受的质量损失大约是 50%,所形成微观结构如图 6-7 所示,孔隙结构的存在使得 PAN 基碳纤维的密度(约 1.8 g/cm^3)低于纯石墨的密度 2.28 g·cm^{-3}。

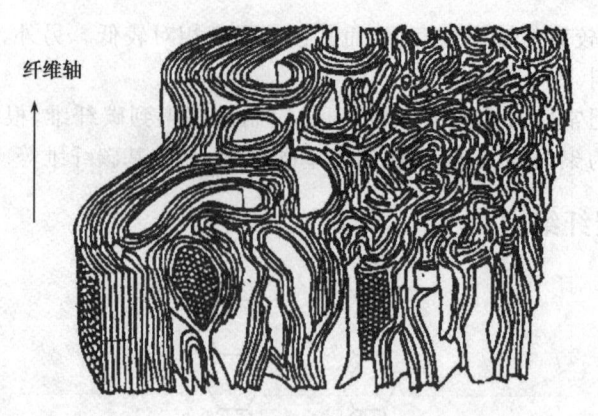

图 6-7　PAN 基碳纤维微观结构模型

二、沥青基碳纤维

沥青也可以作为原料用于生产碳纤维,常用的沥青可以从石油沥青、煤焦油和聚氯乙烯(PVC)等物质中获得。沥青基碳纤维生产的困难在于沥青属于热塑性物质,纺丝后在较高温度下一般难以维持丝状状态,从而给后续的炭化处理带来困难。因此可先对沥青进行热固性处理,然后熔融纺丝、炭化、石墨化得到纤维。

常见的各向同性沥青平均分子量小,芳构度低,纺丝容易,但是制得的沥青基碳纤维力学性能较差。为得到高性能碳纤维,可采用中间相沥青作为制备碳纤维的原料,用来制备平均分子量高、芳构度高的高性能沥青基碳纤维。

三、碳纳米管

1991 年,日本科学家 Iijima 在分析从制造 C_{60} 的碳弧工艺中获得的阴极沉积物时,发现了在 4~50 nm 范围,长度为数微米的碳纤维。观察纤维的微观形貌发现有界限分明的多重壁,如图 6-8 所示,被称为复壁碳纳米管。1993 年,Iijima 和 Bethune 等同时发现,将过渡金属催化剂引向碳弧,可制得单壁纳米管。

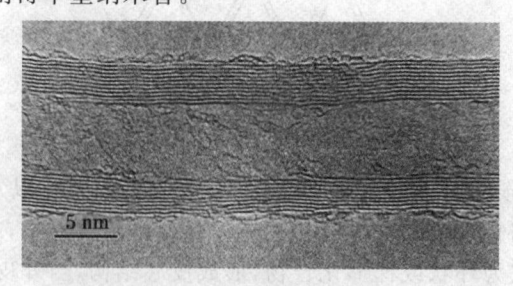

图 6-8　复壁碳纳米管

与普通的碳纤维相比,碳纳米管是一种具有独特结构的一维量子材料,具有典型的层状中空结构特征,构成碳纳米管的层片之间存在一定的夹角,碳纳米管的管身是准圆管结构,并且大多数由五边形截面所组成,如图 6-9 所示。

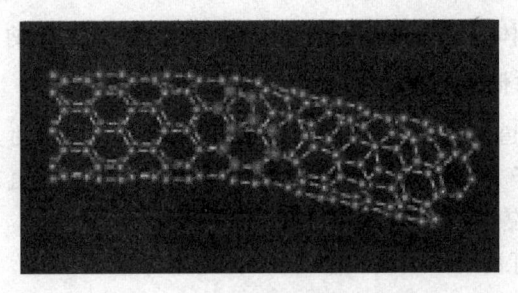

图 6-9　碳纳米管微观结构模型

目前制备碳纳米管的方法主要包括电弧法（Arc discharge method）、离子激光溅射法（Laser ablation method）、化学气相沉积法（Chemical Vapors Deposition method）等。碳纳米管具有的尺度小、机械强度高、比表面积大、电导率高、界面效应等特点，使其具有特殊的电学、机械、物理、化学性能，在工程材料、催化、吸附-分离、储能器件、电极材料等领域中具有应用前景。

四、碳纤维的应用

碳纤维以其高强度、高模量、耐高温等优良的性能，可被广泛应用于航空航天、军事、机电、化工、土建、冶金、运输及医疗和体育器材领域。如沥青基碳纤维可被用作吸音材料、吸微波材料、耐磨防水防腐地面材料、汞包装材料、密封衬垫材料、核电站减速剂电极材料等。

碳纳米管作为纳米尺度范围内的碳纤维，更以其特殊的电学、力学等性能而得到广泛应用。

(一) 碳纳米管特殊的电学性能及其应用

在碳纳米管内，由于电子的量子限域所致，电子只能在石墨片中沿着碳纳米管的轴向运动，因此碳纳米管表现出独特的电学性能。它既可以表现出金属的电学性能又可以表现出半导体的电学性能。碳纳米管的尖端具有纳米尺度的曲率，在相对较低的电压下就能够发射大量的电子，呈现出良好的场致发射特性，因而碳纳米管还可用于微波放大器、真空电源开关。

(二) 碳纳米管特殊的力学性能及其应用

碳纳米管具有极高的强度、弹性模量和韧性。其强度的理论计算值为钢的 100 倍，但其密度仅为钢的 1/6。其弹性模量平均值可达 1.8 Tpa，最高值可达 5 Tpa，与金刚石的弹性模量几乎相同，约为钢的 5 倍。其弹性应变约为 5%，最高可达 12%，约为钢的 60 倍。因此碳纳米管可作为增强材料，用于制作多种复合材料，并赋予材料优良的力学性能。另外，碳纳米管所具有的较高长径比、纳米尺度的尖端和可与被观察物体进行软接触等优点，可被用作电子显微镜的探针及原子力显微镜的探针，从而提高显微镜的分辨率。

(三) 碳纳米管用作药物传输材料

碳纳米管的尺寸足以使它可以直接穿过细胞膜进入到细胞核而不对细胞造成伤害，同时细胞也不会认为碳纳米管是有害的入侵者，碳纳米管在进入细胞后直接将管中携带的分子注射到细胞核里，可完成对药物的输运和精确释放。目前，DNA 分子、蛋白质分子、C_{60}、水分子、金属富勒烯、气体分子等都被证明可以用此类方法进入碳纳米管。

(四) 碳纳米管用作储氢材料

碳纳米管由于其管道结构及多壁碳管之间的类石墨层空隙,使其成为最有潜力的储氢材料,并可用于制造质子交换膜(PEM)燃料电池。这种通过消耗氢产生电力且无污染的燃料电池与锂离子电池及镍氢动力电池相比有巨大的优越性。

此外,碳纳米管还可被用作吸波和隐身材料,气体传感器等。

第四节 玻璃纤维

玻璃纤维是含有各种金属氧化物的硅酸盐类,经熔融后以极快的速度抽丝而成的无机高性能纤维,由于它质地柔软,可以纺织成各种玻璃布、玻璃带等织物。

一、玻璃纤维的分类

玻璃纤维的种类很多,根据其化学成分及用途,可将其分为以下几大类。

按含碱量可分为
- 有碱玻璃纤维,碱性氧化物含量>12%,也称为 A 玻璃纤维
- 中碱玻璃纤维,碱性氧化物含量 6～12%
- 低碱玻璃纤维,碱性氧化物含量 2～6%
- 无碱玻璃纤维,碱性氧化物含量<2%,也称为 E 玻璃纤维

含碱量是指成分中含钾、钠氧化物(Na_2O、K_2O)的质量,碱金属氧化物含量高,玻璃易熔,易抽丝,产品成本低。

按用途可分为
- 高强度玻璃纤维,也称 S 玻璃纤维,具有高强度,可用作结构材料
- 低价电玻璃纤维,也称 D 玻璃纤维,电绝缘性及透波性好,适用于做雷达装置的增强材料
- 耐化学品玻璃纤维,也称 C 玻璃纤维,耐酸性好,适用于做耐腐蚀件、蓄电池套管等
- 耐电腐蚀玻璃纤维,也称 E-CR 玻璃纤维
- 耐碱玻璃纤维,也称 AR 玻璃纤维

二、玻璃纤维的制备

玻璃纤维的制备方法主要有玻璃球法(也称为坩埚拉丝法)和直接熔融法(也称为池窑拉丝法)。玻璃球法是先将砂、石灰石、硼酸等玻璃原料干混后,装入大约 1 260 ℃ 熔炼炉中熔融,熔融的玻璃流入造球机制成玻璃球,然后将合格的玻璃球再放入坩埚中熔化拉丝制成玻璃纤维。若将熔炼炉中熔化了的玻璃直接流入拉丝筛网中拉丝,则称直接熔融法。直接熔融法省去了制球工艺,降低了成本,是广泛采用的方法。玻璃纤维的制备工艺如图 6-10 所示。

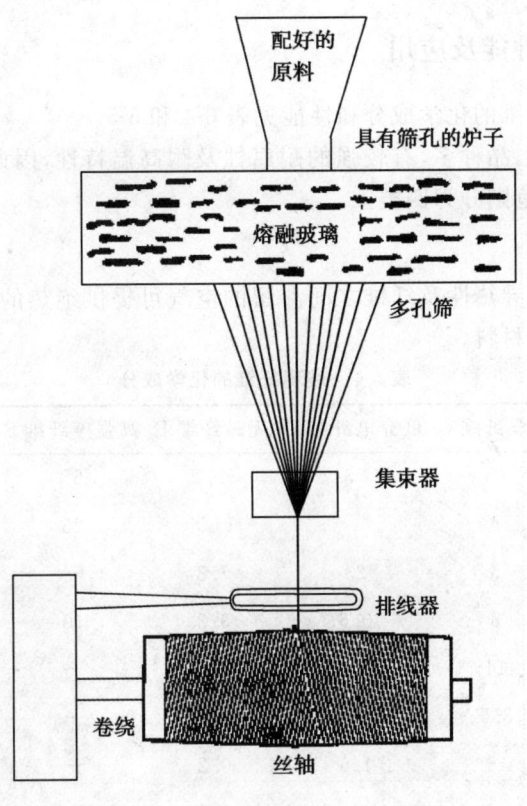

图 6-10　玻璃纤维制备工艺示意图

三、玻璃纤维的结构

玻璃纤维的结构与玻璃的结构相同,是一种具有点距离网络结构的非晶体结构,其网络结构如图 6-11 所示。

(a) SiO_2 网络　　(b) $Na-SiO_2$ 网络

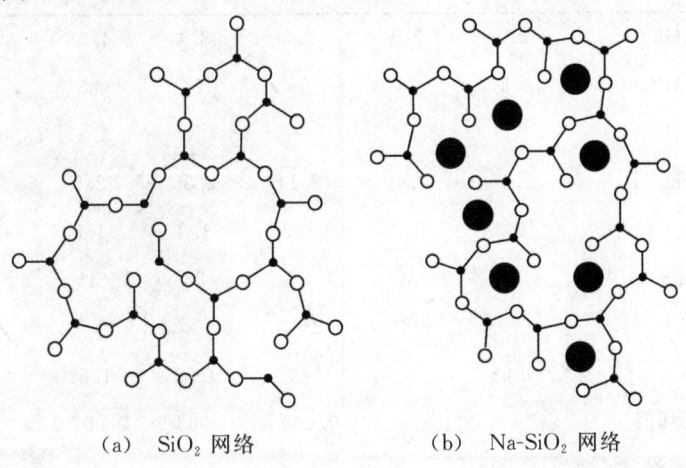

图 6-11　SiO_2 玻璃与 $Na-SiO_2$ 玻璃的网络结构

四、玻璃纤维的性能及应用

不同种类的玻璃纤维的化学成分和性能见表 6-4 和 6-5。

玻璃纤维价格便宜,品种多,有较强的耐腐蚀及耐高温特性,因此可广泛应用于许多领域,基本上可将其应用范围分为四类。

(一)隔绝层

玻璃纤维本身的低导热性及纤维之间滞留的空气可提供绝热的性能,使玻璃纤维可用作隔热材料及高温过滤材料。

表 6-4 玻璃纤维的化学成分

化学成分	有碱纤维 A	化学纤维 C	低介电纤维 D	无碱纤维 E	高强度纤维 S	高模量纤维 M	粗纤维 R
SiO_2	72	65	73	55.2	65	含 BeO 的玻纤	60
Al_2O_3	0.6	4		14.8	25		25
B_2O_3	0.7	5	23	7.3	—		—
MgO	2.5	3	0.6	3.3	10		6
CaO	10	14	0.5	18.3	—		9
Na_2O	14.2	8.5	1.3	0.3	—		
K_2O	—		1.5	0.2	—		
Fe_2O_3	—	0.5	—	0.3	—		
F_2				0.3			

表 6-5 玻璃纤维的性能

纤维性能	有碱纤维 A	化学纤维 C	低介电纤维 D	无碱纤维 E	高强度纤维 S	高模量纤维 M	粗纤维 R
拉伸模量/GPa	3.1	3.1	2.5	3.4	4.58	3.5	4.4
弹性模量/GPa	73	74	55	71	85	110	86
延伸率/%	3.6			3.37	5.2	4.6	
密度/(g·cm^{-3})	2.46	2.46	2.14	2.55	2.5	2.89	2.55
比强度/GPa/(g·cm^{-3})	1.3	1.3	1.3	1.3	1.8	1.2	1.7
比模量/GPa/(g·cm^{-3})	30	30	26	28	34	38	34
热膨胀系数/10^{-6}/K		8	2~3				4
折射率	1.52			1.55	1.52		1.54
损耗角的正切值			0.000 5	0.003 9	0.007 2		0.001 5
相对介电常数 10^6 HZ			3.8				6.2
10^{10} HZ				6.11	5.6		
体积电阻 $\mu\Omega \cdot m$	10^{14}			10^{19}			

(二)过滤介质

通过控制纤维的表面积和纤维之间的间隔,可将直径较细的玻璃纤维用作过滤材料。

(三)增强材料

玻璃纤维是用于制作复合材料的增强纤维原材料之一,可用来增强热固性塑料、热塑性塑料、输送带和某些轮胎中的橡胶等,以改善基体材料的力学及热力学性能。

(四)光导纤维

所谓光导纤维是指光能闭合在纤维中而产生导光作用的纤维,光导纤维通常由芯层及皮层组成,二氧化硅玻璃纤维可用作光导纤维的芯层材料,用来传输数字数据。

第五节 其他新型高性能纤维

一、PBO 纤维

PBO 是一种芳香族杂环液晶聚合物,化学名称为聚对苯撑苯并二噁唑,英文名 Poly-P-phenylene benzobisoxazazole,简称 PBO(化学结构如图 6-12 所示)。合成 PBO 聚合物的一种主要单体为 4,6-二氨基间苯二酚(简称为 DAR),PBO 纤维采用干喷湿纺工艺制成。

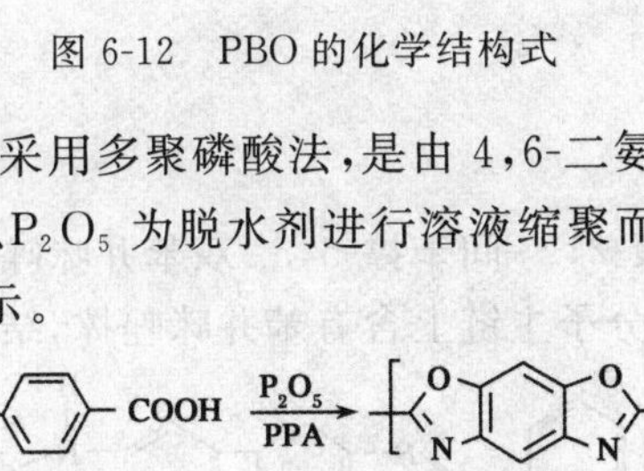

图 6-12 PBO 的化学结构式

PBO 纤维的合成目前大多采用多聚磷酸法,是由 4,6-二氨基间苯二酚盐酸盐与对苯二甲酸以多聚磷酸(PPA)为溶剂、P_2O_5 为脱水剂进行溶液缩聚而得,PPA 既是溶剂,也是缩聚催化剂,聚合过程如图 6-13 所示。

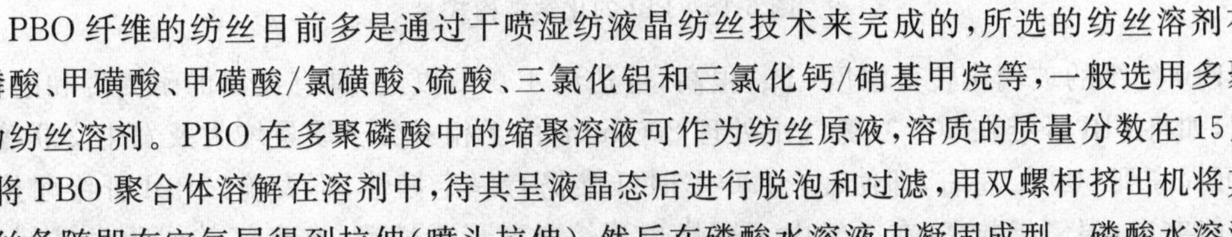

图 6-13 多聚磷酸法制备 PBO

PBO 纤维的纺丝目前多是通过干喷湿纺液晶纺丝技术来完成的,所选的纺丝溶剂有多聚磷酸、甲磺酸、甲磺酸/氯磺酸、硫酸、三氯化铝和三氯化钙/硝基甲烷等,一般选用多聚磷酸为纺丝溶剂。PBO 在多聚磷酸中的缩聚溶液可作为纺丝原液,溶质的质量分数在 15% 以上,将 PBO 聚合体溶解在溶剂中,待其呈液晶态后进行脱泡和过滤,用双螺杆挤出机将其挤出,丝条随即在空气层得到拉伸(喷头拉伸),然后在磷酸水溶液中凝固成型。磷酸水溶液可以减缓磷酸脱除的速度,有利于纤维内部孔隙的闭合形成结构致密的纤维。对凝固成型的纤维进行洗涤以除去纤维中的磷酸,干燥后加以卷绕成型,整个纺丝工艺过程见图 6-14 所示。

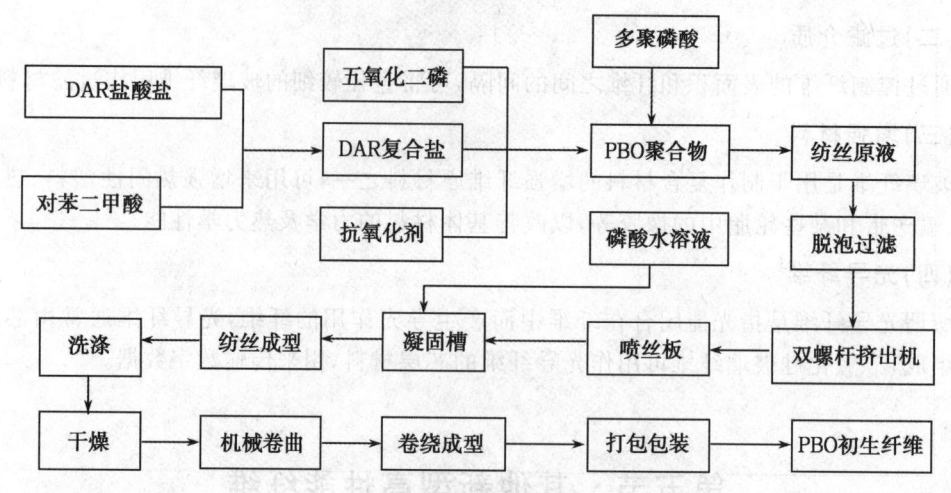

```
┌──────────┐         ┌──────────┐      ┌──────────┐
│ DAR盐酸盐 │────┐    │ 五氧化二磷│      │ 多聚磷酸  │
└──────────┘    │    └────┬─────┘      └────┬─────┘
                ├──→ ┌────┴─────┐      ┌────┴─────┐     ┌──────────┐
┌──────────┐    │    │ DAR复合盐 │─────→│ PBO聚合物 │────→│ 纺丝原液  │
│对苯二甲酸 │────┘    └──────────┘      └──────────┘     └────┬─────┘
└──────────┘         ┌──────────┐      ┌──────────┐          │
                     │ 抗氧化剂  │      │磷酸水溶液 │     ┌────┴─────┐
                     └──────────┘      └────┬─────┘     │ 脱泡过滤  │
                                            │           └────┬─────┘
┌──────┐  ┌──────────┐  ┌──────────┐  ┌─────┴────┐  ┌───────┴──────┐
│ 洗涤 │←─│ 纺丝成型  │←─│ 凝固槽   │←─│ 喷丝板   │←─│ 双螺杆挤出机 │
└──┬───┘  └──────────┘  └──────────┘  └──────────┘  └──────────────┘
   │
┌──┴───┐  ┌──────────┐  ┌──────────┐  ┌──────────┐  ┌──────────────┐
│ 干燥 │─→│ 机械卷曲  │─→│ 卷绕成型 │─→│ 打包包装 │─→│ PBO初生纤维  │
└──────┘  └──────────┘  └──────────┘  └──────────┘  └──────────────┘
```

图 6-14 干喷湿纺液晶纺丝工艺制备 PBO 纤维

PBO 纤维具有优良的力学性能，其强度不仅超过钢纤维，而且高于碳纤维。在力学性能上 PBO 纤维的强度及弹性模量约为对位芳纶纤维的 2 倍，其模量被认为是直链高分子聚合物的极限模量。PBO 纤维的耐热性能优异，热分解温度高达 650 ℃，工作温度高达 300～500 ℃，在 300 ℃空气中保持 100 小时后，强度保持率为 48% 左右，在 500 ℃空气中强度仍能保持 40%，高模 PBO 纤维在 400 ℃下模量仍能保持 75%，用 50% 断裂载荷加载 100 小时，纤维的塑性形变不超过 0.03%。纤维所具备的特殊的力学与热力学性能也使其广泛应用于军事、工业、航空、航天等领域。如采用 PBO 纤维作为增强材料制作的复合材料可用作导弹和子弹的防护设备、防弹背心、高性能飞行服等，另外此类材料还可用于高温过滤用的耐热过滤材料、耐热防护服等。

二、PBI 纤维

聚苯并咪唑纤维全称为聚-2,2′-间苯撑-5,5′-双苯并咪唑纤维，简称 PBI 纤维，是一种典型的杂环高分子耐热纤维，大分子主链上含有苯并咪唑撑，结构式如图 6-15 所示。

图 6-15 PBI 的化学结构式

PBI 纤维的玻璃化转变温度（Tg）很高，可达到 400 ℃以上，具有突出的耐高温和耐低温性能，如将 PBI 纤维在 500 ℃氮气中处理 200 min，由于相对分子质量增大及发生交联等，其 Tg 可提高到 500 ℃左右，即使在 −196 ℃时纤维仍有一定韧性，不发脆。PBI 纤维耐热、抗燃性能突出，限氧指数高，在空气中不燃烧也不熔融或形成熔滴，有良好的耐化学试剂性和吸湿性以及手感，因此在耐热防火纺织品如安全防护服、抗燃纺织品、耐酸耐碱滤布等方面有很好的用途。在工业上，利用 PBI 纤维的耐热抗燃、耐化学试剂等特点，制成的滤布或织物可用于工业产品过滤、废水及淤泥类过滤、粉土捕集、烟道气和空气过滤、高温或腐蚀性物料的传输等。

三、芳香族聚酰亚胺纤维

芳香族聚酰亚胺纤维与 Kevlar 纤维相比,有更高的热稳定性,更高的弹性模量,低的吸水性,有望在原子能工业、空间环境、救险需要、航空航天、国防建设、新型建筑、高速交通工具、海洋开发、体育器械、新能源、环境产业及防护用具等领域得到广泛的应用。如聚酰亚胺纤维可以编成绳索、织成织物或做成无纺布,用在高温、放射性或有机气体或液体的过滤、隔火毡、防火阻燃服装等。高强高模的聚酰亚胺纤维(其断裂强度仅次于 PBO 纤维,初始模量与 PBO 纤维相当)属于先进复合材料的增强剂,用于航空、航天器以及火箭的制造,由于聚酰亚胺纤维增强复合材料的机械性能优异,因而在某些应用领域已取代了碳纤维复合材料。聚酰亚胺纤维其他的开发领域,有聚酰亚胺微观复合材料和聚酰亚胺低聚物,它们可与尼龙进行共聚合,并使之具有功能改性。

四、聚苯硫醚纤维

聚苯硫醚(PPS)纤维是一种新型高性能纤维,具有良好的机械性能及优良的电绝缘性能。耐高温,熔点约 285 ℃,结晶温度约 125 ℃,在 200~220 ℃空气气氛中可长期使用,700 ℃时将完全降解,其制品在 200 ℃时的强度保持率为 60%。极限氧指数为 34~35,在正常的大气条件下不会燃烧,自动着火温度高达 590 ℃,有较低的延燃性和烟密度,发烟率低于卤化聚合物。PPS 纤维的耐化学稳定性仅次于聚四氟乙烯纤维,在极其恶劣的条件下仍能保持其原有的性能,在 200 ℃下不溶于任何化学溶剂,只有浓硝酸、浓硫酸和铬酸等强氧化剂才能使纤维发生剧烈的降解。

PPS 纤维主要用于特种功能过滤材料,如燃煤锅炉过滤袋用布、造纸机用布、电子工业专用纸、电绝缘体、电解隔膜、气液过滤材料、特种垫圈和包装材料的高性能组分以及防雾材料、耐辐射材料等。

五、玄武岩纤维

又称玄武纤维,是用火山爆发出的玄武岩矿石破碎后经 1 450~1 500 ℃的高温熔融后拉丝而成的一种无机高性能纤维。玄武岩是没有危害的环保材料,玄武岩矿石主要由 SiO_2、Al_2O_3、FeO、Fe_2O_3、CaO、MgO、Na_2O、K_2O、TiO_2 等多种成分组成,不同地区的玄武岩化学成分有所不同。通常 SiO_2 含量为 45%~52%,Al_2O_3 含量为 9%~19%,FeO、Fe_2O_3 含量为 6%~15%,CaO 含量为 5%~13%,MgO 含量为 6%~12%,Na_2O、K_2O 含量为 2%~11%,TiO_2 含量为 0.15%~2%。

玄武岩纤维有极高的使用温度,高的断裂强度,高模量,优异的力学、物理、化学性能,极低的热传导系数,高的吸音系数,极低的吸湿性,高的比体积电阻,抗紫外线、吸波功能,防辐射,防电磁,燃烧无熔滴,燃烧烟密度低,环保无污染等特性。因此玄武岩纤维可广泛用作复合材料增强材料,制作土工布、汽车帘子线原材料、汽车外壳材料、摩擦材料、高温滤材、弹道防护织物等。

参考文献:

[1] Coleman,JN.,Khan,U.,Blan,WJ.,Gun'ko,YK. Small but strong: A review of

the mechanical properties of carbon nanotube-polymer composites [J]. Carbon, 2006, 44: 1624~1652.

[2] Goodhew, P. J., Clarke, A. J., Bailey, J. E. A review of the fabrication and properties of carbon fibers [J]. Materials Science and Engering, 1975, 17: 3~30.

[3] Harrison, B. S., Atala, A. Carbon nanotube applications for tissue engineering [J]. Biomaterials, 2007, 28: 344~353.

[4] Khare, R., Bose, S. Carbon nanotube based composites_a review [J]. Journal of Minerals & Materials Characterization and engineering, 2005, 4: 31~46.

[5] Chawla, K. K. High-performance fiber reinforcements in composites. JOM Journal of the Minerals, Metals and Materials Society, 2005, 57: 47.

[6] 王飞, 黄英, 苏武. PBO纤维的合成及表面改性研究进展[J]. 材料开发与应用, 2009, 2: 81~86.

[7] 尹晔东. PBO纤维生产工艺的研究[J]. 高科技纤维与应用, 2007, 32: 18~20.

[8] 张丽, 李亚滨, 刘建中. 芳砜纶纤维耐热性能的研究[J]. 天津工业大学学报, 2006, 25: 17~19.

[9] 李同起, 王成扬. 芳纶的制备及其微观结构与测试方法[J]. 合成纤维工业, 2002, 25: 31~34.

[10] 刘向阳, 顾宜. 高性能聚酰亚胺纤维[J]. 化工新型材料, 2005, 33: 14~17.

[11] 李汉唐. 高性能增强材料——对位芳族聚酰胺纤维[J]. 合成技术与应用, 2006, 21: 39~43.

[12] 裘愉发. 主要高性能纤维的特性和应用[J]. 现代丝绸科学与技术, 2010, 1: 17~19.

[13] 雷静, 党新安, 李建军. 玄武岩纤维的性能应用及最新进展[J]. 化工新型材料, 2007, 35: 9~10.

[14] 黄关葆. 高性能纤维[J]. 化工新型材料, 2005, 33: 9~11.

[15] 章伟, 李虹. 高性能纤维性能分析[J]. 北京纺织, 2005, 26: 54~57.

[16] J W S Hearle主编, 马渝茳译. 高性能纤维[M]. 北京: 中国纺织出版社, 2004.

[17] 陈华辉, 邓金海, 李明, 林小松. 现代复合材料[M]. 北京: 中国物资出版社, 1997, 22~48.

[18] 郁铭芳, 孙晋良, 刑声远, 季国标. 纺织新境界——纺织新原料与纺织品应用领域新发展[M]. 北京: 清华大学出版社, 2002, 115~152.

第七章 功能性纤维

第一节 抗菌纤维

微生物是自然界生态平衡中一个必要的组成环节。人们通常所说的微生物是对所有个体微小(小于 0.1 nm)、结构简单的低等生物的统称。微生物种类繁多,据估计至少在 10 万种以上。按其结构、组成等差异可将微生物分成非细胞型微生物、原核细胞型微生物及真核细胞型微生物三大类。绝大多数微生物对人类是无害的,甚至是有益和必需的,但也有小部分微生物可以引起人类和动植物的病害,这些能导致人类和动物疾病的微生物称之为病原微生物。

细菌是微生物中重要的品种之一,其个体微小,人们用肉眼无法看到。细菌可以根据其外形分为球菌、杆菌和螺形菌等三类,根据细胞壁的结构可以分成革兰阳性菌、革兰阴性菌以及古细菌等三类。大部分细菌在正常情况下对人类是没有危害的,通常将能使人类致病的细菌叫病原菌。

真菌是另一类重要的和人们日常生活关系密切的微生物。和细菌一样,真菌在自然界的分布极广,但真菌的形态结构较细菌复杂,根据形态真菌可分为单细胞和多细胞两类,前者常见于酵母菌和类酵母菌,后者多呈丝状,分支交织成团,称为丝状菌,但一般称真菌。人们利用真菌酿酒和发酵食物,也经常用来制备抗生素,但少数真菌也可以感染人体形成疾病。如白色念珠菌可使婴儿患鹅口疮;掐曲酶可诱发肾、肝肿瘤;白癣菌诱发足癣等。

微生物是自然界生态平衡中一个重要的组成环节,但是人类在发展科技文明和物质文明的同时,也破坏了生态原貌,使微生物偏离了正常的生长繁殖轨道,生态环境和微生物环境污染日益严重,正多方面影响着人们的生活与工作,当基本的条件如营养、水分、氧气以及合适的温度都具备时,纤维很容易受到微生物的污染引起诸多问题,如产生异味出现斑或退色,卫生保洁功能差,自身降解,耐磨度低等。为了解决这些问题,人们开发出多种多样的抗菌纤维。目前,抗菌纺织品风靡全球形成了每年几百亿美元的销售市场,需求增长迅速。

早在 4 000 年前,埃及人采用浸渍某种植物药物的纺织品包裹木乃伊。第一次世界大战中,丹麦科学家发现毒气受害者的伤口不会化脓,从此开创了杀菌剂的研究工作。第二次世界大战期间,德军曾用季铵盐抗菌剂处理军服,大大降低了伤员的感染率。1955~1966 年间是研究抗菌纺织品的初级阶段,名为"sanitized"的抗菌纺织品投放市场,1966~1976 年间是开发阶段,含锡、铜、锌、汞的有机金属化合物和田类及含硫化合物用来作为织物抗菌整理剂。期间美国道康宁公司研制的卫生整理剂 DC-5700 投入使用,整理织物以"Bioguard™"为商标,经美国环保局(EPA)许可于 1976 年投放市场。1976 年以后开始向发展阶段过渡。20 世纪 80 年代以来,卫生整理的耐久性和整理产品的风格得到进一步改进,国内外非常重视卫生整理纺织品的开发,90 年代抗菌防臭纺织品得到迅猛发展,从此以后整理为主的抗菌纺织品发展为抗菌纤维和卫生整理并举的功能纺织品织物的抗菌性、安全性和耐洗涤性进一步提高,并出现了消臭、防虫等卫生性能的纺织品。

一、抗菌整理剂的分类及其性能

常用的抗菌整理剂可以分为无机类、有机类和天然产物类等三大类,因种类不同而各有利弊,就环保和对人体健康而言,无机类抗菌剂具有无污染、安全等优点。三类抗菌剂的特性比较见表 7-1。

表 7-1 抗菌剂特性的比较

特性	有机类	天然产物类	无机类
抗菌力	○		△
抗菌范围	△	○	○
持久性	△	◇	○
耐热性	△	◇	○
耐药性	△	◇	○
气味、颜色等	△	○	○
污染	△	○	○
价格	○	○	△
安全性	◇	○	○

注:○——优良,△——可以,◇——优良

(一)无机抗菌整理剂

1. 以沸石为载体的金属离子抗菌剂

采用沸石为载体,通过与某些具有杀菌作用的金属离子进行交换制得的无机抗菌剂是目前用于熔纺抗菌纤维产业化的主流。沸石的主要成分是 SiO_2/Al_2O_3,来自天然矿石,经煅烧、化学处理而成。用于纤维共混纺丝的沸石必须经过特殊研磨处理而成,如丝光沸石(SiO_2/Al_2O_3,摩尔比为 16)。将丝光沸石与 Ag^+、Cu^{2+} 和 Zn^{2+} 等进行离子交换就制得以沸石为载体的无机抗菌剂。许多金属离子具有杀菌防霉的作用,其杀菌活性按以下顺序递减:

$$Ag>Hg>Cu>Cd>Cr>Ni>Pb>Co>Fe$$

在上述金属离子中,有相当一部分是对人体有害的重金属,因此实际使用的主要是 Ag^+、Cu^{2+} 和 Zn^{2+} 等金属离子。研究表明,含 Ag 沸石的抗菌效果最好,含 Cu 沸石的抗菌效果次之,含 Zn 沸石的抗菌效果位居第三,但是在色相上,含 Ag 沸石为黑褐色,含沸石为棕色,含 Zn 沸石为白色。考虑到纤维中抗菌整理的添加量较少,人们仍以含 Ag 沸石为首选的抗菌整理剂。

有关含 Ag 沸石的抗菌机理目前尚未完全弄清楚,平松宪二推测:①Ag^+ 离子从纤维内部缓慢地扩散到纤维表面($10\sim9$ 级);②细菌附着在纤维表面上,Ag^+ 离子进入细菌细胞内部;③Ag^+ 离子与细菌细胞内对繁殖起重要作用的蛋白酶上的巯基结合使之失去活性;④细菌无法繁殖并被杀灭;⑤Ag^+ 又重新游离出来,进行新一轮的反应。

含 Ag 沸石抗菌剂具有抗菌性高、对人体安全无害(LD50>5 000 mg/kg)、耐热稳定性好(可耐热1 000 ℃以上的高温)、抗菌效果持久(耐水洗好)、对MRSA(耐药性金黄色葡萄球菌)有特效、特别适合熔融纺丝工艺等特点。

2. 以金属及其氧化物为主体的抗菌整理剂

在含Ag沸石成为近年来开发熔融纺丝抗菌纤维首选抗菌整理剂的同时,一些金属及其氧化物也常常被选为抗菌添加剂。可乐丽公司采用0.1%～10%平均直径≤10 μm的Cu化合物和平均直径≤10 μm的Ge离子或Ge离子化合物与可成纤聚合物相容的介质湿态研磨并干燥后与含0.4%TiO_2的PET捏合、共混纺丝,如含0.5%GeO_2和3.0%Cu^{2+},这种纤维对金黄色葡萄球菌特别有效。尤尼吉卡公司以Mg为主成分的硅酸盐与PET共混纺丝,再进行碱减量处理制得具有良好白度的抗菌聚酯纤维。可乐丽公司制得的抗菌PA/PET纤维,PA中含Cu、Ti、SiO_2和TiO_2,而PET中含SiO_2,粒径0.01～50 μm,含量为0.05%～10%。

3. 以金属磷酸盐为主体的抗菌整理剂

采用磷酸盐为主体的抗菌整理剂体系据称可以有效地解决使用含Ag沸石引起的断头增多、纺丝困难以及产品易变色等问题。日本可乐丽公司将1.0%的含1.5 mol Ag^+的三聚磷酸铝粒子和1.5%的可流动的聚酯增塑剂与PET共混熔融纺丝,抗菌效果的耐水洗良好。日本帝人公司将0.2%～10%的磷酸铝、磷酸钙陶瓷粉和金属(Ag)化合物组成的复合抗菌剂在PET缩聚时加入,然后纺丝。帝人公司的另一项专利是将≤30 P(25 ℃)、羟值(V)≤10 mgKOH/g、熔点≤-10 ℃的液态聚酯与0.1%～5%的复合磷酸盐混合,再与PET混合熔融纺丝,产品的抗菌性能良好。

4. 光催化抗菌整理剂

某些纳米材料因具有极高的表面性能而具有某些光催化氧化性能,如纳米级的TiO_2、ZnO在阳光或紫外线的照射下,在空气和水分存在的环境里,自行分解出自由电子并产生带正电的空穴:

$$ZnO/TiO_2 + h\nu \rightarrow e^- + H^+$$
$$e^- + O_2 \rightarrow \cdot O_2^-$$
$$H_2O + H^+ \rightarrow \cdot OH + H^+$$

所产生的羟基自由基·OH和超氧化物阴离子自由基·O_2^-非常活泼,有极强的化学活性,能与多种有机物发生反应,从而杀灭细菌,消除残骸和分解毒素。以·OH为例,它能攻击细菌体内细胞的不饱和键,新产生的自由基将会激发链式反应,导致细菌蛋白质的多肽链断裂和糖类的解聚,从而杀灭细菌。

目前,已有一些采用这种原理制备抗菌纤维的实验室成果申请了专利。必须注意的是,所采用的添加剂必须达到纳米的水平才能有此光催化的作用。

(二)有机抗菌整理剂

有机抗菌整理剂是目前防霉、抗菌、防臭整理剂的主体,有数百种之多,但是常用的只有数十种,该类抗菌剂具有速效抗菌防霉效果优良等特点,但是在安全性和耐热性方面也有诸多问题,主要品种有醇类、酚类、酰基苯胺类、咪唑类、噻唑类、异噻唑酮、双胍类等的衍生物以及表面活性剂类,有机金属化合物类和有机碘等(见表7-2)。

目前在湿法纺丝工艺制备的抗菌纤维中,一般都以采用有机抗菌剂为主,而在熔融纺丝工艺制备抗菌纤维时，有机抗菌剂的耐热性能差，成功的例子很少。

表 7-2　常见的有机抗菌整理剂

化学名称	特性
2-(4-噻唑基)苯并咪唑(TBZ)	对霉菌具有高活性，耐热温度300 ℃，在酸碱性环境中稳定，难溶于水和有机溶剂
2-(4-氰硫基甲硫基)苯并咪唑(TCMTB)	在水中溶解度大，对皮肤有刺激性，毒性比TBZ大
2-苯并咪唑氨基甲酸甲酯(BCM,多菌灵)	广谱性抗菌防霉剂，对丝状菌有很高的抗菌活性，化学结构稳定
2-正辛基-4-异噻唑-3-酮	对细菌、霉菌有很高的活性
1,2-苯并异噻唑酮	从弱酸性到弱碱性都有抗菌活性
2,4,5,6-四氯间苯二腈(TPN)	广谱性防霉剂，抗菌活性也高，慢性毒性低，对碱、热稳定
N,N,N-三羟乙基六氢三嗪	在水中溶解度高，从碱性到中性稳定
N-(氟三氯甲硫基)邻苯二甲酰亚胺	毒性低，耐热温度180 ℃，不溶于水，微溶于甲醇、二甲苯，化学结构稳定
N,N-二甲基-N-二氯甲硫基-N-苯基砜	对霉菌有很高的抗菌活性，溶于有机溶剂，毒性低，化学结构稳定
双(吡啶-2-硫代-1-氧)辛盐(ZPT)	可用于肥皂
2-吡啶-2-硫代-1-氧钠盐	对细菌，霉菌有广谱抗菌活性，能抑制其繁殖，在水中溶解度高，在酸中比在碱中稳定
10,10-氧双吩恶吡(OBPA)	耐热性优良，耐热温度300～380 ℃，对酸、碱、光都很稳定，对细菌、霉菌、藻类效果好
苄基二甲基十二烷基氯化铵(苯扎氯铵) 二葵基二甲基氯化铵 3-(三甲氧基硅烷基)丙基二甲基十八烷基氯化铵(DC-5700)	是阳离子表面活性剂作为抗菌防霉剂的三个例子，使用时不易脱落，药效持续时间长，化学结构稳定
烷基二(氨乙基)甘氨酸	为两性表面活性剂，抗菌防霉活性比铵盐受pH值变化和其他共存物影响小
脂肪酸单甘油酯	为非表面活性剂，只有脂肪酸中的烷基的碳原子数是13、15、17时，才有抗菌防霉性，毒性低，可用于食品添加剂
2-溴-2-硝基-1,3-丙二醇	可以用作水的抗菌防霉剂，对真菌效果差
3-甲基-4-异丙基苯酚 2-异丙基-5-甲基苯酚	对碱、热、光稳定，对细菌、真菌均有效，具有广谱性

续表

化学名称	特性
邻苯基苯酚(OPP) 4-氯-3,5-二甲基苯酚(PCMX)	是有名的防霉剂,对细菌有效,化学结构稳定,毒性低
3,4,4-三氯均二苯脲	毒性低,对革兰氏阳性菌抗菌性优良
1,1-六亚甲基双[5-(4-氯苯基)双胍]葡萄糖酸酯 1,1-六亚甲基双[5-(4-氯苯基)双胍]盐酸盐 聚六亚甲基双胍盐酸盐	为双胍类抗菌防霉剂,对细菌有很高的抗菌性,但是对真菌效果差,可用于加工织物,耐水洗性高

(三)天然产物抗菌剂

天然抗菌剂主要来自天然物质的提取物,大致可分为三大类:动物类、植物类、矿物类。

1.动物类抗菌剂

天然抗菌剂中动物类的主要有甲壳质、壳聚糖和昆虫抗菌性蛋白质等。最具代表性的动物类天然抗菌剂有甲壳质和壳聚糖。壳聚糖(Chitosan)是从天然蟹壳、虾壳和昆虫类的外壳中提取的甲壳质经脱乙酰化精制而成,具有优异的广谱抗菌性,对大肠杆菌、枯草杆菌、金黄色葡萄球菌和绿脓杆菌等均有抑制能力,并具有吸湿性、透气性、生物相容性、生物降解性、生物活性、螯合性以及酶固化作用等特性。

目前提出的壳聚糖的抗菌整理机理大致有两种:壳聚糖的氨基阳离子与构成微生物细胞壁的唾液酸磷脂等阴离子相互吸引,其结果束缚了微生物的自由度,阻碍其代谢和繁殖;大量低分子量的壳聚糖侵入微生物细胞内,阻碍微生物的遗传密码由DNA向RNA复制,由此阻碍微生物的繁殖。壳聚糖对大肠杆菌、枯草杆菌、金黄色葡萄球菌和绿脓杆菌等均有抑制能力。另外,甲壳质也有较多的应用,将甲壳质粉加入到化纤丝中,或将甲壳质纤维与其他纤维混纺,生产出具有抗菌保健功效的纺织品。因其不含化学药剂和金属成分,可作为高档绿色抗菌纺织品。昆虫抗菌性蛋白质是纺织工业利用生物技术的一个方面,从昆虫中分离出的抗菌蛋白约有150种以上,昆虫对环境适应能力很强,对细菌、病毒等微生物的侵袭有很强的抵抗力。从它们体内分泌出的抗菌性蛋白质具有耐热性,抗菌性广,对耐药性病菌有一定作用。

2.植物类抗菌剂

天然抗菌剂中属植物类的有桧柏、艾蒿、芦荟等等。国内关于植物染料在纺织品中的染色及合成抗菌剂在织物上的应用研究比较多,大连化学物理研究所、北京服装学院和苏州大学等单位均有研究人员在从事天然染料如大黄、甘草、黄芩、黄连、栀子、紫草、姜黄、儿茶、桑葚、苏木等染色方面的研究。其植物类主要分为以下几类。

(1)桧柏油

桧柏油可由桧柏蒸馏而得,为浅黄色油状物,由两种组分组成,即作为香精原精的倍半萜烯类化合物的中性油和具有抗菌活性的酚类酸性油。酸性油中含桧醇(或称日柏醇),中性油主要成分为斧柏烯。桧柏油的抗菌机理是分子结构上有两个可供配位络合的氧原子,它与微生物体内蛋白质作用使之变性。它抗菌面广,尤其对真菌有较强杀灭效果,其急性毒性 LD50 为 1 500 mg/Kg(小鼠口服),皮肤刺激性为准阴性。

(2)艾蒿

艾蒿为一种菊科多年生草本植物,在端午节悬挂艾蒿以驱虫防病为我国传统习俗。艾蒿的气味有稳定情绪、松弛身心的镇定作用。艾蒿的主要成分有 1,8-氨树脑、守酮、乙酰胆碱、胆碱等,它们具有抗菌消炎、抗过敏和促进血液循环的作用。

(3)芦荟

芦荟为百合科植物,有 300 多种,它大致可以分为药用和观赏两种,如向阳芦荟、页岩芦荟和针舌芦荟等。有药效成分的芦荟,已应用于医药、化妆品和保健食品。芦荟的药效成分主要包括多糖类成分和酚类成分两种,其中起主要作用的芦荟素具有抗菌消炎和抗过敏等作用,近年来,芦荟提取物作为抗菌剂刚开始用于织物。

(4)甘草

甘草是豆科多年生草本植物,产地主要为中国、阿富汗等。它在中药中常作生药,是早被人们所认知的药草。甘草的主要成分是有甜味的甘草甜素,它的甜味是蔗糖的 150 倍,酸解后生成甘草次酸,葡萄糖醛酸和类黄酮配糖物等。它有抗炎症、抗变异反应、抗溃疡和解毒等作用,其毒性小,对人体安全。

(5)蕺菜

蕺菜,俗名鱼腥草,为泊草科多年生草本植物,蕺菜叶、茎部分的药用成分主要含有癸酰基乙醛、甲基壬基酮月桂酸。它对葡萄球菌、线状菌抗菌作用强。因其安全性高,用于织物保健舒适加工剂。

(6)茶叶

茶叶中含有多种化学成分,主要有多酚类化合物,生物碱(咖啡因)、儿茶素等。研究表明,儿茶素对链球菌、金黄色葡萄球菌等微生物有抑制作用。它还能抑制酪氨酸脱羧酶的活性。此外,它还有许多药用功能如抗病毒、杀真菌、解毒抗癌等。

(7)石榴皮

石榴为石榴科落叶灌木,原产伊朗,果皮可入药,其萃取物有抑制胶原酶活性,可开发消费性能高的生态学抗菌织物,并且其色素成分既可作为棉织品的直接染料用,又可抗菌整理。日本都立卫生研究所的实验结果表明,染色浓度在 50%(按织物重)以上,石榴染色具备符合卫生加工协会评定标准的抗菌力和耐久性。此外,在染色牢度方面符合 JIS 浴用毛巾的染色牢度标准。因此,日本正在把石榴作为不污染环境的生态学抗菌整理剂来开发。其他很多植物都有一定的抗菌性,如黄芩、黄连、黄柏、苏木、茜草、菊花、紫草、芥末提取物、辣椒、大蒜等,需要我们更多地去挖掘和研究它们。

(四)矿物类天然抗菌剂

天然抗菌剂中从矿物质中提取的抗菌剂,有胆矾、雄黄等。胆矾对化脓性球菌、痢疾杆菌和沙门氏菌均有较强的抑制作用,雄黄对多种皮肤真菌、肠道致病菌有很强的杀灭作用。有抗菌作用的矿物作为药物应用有悠久的历史,其在纺织上的应用则尚处于探索阶段。日本敷岛纺推出的生产有皮肤保护功能产品的"Melma"加工方法,即是对天然矿物的应用。它将天然矿物粉碎成粉末,固着在纤维内部。用此方法生产的产品耐洗性好,滑爽性好,有保湿效果,特别对过敏症和变应原有抵抗或阻挡效果。

二、抗菌纤维的制造方法

抗菌纤维的制造方法很多,如对化学纤维的高分子结构进行化学接枝或改性、通过物理方法使抗菌剂混入纤维内部,利用复合纺丝技术等,其中以共混方式应用较多。

(一)共混纺丝法

共混纺丝法是将抗菌剂和分散剂等助剂与纤维基体树脂混合,通过熔融纺丝的方式生产抗菌纤维,采用该法,要经过抗菌剂与基体树脂熔融混合、纺丝、拉伸等工序,因此要求抗菌剂耐温性能好,粒径足够小。抗菌剂混入纤维中的操作可以在高聚物聚合阶段、聚合结束后、聚合物熔融喷丝之前进行,黏胶纤维长丝、腈纶等纤维湿法纺丝时也可以在纺丝原液中进行。在熔融纺丝对混入的抗菌剂要求具有较高的耐热性和安全性。该法的最大优点是工艺简便,成本低廉,并且因为浴出量少而使用安全,但要求使用高效抗菌剂,缺点是抗菌剂用量少时效果较差,抗菌剂用量多时影响纤维的纺丝性能。

在纺丝过程中,将抗菌剂掺加到聚合物中混合纺丝,对于湿纺而言,即将合适的抗菌整理剂经有机溶剂溶解后加入到纺丝原料中。而熔纺则是将抗菌整理剂制成抗菌母粒,再与原料共混后熔融纺丝,此类抗菌剂要求耐高温,且对于聚合物有良好的分散性和相容性。

早期的用于化学纤维共混纺丝的抗菌剂一般均为含金属离子的复合物,其中有不少抗菌剂含重金属离子。近年来,随着人们环保意识的增强,抗菌效果好但毒性较大的含重金属离子的抗菌剂逐渐被淘汰,取而代之的是含有金属离子的复合物,目前所用的是对人体无害或毒性较小的金属氧化物、盐或在负载物及金属化合物上的活性金属离子,如含 Ag^+ 的沸石,Zn^{2+}、Cu^{2+} 复合物或 TiO_2 等。这种抗菌剂热稳定性好,有利于共混纺丝。据报道,通过这种方法制得的抗菌纤维洗涤后的抗菌率达 70%~80%,抗菌效果不够理想。

共混法制取的永久性抗菌纤维,为后续各种抗菌纺织品的开发提供了广阔的空间。对一些医用材料以及各种卫生用品来说,不仅使用方便,而且可以不必再经过各种繁杂的消毒程序处理,哪怕是贮存一段时间后再使用,也不会被细菌玷污,综合费用更低。具有永久抗菌效果的安全型抗菌纤维及生产工艺的出现,为抗菌纺织品的发展开辟了一个全新的天地。

(二)复合纺丝法

复合纺丝法是利用含有抗菌成分的纤维与其他纤维或者不含抗菌成分的纤维复合纺丝,制抗菌纺织品成并列型、芯鞘型、镶嵌型、中牢多心型等结构的抗菌纤维。将抗菌纤维掺加到纤维的皮层或使其成为并列型复合纤维中的一个并列组分,对于前者而言,抗菌剂可以只掺加到皮层,不仅节省原料,而且还有利于保持纤维的基本性能,该方法是抗菌合成纤维的发展方向。采用该法制成的抗菌纤维由于同样要经过熔融、纺丝过程,因此对其和共混纺丝法有共同的要求。

这种方法的代表之一,就是日本帝人公司开发的"利帕尔泰"双组分抗菌消臭涤纶。该纤维为并列型结构,主要采用抗菌剂和消臭剂两种添加剂复合纺丝而成,具有极好的抗菌防臭效果,另一种著名的皮芯结构的抗菌纤维是美国 Foss 公司的 Fossfiber。Fossfiber 中的双组分纤维为特殊设计,使 AgION 只在皮层中,对有害细菌接触面达到最优化。实验表明,AgION 能消灭 99.99% 的传染性和引起臭味的细菌,该纤维即使在极其严格的生产条件下,含银沸石也非常稳定,可耐 800 ℃高温,pH 值在 3~10 时具有稳定性。含 AgION 的 Fossfiber 中还添加其他添加剂或与其他纤维混纺，使织物具有阻燃、防紫外线、防静电、防污和保湿等性能。

（三）化学接枝改性法

化学接枝改性法是通过对纤维表面进行改性处理，进而通过配位化学键或其他类型的化学键结合具有抗菌作用的基团，使纤维具有抗菌性能的一种加工方法。

化学接枝改性法制备抗菌纤维要求纤维表面存在可以与抗菌基团结合的作用部位，将抗菌整理剂的基团接枝到纤维表面的反应基团上。对于不具备反应基团的物质，要引入反应基团，使纤维具有化学改性的条件。其典型代表为纤维硫化铜复合体。在制造铜氨纤维的过程中控制脱铜，使铜化合物在纤维中分散并经硫化处理，如日本残毛染色公司的"桑达纶 SS—N"，它以含铜物质作为抗菌整理剂，采用染色的方法，使铜离子和锦纶卜的氨基结合，在纤维的表面形成硫化铜覆盖层并经固着处理使纤维同时具有优良的导电性、抗菌性和使用的安全性。化学接枝改性法制备抗菌纤维一般分两步进行，第一步，对纤维进行表面处理，经过处理使纤维的表面产生可与抗菌基团化合物进行接枝的作用点。目前对纤维表面处理的常用方法为化学溶剂处理法和辐射法。第二步，将带有抗菌基团的化合物与经过处理后的纤维结合，得到抗菌纤维。

（四）天然抗菌剂生产抗菌纤维

天然抗菌剂生产抗菌织物的加工方法主要有两种，即原纤维加工法和后处理加工法。

原纤维加工法又称抗菌纤维法，是采用物理改性、化学改性、复合纺丝及把抗菌剂添加到纺丝液中纺出纤维的方法制取。化学改性技术分为接枝法、离子交换法，离子交换法制得的纤维，由于金属离子与纤维的离子交换基团形成离子键，所以它具有持久的抗菌效果。纺丝液中添加抗菌剂是开发抗菌纤维的主要手段，这种方法加工的纤维织物具有抗菌效果好、持久等优点，但控制整理剂颗粒的粒径较困难。复合纺丝是将抗菌剂制得的抗菌母粒和原料通过复合纺丝的方法制成皮芯结构的纤维，以抗菌母粒为皮层，原料为芯层。此法所得的抗菌纤维，抗菌剂只分布于纤维的皮层，因此与纺丝液中添加抗菌剂法相比，所需的抗菌剂少，从而可以减少因抗菌剂的引入对纤维物理力学性和服用性能的影响，如日本东丽公司开发的防螨聚酯纤维 Kepach-f 与具有防螨功效的床垫 CLINICFUTON 及其系列产品，缺点是加工方法复杂，成本较高。

后整理加工法是在纺织品印染、整理过程中，采用浸渍、浸轧、涂层等方法将抗菌剂施加在纤维表面，并使之固着在纺织品上而具有抗菌效果的一种方法，优点是加工简单，缺点是抗菌剂只存在于纤维表面上，不耐洗涤，初期溶出量大，存在穿着安全性问题。主要采用浸渍法（浸轧法）、表面涂层法。

目前使用的天然抗菌剂处理织物的主要方法之一是微胶囊技术。该技术是将一种或几种天然抗菌提取物的活性成分，包裹在微粒子胶囊中，再固着在织物的纤维里，使其成为卫生保健织物。一些纤维里的胶囊和皮肤接触摩擦时就爆裂开，散发出香气和抗菌剂等，发挥其卫生保健作用。对于抗菌微胶囊，通常可改变壁材的组成和厚度，来控制微胶囊抗菌剂的释放速度，延长耐用时间，应用时可以通过涂层加工或采用浸轧法与固着剂等一起应用使微胶囊结合在纺织品上。

三、抗菌纤维的应用和发展前景

从20世纪80年代开始在全球范围内兴起的功能纤维开发的热潮中,抗菌纤维的发展是最快的,到目前为止其产业化也是最高的。据称,在90年代,抗菌纤维的发展速度是其他纤维平均发展速度的5倍。抗菌纺织品的快速发展反映了市场消费潮流的变化和发展趋势,同时也是高新技术的发展在功能性纤维研究开发的几种体现。

(一)Foss抗菌纤维

美国纤维及非织造布商Foss公司的Fos-Shield技术部开发出一种抗菌纤维,将含银无机沸石AgION嵌入其纺前染色聚酯Fossfiber双组分纤维。含AgION的Fossfiber适合有抗菌防护要求的所有纺织品用途,该纤维可有效防止各种引起臭味的有害细菌和霉菌。Foss产品面向医疗、保健、旅游等市场,该公司目前还通过推出抗菌清洁布Fosshield进入市场。该非织造布可用于家庭中所有需要清洁的非织造物的表面,干、湿用皆可,有、无清洁剂都行。擦布可用几星期,并可多次清洗,甚至可漂白,都不影响抗菌性。

实验表明,AgION能消灭99.99%的传染性和引起臭味的细菌,并且由于是无机物质及非药物抗菌素起作用,细菌不会产生抗体。Fossfiber中的双组分纤维为特殊设计,使AgION只在皮中,对有害细菌接触面最优化。该纤维即使在极其严酷的生产条件下,含Ag沸石也非常稳定,可耐800℃高温,pH值在3~10时具有稳定性。含AgION的Fossfiber还可添加其他添加剂或与其他纤维混纺,形成具有阻燃、防紫外线、防导电、防污和导湿性等性能。

(二)Imbue纤维

Kosa公司的Imbue纤维,是一种抗微生物纤维,是在聚酯丝中嵌入银基陶瓷添加剂,添加剂使丝的内部或表面不生细菌、酶菌及真菌,因此防止了相关的臭味及变色。由于抗菌剂是加入聚合物母体中而非局部应用,因此抗菌性永久,不会被洗掉。添加剂已获美国环保局及FDA批准,该品种丝有不同规格,产品用途广泛。

(三)Amicor抗菌纤维

英国纤维巨头Acords公司在1998年推出了Amicor抗菌纤维,它采用内置式设计,如同在纤维内部有个抗菌剂仓库,通过浓度梯度的作用原理抗菌剂源源不断地溶到纤维表面,此类抗菌纤维制成纺织品可以经受200次以上的洗涤而不降低其抗菌性能。抗菌剂是广泛用于牙膏和漱水中的抗菌剂,对人体无害,是一种抑制有害细菌繁殖的药剂,对人体安全性高,已获国际环保组织Oeko-Tex100的证书,耐洗性好、抗菌针对性强,同时不伤害人体皮肤上常驻的有益菌群。

目前已开发三大系列抗菌纱线:抗菌型、抗真菌型、抗螨虫型。这些纱线可广泛用于开发各种抗菌纺织品,如内衣、T恤衫、运动衣、袜子、床单、被套、枕套以及各种医用纺织品。

(四)Fillwell Wellcare系列耐久填充纤维

爱尔兰Wrllmqn公司已在市场在推出Fillwell Wellcare系列耐久填充纤维。这种纤维对软装饰品上的细菌与尘螨有控制繁殖作用,主要是在生产过程中把无机添加剂加到纤维中,所以它所生产的装饰品在整个寿命期间都有抗菌、抗螨作用。新生物活性聚酯纤维具有长期的抗细菌、真菌与尘螨特性,主要用于床上用品。

由于抗菌剂是被永久固定到纤维上去的,因此当与微生物相接触时它就会生效。在 24 小时内细菌减少 99%,在 4 个星期期间,尘螨总数下降 99%,洗涤 50 次后仍能保持充分的功效。其他性能不受添加剂的影响,如保暖、舒适性等。

(五) Escola 纤维

东洋纺公司的 Escola,这是一种整理加工的控制细菌繁殖的产品,它表现在对耐金黄色葡萄球菌和 0~157 在内的不同种类细菌,有着优越的抗菌效果,广泛用于医院、内衣、床上用品、妇女服装等。另外,开发的 Epicomodo 的制菌材料主要用于地毯、窗帘,Esmero 制菌材料主要用于睡衣、运动服、制服、浴巾、床上用品、内衣等。

(六) 抗菌 Macspec 纤维

东丽公司的 Macspec,这种纤维也是利用整理加工方法赋予纤维抗菌功能。由于抗菌剂进入纤维内部,即使在剧烈洗涤后也不会逸出纤维表面。抗菌剂采用来自自然的甲壳质,对人体和环境无副作用,主要用于床上用品、各种制服、看护衣料等。

(七) Saniter 系列

可乐丽公司 Saniter 系列包括在熔融纺丝阶段加入制菌剂的聚酯纤维、短纤维类型的 Saniter30 以及长丝类型的 Saniter21。Saniter 中加入的制菌剂是具有特殊制菌性能的陶瓷。这种陶瓷还广泛应用于塑料餐具、冰箱内部等,是具有高度安全性能的物质,可长时间保持制菌效果,不会因为日晒、热度和温度的影响降低其功效。经确认的具有制菌性能的细菌种类有枯草杆菌、肺炎杆菌、大肠菌、沙门氏菌、肠炎弧菌、MRSA。主要用于一般家庭用的被褥棉絮、床单、窗帘等,今后可乐丽公司还计划开拓医院用品领域。

(八) Biosafe 纤维

钟纺合纤公司的 Biosafe 是在腈纶短纤维内加入抗菌除臭剂,从而在纤维内部形成许多孔。该纤维制成的纺织品通过增大接触水分、恶臭、杂菌的表面积,从而具有卓越的吸水性和卓越的制菌、除臭效果。除制菌外,Biosafe 还具有超越的消除汗和体臭效果,纤维内部形成许多的孔发挥了毛细血管的作用,这种纤维具有天然纤维般的吸水功效。Biosafe 由于在织造阶段加入了抗菌剂,因此反复洗涤后仍将保持良好的制菌、吸水效果,而且经过混纺、交织、交编、染色、热加工等后加工工艺之后,其制菌效果也不会下降。目前,钟纺合纤主要以棉 80%、Biosafe 20% 的混纺面料为中心,面向浴巾及内衣市场展开销售,今后还将考虑拓展医疗、看护用品市场。

(九) Chitogreen 天然纤维

富士纺公司的 Chitogreen 是将天然纤维抗菌成分的甲壳素加入纤维中,并以独特的制法提高精度之后这种纤维具有制菌效果。Chitogreen 可以破坏细菌的细胞膜,但不会进入人体的皮肤细胞,而且刺激性低,即使敏感肌肤的人也可以放心使用。由于成分固定,这种纤维具有超越的洗涤持久性,适合应用于医院的制服、床单、浴巾等需要反复洗涤的物品。除抗菌性久以外,它还具有优越的吸湿性和柔软触感,富士纺公司已将其应用扩大到内外衣及窗帘等产品。

(十) 上海石化——防螨、抗菌纤维

上海石化腈纶事业部通过采用进口高效防螨抗菌整理剂添加到纺丝原液中,纺丝得到

防螨、抗菌纤维。其防螨抗菌性能经科学、独立的国家有关权威机构检测认为，具有优良的防螨、抗菌性能，其中尘螨驱避率达到 99.5%，抗菌性能超过 80%。防尘螨纤维及织物的安全性按照国际标准方法对本品采用的防螨整理剂制得的纤维所引起皮肤发炎或侵蚀的潜在可能性进行兔子皮肤炎症测试。实验表明，经过该防螨抗菌整理剂处理过的纤维是非过敏性的。防螨抗菌腈纶纤维的用途适用于所有类型的纺织品以及混纺织物，包括服装、床上用品、床垫、窗帘、玩具、空气过滤网等制品。

（十一）天津石化——抗菌涤纶短纤维

天津石化公司化纤厂研发了一种杀菌率在 95% 以上的抗菌涤纶短纤维。作为一种新型多功能涤纶短纤维产品的抗菌纤维，它具有较强的抗菌性能和杀菌功效，已经成为医用和民用的必备产品，目前被国内医院广泛使用的隔离服、口罩等都是由该厂制成。据介绍，这种抗菌纤维采用中国纺织科学院研制等的抗菌母粒，经纺丝后制成纤维产品，再按一定比例和棉混纺，制成的成衣穿着舒适又具有防菌、杀菌功能，很适合医务人员和人员密集的场所使用。

（十二）江苏仪化公司——抗菌中空纤维

仪化涤纶四厂研制成功生产出抗菌中空纤维，填补了国内抗菌中空纤维的空白。该纤维是在纤维制造过程中将高效抗微生物添加剂复合嵌入其内部表面，形成永久抗菌体，从而抑制细菌的繁殖。仪化生产的抗菌涤纶中空纤维具有功能持久、耐洗涤、安全无毒等特点，可用于生产内衣、服饰、床上用品、医用纺织品、空调过滤布等产业用纺织品。

目前在抗菌纤维和抗菌纺织品开发和产业化方面，日本可谓独占鳌头。无论是从数量还是从质量上日本都已经发展到了一个相当的成熟程度。我国在抗菌纤维和抗菌纺织品的发展方面虽然已经取得了一定的成果，但是由于力量分散，专业化程度不高，基础不扎实，产业化导向不够，导致整个行业的开发研究缺乏系统性以及在安全方面缺乏必要的规范，低水平重复研究和夸大功能、误导消费者现象时有发生，导致整个行业的发展水平不高，产业化程度较低，与市场需求形成强烈的反差。

需要特别强调的是，抗菌纺织品的开发是一项涉及多个学科的系统工程，技术含量和技术难度大大高于一般的功能性纺织品的开发。特别是采用的抗菌剂体系的生态毒性问题涉及的使用安全问题，与消费者的健康安全和环境保护休戚相关。目前日本对抗菌性的研究制定出了一套严格的管理和监督制度，从而为消费者安全使用抗菌纺织品提供了保证，同时也为抗菌纺织品的发展进行了法律的规范。相对而言，我国在抗菌纺织品的开发方面，不仅缺乏相应的法律规范，而且缺乏有效的监督机制，使得消费者在使用抗菌产品时存在一定的安全隐患。

第二节　阻燃纤维

据统计，英国火灾死亡人数每年约 1 000 人，其中由纺织品引起的火灾约占一半。美国火灾死亡人数更多，每年约 8 000 余人，受伤者达 15 万～25 万人，经济损失达 4 亿美元，其中床上用品、家具装饰用布和衣着用品是起火的主要原因。特别是建筑住宅火灾、纺织品着火蔓延所占的比例更大。纺织服装与人类直接接触,一旦燃烧,轻则部分皮肤烧伤,遭受痛苦,重则皮肤大面积烧焦烧伤,危及生命。另外,纺织品燃烧产生的有害气体也危害人的生命,如一氧化碳、二氧化碳、氰化氢、氧化氮、氨类和醛类气体等,都会造成人的窒息或毒害而死亡。因此,研究纺织品阻燃技术,开发各种阻燃纺织品,制定阻燃纺织品的法律法规等就成了人们研究的重要课题。

一、纤维剂纺织品阻燃机理

所谓阻燃是指降低材料在火焰中的可燃性,减缓火焰蔓延速度,当火焰移去后材料能很快自熄,减少燃烧。从燃烧过程看,要达到阻燃目的,必须切断由可燃物、热和氧气三要素构成的燃烧循环。阻燃作用有物理的、化学的及两者结合作用等多种形式,根据现有的研究结果归纳如下。

(一)熔融理论(表面覆盖理论)

覆盖层作用阻燃剂受热后,在纤维材料表面熔融形成玻璃状覆盖层,成为凝聚相和火焰之间的一个屏障,这样既可隔绝氧气,又可阻止可燃性气体的扩散,还可阻挡热传导和热辐射,减少反馈给纤维材料的热量,从而抑制热裂解和燃烧反应。例如硼砂-硼酸混合阻燃剂对纤维的阻燃机理可用此理论解释。在高温下硼酸可脱水、软化、熔融而形成不透气的玻璃层黏附于纤维表面:

$$H_3BO_3 \xrightarrow[-H_2O]{130\sim 200\ ℃} HBO_2 \xrightarrow[-H_2O]{260\sim 270\ ℃} B_2O_3 \xrightarrow{325\ ℃} 软化 \xrightarrow{500\ ℃} 熔融 \rightarrow 玻璃层$$

(二)气相阻燃

气体稀释作用为阻燃剂吸热分解后释放出不燃性气体,如氮气、二氧化碳、氨、二氧化硫等,这些气体稀释了可燃性气体,或使燃烧过程供氧不足。另外,不燃性气体还有散热降温作用。

(三)吸热作用

某些热容量高的阻燃剂在高温下发生相变或脱水、脱卤化氢等吸热分解反应,降低了纤维材料表面和火焰区的温度,减慢热裂解反应的速度,抑制可燃性气体的生成。如三水合氧化铝分解时可释放出水,需要消耗大量的脱水热,水转变为气相,也需要吸收大量的热。

(四)凝聚相阻燃

凝聚相阻燃是指在凝聚相中延缓或中断阻燃材料热分解而产生的阻燃作用。下面几种情况均属于凝聚相阻燃。

(1)阻燃剂在固定相中延缓或阻止可产生可燃气体和自由基的热分解。

(2)阻燃材料中比热容较大的无机填料,通过蓄热和导热使材料不易达到热分解温度。

(3)阻燃剂受热分解吸热,使阻燃材料温升减缓或终止。

(4)阻燃材料燃烧时在其表面形成多孔炭层,炭层难燃、隔热、隔氧,又可阻止可燃气体进入燃烧气相,使燃烧中断。

(五)提高热裂解温度

在纤维大分子中引入芳环或芳杂环,增加大分子链间的密集度和内聚力,提高纤维的耐热性,或通过大分子链交联环化、与金属离子螯合等方法,改变纤维分子结构,提高炭化程度,抑制热裂解,减少可燃性气体的产生。

(六)熔滴作用

在阻燃剂的作用下,纤维材料发生解聚,熔融温度降低,增加了熔点和着火点之间的温差,使纤维材料在裂解之前软化、收缩、熔融,成为熔融液滴滴落,大部分热量被带走,从而中断了热反馈到纤维材料上的过程,最终中断了燃烧,使火焰自熄。涤纶的阻燃大多是以此方式实现的。

(七)气相阻燃

在材料受热燃烧过程中,生成大量的自由基,加快气相燃烧反应。如能设法捕捉并消灭这些自由基,就可控制燃烧,起到阻燃效果。气相燃烧反应的速度与燃烧过程中产生自由基 HO·和 H·的浓度有密切关系,气相阻燃剂的作用主要是将这类高活泼性的自由基转化成稳定的自由基,抑制燃烧过程的进行,达到阻燃目的。

(八)尘粒或壁面效应

自由基与器壁或尘粒表面接触,可能失去活性,在尘粒或容器壁面可发生下述反应:H·+O_2→HO_2·,在尘粒表面生成大量活性比 H·和 HO·等低得多的自由基 HO_2·,从而达到抑制燃烧的作用。

二、阻燃剂种类及其特点

(一)无机阻燃剂

无机阻燃剂分解温度高,除了有阻燃效果外,还有抑制发烟和毒性的作用,目前国外工业发达国家无机阻燃剂消费量远远高于有机阻燃剂,主要使用的品种有氢氧化铝、氢氧化镁、红磷等。

1. 氢氧化物

氢氧化物阻燃剂主要有氢氧化铝(ATH)、氢氧化镁(MH)和层状双氢氧化物(LDHs)等,这类阻燃剂稳定性好,不产生有毒气体,发烟量小,是无卤阻燃体系的主要成分,其主要通过分解吸热和释放水分,以达到阻燃抑烟效果。Xingui Zhang 等将纳米级 $Al(OH)_3$ 用于 EVA 的阻燃,当纳米级 ATH=60%时,EVA 的氧指数即可达 37.9%,同时阻燃材料的力学性能下降不大。李学锋等通过正交实验研究,发现在 100 份(质量份)UP 中添加 75 份 ATH、15 份氯化石蜡、6 份氧化锑、10 份硼酸锌及 4 份磷酸三苯酯的协同阻燃体系能使 UPR 的氧指数高达 36%。

2. 无机磷系化合物

无机磷系阻燃剂主要为红磷、磷酸酯及聚磷酸铵等,它们主要在凝聚相中发挥阻燃作用。无机磷系阻燃剂受热分解成磷酸、聚偏磷酸、偏磷酸等强脱水性的酸,这些酸可使高聚物脱水炭化形成炭膜,这种呈黏稠状液态和固态膜不仅可以隔热,而且还可以阻止可燃气体和氧气的扩散,以达到阻燃的目的。大量的研究表明,磷系阻燃剂与多种阻燃剂有协同效应,其机理还有待进一步深入研究。李学峰研究了红磷、ATH、MH,三者复配体系并应用于 EVA 的阻燃,结果表明,该复配体系能在较宽的温度范围内起阻燃作用。

3. 氧化锑

氧化锑阻燃剂一般不单独使用,而是作为阻燃协效剂与卤素化合物配合起阻燃作用。研究表明,卤化物与 Sb_2O_3 产生协同效应,可以明显提高卤素阻燃剂的阻燃效率,原因为其生成的易挥发物 SbX_3(X 表示卤素)作为自由基捕捉剂能有效地捕捉聚合物燃烧产生的自由基,起气相阻燃作用。我国锑资源丰富、价格低廉,对发展锑系阻燃剂有着得天独厚的优势。Fer-nandes J R 等用 Sb_2O_3 与十溴二苯醚协同阻燃 UPR 经过 UL－94、DSC、TGA 测试得出试样燃烧活化能较纯树脂增加 87%,且在离火 1 s 内自熄。

4. 钼化合物

当代阻燃技术中"抑烟"和"阻燃"相提并论,对某些聚合物而言"抑烟"甚至比"阻燃"更为重要,一般用于抑烟的是钼、铁、铜、锡的化合物及氢氧化物,但主要应用的是钼化合物,如三氧化钼、钼酸铵、钼酸锌和钼酸钙等。Wallace 等对大量钼化物的抑烟作用做了研究,发现钼化物抑烟是通过 Lewis 酸机理起作用的,其可以使含卤树脂在加热早期加速脱卤反应,并减缓偶联反应的进行,这样就难以形成芳香族化合物而只形成石墨状焦炭,而此类芳香族化合物是烟的主要组成部分。

(二)溴系阻燃剂

溴系阻燃剂的阻燃性能比相应的氯系约高 50%,并且可以同时在气相和凝聚相中起到阻燃作用,另外还具有与高聚物相容性好,不恶化基材的物理机械性能和电气性能等诸多优点。这使得溴系阻燃剂发展迅速,并成为世界上产量最大的有机阻燃剂之一。但是,溴系阻燃剂也有几种缺点:降低被阻燃基材的抗紫外线稳定性,燃烧时生成较多的烟、腐蚀性气体和有毒气体,使用多溴二苯醚阻燃的树脂燃烧产物中有致癌物质等。以下是两种比较有发展前景的改进溴系阻燃剂性能的新技术。

1. 溴系阻燃剂的协同阻燃

协同阻燃技术即同时使用两种以上的阻燃剂或应用两种以上的阻燃机理来开发阻燃剂的品种或剂型,从而克服单一阻燃剂的相应缺点,使其性能互补,达到降低阻燃剂用量、提高材料阻燃性能、加工性能及物理机械性能等目的。目前人们研究较多的协同技术是磷-卤协同、磷-氮协同、溴-无机协同等。

2. 溴系阻燃剂的高聚物及低聚物

含溴高聚物阻燃剂具有挥发性低、分散相容性好、不易迁移和起霜、热稳定性好及低毒等特点,可有效克服低分子溴阻燃剂发烟量高、产生有毒气体和腐蚀性气体、降低被阻燃基材抗紫外线稳定性的问题。

3. 有机磷系阻燃剂

有机磷系阻燃剂也是非常重要的一类有机阻燃剂,在有机磷系阻燃剂当中,最重要的阻燃剂是磷酸酯类阻燃剂,有机磷系阻燃剂的另一个发展方向是膨胀型阻燃剂,它是应用磷-氮协同、不燃气体脱水发泡、多元醇和酯炭化形成阻燃碳化层等多种阻燃机理共同作用而起到阻燃效果的,以 APP 为主要原料的膨胀型阻燃剂已成为研究开发的热点。

三、阻燃纤维的加工方法

纤维的阻燃可以通过成纤聚合物与阻燃剂的共聚或共混来实现此方法称聚合物阻燃改

性法。它能使纤维获得较为持久的阻燃性能,且对纤维的风格影响较小。对共混与共聚阻燃剂的共同要求是安全性,既包括阻燃剂本身的安全性,又包括其分解产物的安全性。

(一)共聚改性阻燃纤维

共聚改性阻燃纤维,是在其成纤聚合物制造过程中阻燃剂参与聚合反应而进入分子结构之中形成的。需要注意的是,阻燃剂分子上必须有反应性基团。另外,反应性阻燃剂除安全性外,还有如下几点要求:(1)聚合反应不产生交联;(2)对聚合物分子链结构及物理性能无大的影响,尽量保持纤维的原有风格;(3)有较高的热稳定性,在聚合、纺丝及拉伸过程中不发生分解。

较常见的溴系反应性阻燃剂为四溴双酚 A/双(二溴丙基)醚以及热稳定性较好的四溴双酚 S 双羟乙氧基醚。用此类阻燃剂改性的阻燃聚酯纤维,如杜邦公司的 Dacron-900F。但由于含溴阻燃纤维在燃烧时有窒息性烟雾产生,因此磷系反应性阻燃剂的研究受到重视。目前使用此类阻燃剂改性的合成纤维最具代表性的是郝斯特公司的 TreviraCS 和东洋纺公司的 Heim。这两种纤维都是对聚酯进行改性的阻燃纤维,除了阻燃效果具有持久性外,在纺纱、织造及印染工艺中,基本保持与常规聚酯纤维相近。

(二)共混改性型阻燃纤维

共混改性型阻燃纤维是阻燃剂不进入分子结构之中而是与成纤聚合物均匀混合,经纺丝制成的纤维。除了安全性要求之外,共混阻燃剂还应与聚合物有良好的相容性,在纺丝、拉伸及后加工中不挥发、不分解。

共混有机阻燃剂分为含卤素及含磷型两大类,为了降低挥发性,一般其分子较高,常在 200~400 以上。由于在纤维中阻燃元素的含量要在 2/1 000 以上才显示出阻燃效果,因此阻燃剂的添加量往往很高,有时可高达 20%,这就要求阻燃剂的分子量不要太大,为了同时满足不易挥发的要求,对阻燃剂的分子结构设计极为关键。例如东洋纺用于共混及共聚阻燃聚酯纤维 HEIM 的阻燃剂磷含量接近 1%。

四、阻燃纤维的发展及其应用

由于生产、生活的迫切需要,阻燃纤维已成为纺织领域不可或缺的研究领域,并且取得突破性进展。目前,已研制并投入生产的高性能阻燃纤维有以下几种。

(一)Basofil 纤维

Basofil 纤维是德国 BASF 公司生产的一种三聚氰胺(MF)纤维,属隔热和阻燃纤维,可提供在热或燃烧作用下的高水平的防护性能,保护人体或动物免受热的危害。Basofil 纤维是经简单的高分子化合物三聚氰胺、三聚氰胺衍生物和甲醛缩聚而制得的,由于其具有三维的空间网状交联结构,这种交联结构提供了较高的热稳定性、极好的耐溶剂性能和低的可燃性。同时,Basofil 纤维在遇到火焰时不会发生收缩和融化现象,连续使用温度可达 180 ℃~200 ℃,短时间内可达 260 ℃~370 ℃。

由于 Basofil 纤维的强力接近于天然纤维,所以在用其生产隔热阻燃防护服时通常与一些高强纤维如芳纶或其他纤维混用。混用比例由最终产品的性能要求来决定,主要用在消防服、工业用阻燃防护服以及汽车等的内装饰织物和家用防火材料等方面。

(二)Kermel 纤维

Kermel 纤维属于聚酰亚胺纤维,由法国 Kermei 公司生产的。从外观看,Kermel 纤维是一种有光纤维,横截面接近于圆形。由于其特殊的化学组分及结构,Kermel 纤维及其织物具有永久的阻燃性能,其性能指标如表 7-3 所示。在燃烧过程中不熔融、不续燃、无余晖,具有优异的绝热性能和热防护性能,同时改性纤维可原液染色,因此其色牢度和耐光牢度很好。Kermel 纤维的机械强度不高,接近于天然纤维,其制品具有良好的外观和柔软的手感、良好的热稳定性和耐摩擦、抗化学品的性能。

Kermel 纤维织物主要用来制造耐高温的防火服,还可用于制织恶劣环境下用的工作服,如特种飞行服、军事保护和工程用服装等。

(三)阻燃黏胶纤维(Lenzing Visscose FR)

它是由奥地利 Lenzing 公司将不含卤族元素的阻燃剂加入纺丝液中制成的,遇火或燃烧时不会产生熔滴。物理性能与普通黏胶纤维相似,对皮肤无任何刺激。

由于该纤维具有高吸湿性能,所以除阻燃功能外,还具有良好的穿着舒适性。该纤维可与羊毛以及高性能纤维,如 Kermel、Nomex、PBI、P84、Bosofil 等纤维混纺,其制品外观手感较好。含有 50%~60% 该纤维的织物就可达到欧洲消防服标准(EN469)、高温防护服标准(EN531)和焊工防护服标准(EM70)要求。

(四)Visif 纤维

Visil 纤维的物理性能与普通黏胶纤维相似,不但具有吸湿、透气、易染色等性能,而且耐酸碱和虫蛀,可以加工各种耐高温的阻燃纺织品,并且可生物降解,符合环保要求,能与芳纶、改性聚丙烯氰纤维等阻燃纤维以及棉毛等天然纤维混纺。混有 Visif 纤维的非织造布可用作炼铜厂、铸铝厂的工作服和焊接工作服、消防服的面料及衬里。

(五)PBI 纤维

作为一种典型的耐热纤维,PBI 纤维最初主要用于宇航密封舱的耐热防火材料,直到 1983 年,由于其高的回潮率以及穿着舒适性,而在防护服如消防服、耐高温工作服、飞行服及救生用品等方面有了广泛的应用。

(六)聚酸亚胺(P84)纤维

P84 纤维除具有良好的阻燃、耐高温性能外,还具有良好的耐有机溶剂、耐酸及耐漂白剂性能。在较高的温度范围(1 200 ℃~2 600 ℃),保持良好的机械性能,在 250 ℃以下使用不会腐蚀。除此之外,P84 纤维织物的手感柔软,具有良好的服用性能,且可耐多次洗涤。常用作防护服材料,由 P84 纤维经针刺制成的非织造布防火防热服的内衬可以完全满足欧洲防火、防护服的 EN469 标准(EN-366-方法 B,EN367)。

随着科学技术的不断发展、消费水平的提高,人们对纤维及其制品的要求也越来越高。阻燃纤维能有效防御火灾的发生,延缓火焰的蔓延,能有效地保护人们的人身和财产的安全。这类纤维顺应时代要求而产生,具有广阔的发展前途和市场前景。

第三节 抗静电及导电纤维

早期,人们在纺织加工过程就发现纤维绕罗拉、缠皮辊等静电现象,但并不严重。随着化学纤维等高分子材料的出现,静电问题越来越引起人们的重视,如化学纤维由于静电现象不但造成纺纱织造困难,而且穿着舒适性差,还可引起电击,甚至造成严重的灾害,所以对抗静电纤维及导电纤维的研究开发具有深刻的意义。为了消除纤维及其制品的静电现象,自20世纪60年代就开始了抗静电纤维和导电纤维的开发工作,现已取得了一系列成果,并达到了一个新的水平。

一、纺织纤维的静电现象及性质

静电起源很早就被人们发现,不同物体之间进行摩擦,就会产生静电。经过多年来对静电现象的分析、研究,人们对纺织纤维的静电现象有了一定的认识,主要有三种重要的作用和物理现象,即力的作用、放电现象和静电感应现象。由静电引起的危害大致可分为生产障碍、爆炸和火灾、电击灾害及静电感应灾害等。

(一)纤维的静电排列序列与相对湿度的关系

巴卢在相对湿度为25%时测得的静电按从大到小排列为:羊毛、聚酰胺、蚕丝、黏胶纤维、强力黏纤维、棉、玻璃纤维、醋酸纤维、聚酯、聚丙烯、腈、聚乙烯。弗罗切尔在相对湿度为65%时测得的纤维静电按从大到小排列为:玻璃、羊毛、聚酰胺、黏胶纤维、棉、醋酸纤维、聚丙烯腈、钢、聚酯、聚乙烯。

从以上可以看出,在相对湿度不同时,同一种材料在摩擦起电序列中所处的位置也不同。利用这种静电序列表,可以预计不同材料相互摩擦时产生的电荷极性。

(二)纤维的静电现象

化学纤维在纺织加工过程中,由于静电作用,易使棉卷成卷不良、粘卷,梳棉机输出的棉网成型不良,产生破边等现象,在并粗细等工序中,由于静电吸引而产生绕罗拉、缠皮辊现象,且在车间易产生飞花,在织造时易造成开口不清,并在服用中易吸附灰尘,产生缠绕、放电现象。

(三)纤维材料的导电机理

纤维材料的导电和介电性质是纤维高分子材料本身的一个重要特性,一般高分子材料在电场中会产生一定的极化作用,由于高分子材料内部的电场随时间而减弱,也就是介质吸收现象,与此同时空间电荷极化。纤维高分子材料导电的机理,根据电荷载体是离子还是电子而分为离子导电和电子导电两类。高分子材料的导电机理多为离子导电机理,离子导电是离子在空穴位置间跳跃而产生的,此时,电流与电压关系如下。

$$I = S' \sin h(A'V)$$

式中的 h、S'、A' 是与离子的跳跃距离、活化能、分解能、温度有关的参数,I 为电流,V 为电压。

纤维材料与某物体接触时,两物体表面产生电荷移动,一个带正电,一个带负电。当纤维材料与该物体分离时,两物体则分别带正电或负电分开,从而使纤维材料带电。

(四)影响纤维材料静电性能的主要因素

1. 纤维结构的影响

主要是纤维材料在加工、服用过程中受到拉伸,使得纤维材料内部结晶区和无定形区发生变化而影响其导电性能。

2. 相对湿度的影响

相对湿度高时,电荷向外界散失的速度快,同时纤维吸湿增加,导致纤维本身的比电阻降低,静电衰减加快,静电电压降低。

3. 温度的影响

温度对非极性和弱极性纤维材料影响很小,可忽略不计。对极性和强极性纤维材料,一般随着温度的升高,带电荷量减少,纤维比电阻 ρv 与温度 T 的关系如下:

$$\lg \rho v = c/2T_2 - (a-bM)T + d$$

式中:a、b、c、d 为与纤维种类和极性有关的常数

M——纤维含水率;

T——纤维温度(℃)

4. 摩擦条件的影响

摩擦形式、表面平滑度、摩擦速度和摩擦力都对纤维材料的静电性能产生影响。

二、纤维静电的消除原理及抗静电剂

(一)纤维抗静电原理

一般静电的产生主要分为两种方式,一种为经接触产生静电,另一种为受到静电诱导而产生静电。接触产生静电最主要是由于电荷的移动产生的,物体经过摩擦接触后,一物体表面开始累积正电荷,另一物体表面则带有负电荷,进而产生静电。而通过静电诱导产生静电则是当导电体在导体或绝缘体附近时,靠近导电体的导体侧或绝缘体侧就会开始累积电荷,经长时间的诱导后,可使导体或绝缘体的正负电荷被完全分开,产生静电的效果。这两种情况所导致的结果都可称为电荷转移效应。因此,抗静电就是指抗静电织物能够将电荷转移效应减到最小,防止静电的聚集,减少与制品的摩擦或接触,进而达到抗静电的目的。通常所采用的方法如下。

1. 控制静电荷的产生

主要通过减少摩擦机会,降低摩擦压力和速度,采用一些能减少静电产生的材料或使用两种在摩擦起电序列中位置相近的材料,使产生的电荷相互抵消等。但是,此种方法只是消极地去消除静电,所以应用不多。

2. 消除静电

首先采用接地法,使静电泄漏;其次是提高周围环境的相对湿度,使材料表面比电阻下降;最后采用增加材料的电导率,这是目前最根本、最主要的方法,主要有以下几种。

(1)用抗静电剂法。使用抗静电剂涂敷在纤维材料上,以达到抗静电作用。

(2)用持久性抗静电剂法。采用持久性抗静电剂涂敷在材料上,可耐洗涤等,达到持久的抗静电作用。

(3)材料表面改性法。一种是采用在材料表面形成有抗静电作用的亲水性高聚物皮层的方法,如对聚酯类,可用聚乙二醇和PET的共聚物作皮层。另一种表面改性方法是用亲水性单体在材料的表面接枝聚合,例如,用引发剂等使材料表面的主链上部分地产生自由基或离子,再与丙烯酸等亲水单体接枝聚合。

(4)与导电材料混用法。将高分子材料与导电材料混用,使成为始终具有抗静电性能的

导电材料。导电材料主要有金属纤维如不锈钢纤维等、石墨、金属涂层材料、含导电性炭黑聚合物的覆盖或复合材料等。

(二)抗静电整理剂的种类

抗静电剂是施加到纤维或织物表面,增加其表面的亲水吸湿性,以防止静电在纤维上积聚的化学助剂。采用亲水性物质处理疏水性的合成纤维可以提高纤维表面的吸湿性,在纤维表面形成具有电导性的离子层,使纤维表面比电阻大大降低,从而达到防静电效果。

抗静电剂可分为暂时性抗静电剂和耐久性抗静电剂。用于合成纤维的纺丝、纺纱、织造用的抗静电剂多为暂时性抗静电剂,作为织物成品后整理用的多为耐久性抗静电剂。常用的暂时性和耐久性抗静电剂分别论述如下。

1. 暂时性抗静电剂

目前工业上应用的暂时性抗静电剂主要是一些表面活性剂,由于离子型表面活性剂可以直接利用自身的离子导电性消除静电,所以目前应用最多。

(1)阴离子表面活性剂

在阴离子表面活性剂中,烷基(苯)磺酸钠、烷基硫酸钠、烷基硫酸酯、烷基苯酚聚氧乙烯醚硫酸酯和烷基磷酸酯都具有抗静电作用,以烷基苯酚聚氧乙烯醚硫酸酯和烷基磷酸酯的效果最好。

烷基酚聚氧乙烯醚硫酸钠除了具有抗静电效果外,还有优良的乳化分散作用,但从环保的角度它又受到了限制。烷基磷酸酯类抗静电剂的水溶性和抗静电效果良好,起泡性小,具有良好的耐热性、耐酸碱性能。烷基磷酸酯和环氧乙烷缩合可以进一步增强其抗静电性能。

(2)阳离子表面活性剂

阳离子表面活性剂是抗静电剂的大类品种,在低浓度时就具有优良的抗静电性能。由于大多数高分子材料都带有负电荷,因此阳离子表面活性剂是较为有效的抗静电剂。与阴离子型抗静电剂相比,阳离子型抗静电剂的耐洗性较好、柔软性和平滑性优良,还有良好的杀菌性能,缺点是能使染料变色、耐晒牢度降低且不能和阴离子型助剂、染料、增白剂同浴使用。用作抗静电剂的阳离子表面活性剂主要为季铵盐型,代表性产品有抗静电剂 TM 和抗静电剂 SN。在季铵盐化合物的一个或多个烷基中采用聚氧乙烯基取代,可以改进其水溶性,形成的聚醚型季铵盐还可以与阴离子型表面活性剂拼混使用。此外,N-十六烷基吡啶硝酸盐的抗静电效果优良。氨基烷基聚乙二醇醚 $RNH(EO)_nH$ 具有抗静电性大和吸着性大的特点。氧化胺型阳离子表面活性剂稳泡性和抗静电性好,主要用于纤维抗静电剂。咪唑啉季铵盐衍生物,如酰胺咪唑啉季铵盐(抗静电柔软剂 AS)不仅具有良好的抗静电性能,还具有优良的柔软性能。脂肪酸胺类抗静电剂主要有 N,N-二甲基-β-羟乙基十八酰胺-γ-丙基季铵硝酸盐,该产品适用于合纤纺丝和织布时消除静电,效果优良。

(3)两性表面活性剂

这是一类优良的抗静电剂,能在纤维表面形成定向吸附层,从而提高纤维表面的电导率以达到抗静电目的。主要有氨基酸型、甜菜碱型、咪唑啉型,其中以甜菜碱型最为有效,对染色的影响也小,如 BS-12(十二烷基甜菜碱)不仅具有良好的抗静电性、柔软性,还有良好的去污力和钙皂分散性。而烷基咪唑啉甜菜碱型产品由于对皮肤刺激性小,抗静电性和柔软性好,常用于织物后整理。

(4)非离子表面活性剂

非离子表面活性剂有多元醇类和聚氧乙烯醚类两大类。它们可以吸附在纤维表面形成吸附层,使纤维与摩擦物体的表面距离增加,减少纤维表面的摩擦,使起电量降低。另外,非离子表面活性剂中的羟基和氧乙烯基能与水形成氢键,增加纤维的吸湿,提高含水量而降低纤维表面电阻,从而使静电易于消除。非离子表面活性剂毒性小,对皮肤无刺激性,使用广泛,主要用作合纤油剂,常与离子型抗静电剂并用,兼有润湿、乳化和抗静电作用。

(5)有机硅表面活性剂

目前有机硅抗静电剂常见的有聚醚型改性硅氧烷。乙酰氧基封端的聚烯丙基聚氧乙烯醚与聚甲基氢硅氧烷加成形成的高分子抗静电剂,用于锦纶、涤纶的抗静电整理,效果极好。

(6)有机氟表面活性剂

具有表面张力低、耐热、耐化学品、憎油和润滑性好等特点,抗静电性能比烃类化合物大得多,但价格昂贵。

(7)高分子型

高分子型抗静电剂具有耐热性好的特点。低聚苯乙烯磺酸钠、聚乙烯磺酸钠、聚乙烯苄基三甲基季铵盐等都可用作抗静电剂。聚2-甲基丙烯酰氧乙基三甲基氯化铵对丙纶纤维有很强的结合力,用它处理过的丙纶地毯具有优良的抗静电性能。

2. 耐久性抗静电剂

除阳离子、两性表面活性剂的抗静电剂有一定的耐久性外,其他类型的抗静电剂都不耐贮存和洗涤。为此,人们开发了耐久性抗静电剂。

(1)聚胺类

以聚氧乙烯链为主链的聚胺型化合物,是最早应用的耐久性抗静电剂。如多乙烯多胺与聚乙二醇反应而得的抗静电剂 XFZ—203,可用作腈纶和涤纶等合成纤维的抗静电剂,它的抗静电性由亲水性聚醚产生,耐洗性则源于较高的相对分子质量与反应性基团。

(2)聚酯聚醚类

它是对苯二甲酸、乙二醇、聚乙二醇的嵌段共聚物,基本结构和涤纶相似。如国产抗静电剂 CAS、F4,分子中分子量在 600 以上的聚氧乙烯基可提高其亲水性,从而降低表面电阻获得抗静电效果。涤纶表面上接上的聚氧乙烯基能耐久经受多次洗涤,还有防止再污染和易去污的性能。聚酯链段与涤纶分子结构相同,热处理后形成共晶,结成长链,也使耐洗性大大提高,且分子链段越长,分子量越大,耐洗性越好。这种抗静电剂可广泛用于各种化纤织物、丝、毛织物及各种混纺织物,具有优良的抗静电和柔软效果。

(3)聚丙烯酸酯类

丙烯酸(或甲基丙烯酸)和丙烯酸酯与亲水性单体的共聚物能在纤维表面形成阴离子型亲水性薄膜。由于分子中有亲水性很强的羧基,所以抗静电效果很好,耐洗性也不错,特别适用于涤纶。

(4)三嗪类

以三聚氰胺为骨架,接上聚酯、聚醚基团,具有良好的抗静电性和耐洗性,适用于涤纶、腈纶等合成纤维。

(5)聚氨酯型抗静电剂

基本结构为 $NHCOO_2(EO)_nCONHR$,其中聚醚链段和酰胺链段都是很好的吸湿抗静电基团。聚氨酯型抗静电剂常与其他类型的抗静电剂并用,以获得更好的效果。

(6)交联性抗静电体系

含有羟基或氨基的非耐久性抗静电剂与多官能度交联剂反应,生成线性或三维网状结构的不溶性高聚物,覆盖在纤维表面,可以提高耐洗性。常用的交联剂有HMM(六羟甲基三聚氰胺)和TMPT(三甲氧基丙酰三嗪)。选择合适的交联剂与抗静电剂的比例可以得到极好的耐久性抗静电性能。

(7)壳聚糖

壳聚糖作为涤纶织物的抗静电剂,抗静电效果良好,在交联剂、催化剂存在下经烘焙可获得较为耐久的抗静电效果。利用丙二酸的交联,可在壳聚糖和涤纶纤维之间形成稳定的化学键,焙烘后的涤纶织物的拉伸强度因壳聚糖交联而提高,处理后的织物静电压降低到未处理织物的1/10,因此壳聚糖对涤纶织物的抗静电整理是有效的。在抗静电整理的各种手段中,壳聚糖整理不失为一种良好的选择。

三、抗静电、导电纤维的加工方法

(一)抗静电整理

利用抗静电剂对纤维进行整理,以获得抗静电纤维的制造方法总体说来有两大类,即外部抗静电法和内部抗静电法。

1. 外部抗静电法

使用外部抗静电剂附着在纤维表面的方法称表面整理法,表面整理法可分为暂时性和耐久性抗静电整理两种方法。

(1)暂时性抗静电处理

一般采用外部喷洒、浸渍和涂覆(也常用在织物上)等方法防止纤维制造和加工过程中静电的干扰。暂时性抗静电剂多为表面活性剂,它们的耐洗涤性和耐久性差,在加工完成后,抗静电性就基本消失。暂时性抗静电剂需要具备以下特点:不易挥发、低毒性、无泛黄效应、低可燃性以及在低湿度环境下(相对湿度低于40%)明显无腐蚀。这类抗静电剂可分为四类,即非离子型、阳离子型、阴离子型和两性型。通常非离子型抗静电剂和阳离子型抗静电剂使用得较多,因为它们与纤维有更好的相容性,且吸湿率更高,油溶性也好。

(2)耐久性抗静电处理

耐久性抗静电处理是在纤维表面,通过电性相反离子的互相吸引而固着,或通过热处理发生交联作用而固着,或通过树脂载体而黏附在纤维表面上,从而具有一定的耐洗涤、耐摩擦和耐久性。但是织物的风格和外观会受到较大的影响,往往手感变得粗硬,舒适性、透气性变差。理想的耐久性整理应是在纤维周围形成皮层,并在中等湿度或低湿度时具有尽可能高的回潮率,且在水中具有尽可能低的膨胀率。

2. 内部抗静电法

将抗静电剂掺入到纤维内部的方法有以下三种实现途径。

(1)纺丝前对纤维聚合物进行改性,通常将具有亲水性的化合物与纤维单体进行共聚后再纺丝。

(2)用共混纺丝法,使成纤聚合物与抗静电剂进行共混或复合纺丝。

(3)在纤维表面涂覆可导电的金属或炭黑(实际上也属于表面整理),或采用复合纺丝法制备含炭黑的抗静电纤维。

内部用抗静电剂应具备以下条件。

(1)高效性:应在较小的添加量下就能显示出明显的抗静电效果。

(2)热稳定性:内部抗静电剂要经过或部分经过纺丝、拉伸、变形、定型、染色、整理等加工,应经过高温处理。

(3)内部抗静电剂应与纤维聚合物之间有适宜的相容性和较好的流变匹配性,应耐水洗、汽蒸,并且没有毒性。

(4)对聚合物的性能没有不利的影响。

(二)纤维的化学改性

通过化学反应对纺织纤维进行改性以获得抗静电纤维的方法总的说来有两大类,一类是共聚法制备抗静电纤维,另一类是共混法或复合法制备抗静电纤维。

1.共聚法

一种是在聚合阶段用共聚方法引入抗静电单体或通过化学方法引入吸湿性抗静电基团,就可制得抗静电纤维。杜邦公司将含有大于2个羟基的硼酸多元醇酯加入对苯二甲酸二甲酯、乙二醇和催化剂,按一定比例配制成混合物,再进行缩聚,得到了具有良好染色性能的抗静电PET纤维。日本帝人公司用3,5-二甲基苯磺酸钠、特定聚氧烷撑二醇、PET进行共缩聚,制得了具有耐火的抗静电PET纤维。

共聚法制备抗静电纤维的另一种方法是表面接枝法,它利用亲水性单体在纤维表面进行接枝共聚。两种共聚法制备的抗静电纤维具有本质上的区别,表面接枝法只改变聚合物表面的结构、性能,而前者对聚合物本身进行改性。从耐用性来看,表面接枝法是很好的后加工方法,若能在技术上、经济上进一步改进,前景可观。例如,将PET用紫外线照射90 min后,在PET表面上接枝PEM(甲基丙烯酸聚L-醇酯),用此法纺制的抗静电PET纤维的耐洗涤性、耐久性良好。20世纪70年代初美国表面活性剂公司开发了聚酯纤维低温等离子体改性SAC技术,改善了织物的亲水、染色和抗静电等性能。这种技术的出现为抗静电聚酯纤维的进一步发展打好了基础。光津敏博士等研究利用等离子体处理聚酯纤维表面,然后再用丙烯酸或丙烯酰胺与聚酯接枝聚合,最后用2%~59%的NaOH水溶液处理共聚酯,所得纤维具有良好的吸湿性和抗静电性。这种方法因可以控制支化度,而且形成了钠盐,所以不仅可以提高聚酯的吸湿性,对纤维原有性能的影响也较小,手感不变差。由于空气低温等离子体处理的同时使纤维表面产生接枝共聚的工艺方法可连续进行,从而为工业化生产提供了可行性。

2.共混法或复合法

在纺丝过程中用共混或复合纺丝法将亲水性表面活性剂或聚合物渗入纤维内部的方法,可以制得性能优良的抗静电纤维。采用共混纺丝法制备抗静电纤维是当前制取抗静电纤维的主要方法之一,此方法的研究具有较长的历史。1964年,美国杜邦公司首先发表了专利,它是以聚乙二醇及其衍生物作抗静电剂制备的抗静电纤维,抗静电剂在聚酯或聚酰胺基体中以细长的粒子状(针状)分布,从此拉开了研究高分子型抗静电剂的序幕。国外最早开发成功并实现了工业化的抗静电纤维,是日本东丽公司的尼龙PAREL(1966年商品化)。

从20世纪70年代末期开始，日本的帝人公司和东丽公司相继发表了成功开发抗静电涤纶的消息，它们都是采取聚氧乙烯系聚合物共混纺丝的方法。

3. 镶嵌或混纺导电纤维

导电纤维产生于20世纪60年代末期，最早问世的是表面涂覆炭黑的有机导电纤维，随后出现的是表面镀覆金属的导电纤维。罗门哈斯公司用化学镀层方法在尼龙表面镀银制成导电纤维x-Static，东洋纺公司用低温融态金属浸渍制成具有金属皮层的导电纤维，Statex公司的Ex-Stat则是采用非电解镀银技术制成的导电纤维。纤维表面金属化的导电纤维，力学性能与普通纤维差异较大，使混纺较为困难，因而并未得到广泛的应用。1975年杜邦公司采用复合纺丝技术制成含有炭黑导电芯的复合导电纤维Antron(3)，从此，各大化纤公司纷纷开始以炭黑为导电成分的复合纤维的研究与开发。孟山都公司制成并列型Utron导电纤维，钟纺公司开发了Belltron锦纶导电纤维，尤尼吉卡公司开发了Megana(3)导电纤维，可乐丽公司开发了Kuracarbo，东洋纺织开发了KE-9导电纤维。这一时期炭黑复合型导电纤维得到了很大的发展，到20世纪80年代末期，日本炭黑复合型导电纤维的年产量达到200 t。但由于炭黑复合型导电纤维以炭黑为导电成分，因此纤维通常为灰黑色，使应用范围受到限制。

20世纪80年代开始了导电纤维的白色化研究。普遍采用的方法是用铜、银、镍和铜等金属的硫化物、碘化物或氧化物与普通高聚物共混或复合纺丝而制成导电纤维。如Rhone－pou－lence公司利用化学反应制成CuS导电层的Rhodiastat导电纤维；帝人公司制成表面含有CuS的导电纤维T-25；钟纺公司制成ZnO导电的Belltron632、Belltron638；尤尼吉卡公司开发了Megana。以金属化合物或氧化物为导电物质的白色导电纤维导电性能较炭黑复合型导电纤维差，但其应用不受颜色的影响。

国内对导电纤维的研究与开发比较晚。20世纪80年代开始生产金属纤维和碳纤维，但产量很小。不锈钢丝等金属纤维在油田工作服、抗静电工作服等特种防护服面料中有较广的应用。近年来，国内各高校及科研机构也开发成功了多种有机导电纤维，例如表面镀Cu、Ni的金属化PET导电纤维、CuI导电的腈纶导电纤维、Cu/PET共混纺丝制成的导电纤维、炭黑复合导电纤维等。以上导电纤维已有商品化产品，但产量低，质量不稳定，价格常高于国外同类产品。

四、抗静电、导电纤维的应用与发展

抗静电纤维和导电纤维在比电阻大小方面有下列区别：

抗静电纤维：$10^7 \sim 10^8$ Ω·cm；

导电纤维：$10^3 \sim 10^4$ Ω·cm。

抗静电纤维和导电纤维用途非常广泛，其中最早的用途是用于地毯，而且也是当前最大的应用市场。其他方面的应用主要是抗静电工作服、除尘工作服、一般衣料及产业材料等领域。抗静电除尘工作服在石油、天然气等危险品工作场地、半导体、电子工业、精密仪器、医药卫生等领域，其用途和市场正在不断地扩大。

20世纪50年代后，日本的各公司如钟纺、帝人、东丽、可乐丽等公司都进行了导电纤维的系列研究。东丽公司开发出高白度导电复合纤维；可乐丽公司开发出由炭黑和热塑性弹性体组成的具有永久导电性能的合成共轭纤维，还开发了用于军装和工作服的白色抗静电聚酯长丝纱，用此纱制成的织物不仅具有优良的抗静电性能，还具有和普通衣料一样优良的手感，并具有优良的染色性、强度、抗洗涤性和耐化学性；而由 ICI 纤维公司开发的 Eptropic 纤维则是一种独特的导电纤维，其应用非常广泛。这种纤维芯层是聚酯，皮层为聚酯和间苯二酸酯的共聚物，在生产时，它是浸渍于炭黑粒中的。

法国纤维制造商 R-stat 公司专门开发生产出一种多功能导电纤维，这些产品由尼龙或聚酯组成，它们被涂上薄层硫化铜，从而能导电和抗菌，根据产品的种类，其电导率可分别达到 $10^2 \sim 10^5$ $\Omega \cdot cm$，并且铜还能阻止细菌生长。这些纤维和纱线可应用于地毯、飞机用毡、工业用非织造布、过滤介质和防护服等场合。

国内导电纤维研究起步较晚，浙江大学、浙江省冶金研究所与杭州蓝孔雀化学纤维集团股份有限公司开发了一种镀复合导电涤纶，它用普通 PET 作为基体，在其表面镀上一层聚丙烯腈，再在聚丙烯腈上镀复导电的 Cu_2S 制得具有与普通 PET 基本相同物理性能的导电纤维。该纤维的导电性能是具有耐久性的，由其纺成 38 支纱的比电阻可小于 100 $\Omega \cdot cm$。另外还有中国纺大、北京服装学院、中国纺科院等都进行了抗静电涤纶的研究和开发，但未形成规模生产。

东丽公司将导电性聚合物与 PAN 共混纺丝，制得了比电阻为 7.3×10^6 $\Omega \cdot cm$ 的抗静电腈纶。日本三菱人造丝公司采用皮芯复合型纺制了导电腈纶"Super Elequil"，其内层是混入高比例白色导电微粒的聚丙烯腈聚合体，外层是 PAN 聚合体，它具有导电性优良、永久性抗静电、用途广泛等特点。

国内有中国纺织大学、华东理工大学等单位于 20 世纪 50 年代初开始研究添加型抗静电腈纶，山西榆次化纤厂曾批量生产，中国纺大还用导入金属盐和聚吡咯的方法制得了导电腈纶。北京服装学院在 20 世纪 80 年代初已经开发成功并已形成一定生产规模，山东合纤所与华南理工大学采用共混技术，成功研制了抗静电丙纶。

第四节 防辐射纤维

1895 年，法国科学家伦琴发现了 X 射线，这一现象揭开了 20 世纪物理学革命的序幕，引发了人们围绕这一发现展开了一系列研究工作，其后科学家将这一射线应用于医疗诊断、物质结构分析和材料内部探伤等领域，推进了科技的发展。20 世纪 30 年英国科学家查理威克发现了中子，促成了原子弹的爆炸和继之而来的氢弹、中子弹的战争武器。其后开辟了和平利用原子能的道路，世界上 30 多个国家和地区相继建立了数百个核电站，并形成了中子辐射测量、中子辐射医疗、中子辐射育种等新技术。电磁波的发现更早，19 世纪末俄国科学家波波夫和意大利科学家马可尼利用电磁波通信先后获得成功，开创了人类利用电磁波的崭新时代。经历 100 余年的发展，电磁波的应用已日益广泛，不仅应用于电话、电报、录音录像、广播电视等信息传播，而且应用于遥感导航、检测测量等技术手段，特别是电脑的普及、无线通信的推广和互联网的使用，使这种电磁波的应用已经成为人类生活不可或缺的组成部分。

电磁波依频率从小到大分为工频段电磁波、射频段电磁波、微波段电磁波、红外线、可见光、紫外线、X 射线、Y 射线、快中子射线。另外电磁波的能量与频率成正比，即频率越高，能量越大。无论哪种电磁波,在其造福人类的同时,都会带来危害。一类危害是使生物体产生热效应,当超过某一界限时,生物体因不能释放其体内产生的多余热量,致使温度升高而受到伤害;另一类危害是干扰人体固有的微弱电磁场,影响血液和淋巴运行,使细胞原生质发生变化,引发失眠乏力、免疫力下降、组织病变,进而诱发白血病和癌症。

不同种类的射线辐射危害不同,因而其防护的方法也不同,防护材料也各种各样,但都以屏蔽率作为防护标准。所谓的屏蔽率就是指射线透过材料后辐射强度的降低与原辐射之比,这一性能直接决定防辐射材料的可靠性。针对辐射危害,防辐射材料是一个高新技术领域,防护用品层出不穷,国际竞争异常激烈。基于对人体的防护,在开发防辐射板材的基础上又开发了一系列纤维材料。这些新纤维有一定强度和弹性,易于织造、裁剪和缝制,可以制成罩布和服装,防护性能好,质量轻,柔性好,使用非常方便,因而备受推崇。

一、电磁波屏蔽的原理

1930～1940年间,由 S. A. Schelkunoff 最先提出了一套完整的电磁屏蔽理论,其后经过多年的发展日趋完善。电磁波屏蔽的目的主要有两个方面:一是控制内部辐射区域的电磁场,不使其越出某一区域;二是防止外来的辐射进入某一区域。电磁屏蔽,实际上是为了限制从屏蔽材料的一侧空间向另一侧空间传递电磁能量。电磁波传播到达屏蔽材料表面时,通常有三种不同机理进行衰减:一是在入射表面的反射衰减;二是未被反射而进入屏蔽体的电磁波被材料吸收的衰减;三是在屏蔽体内部的多次反射衰减。根据 S. A. Schelkunoff 电磁屏蔽理论,金属材料的电磁屏蔽效果为电磁波的反射损耗、电磁波的吸收损耗以及电磁波在屏蔽材料内部多次反射过程中的损耗三者之和。银、铜、铝等是极好的电导体,相对电导率 σr 大,电磁屏蔽效果以反射损耗为主,这类材料也被称为导电型电磁波防护材料;铁和铁镍合金等属于高磁导率材料,相对磁导率 μr 大,电磁屏蔽衰减以吸收损耗为主,这类材料也被称为导磁型电磁波防护材料。

一般情况下,材料的导电性越好,屏蔽效果越好;随着频率升高,电磁波穿透力增强,屏蔽效果下降。

电磁波通过屏蔽材料的总屏蔽效果可按下式计算:

$$SE = R + A + B$$

式中:SE—电磁屏蔽效果,dB;

R—表面单次反射衰减;

A—吸收衰减(只在 $A<15$ dB 情况下才有意义);

B—内部多次反射衰减;

由于 SE 在 10 dB 以上时,B 值过小可忽略不计,因此上式可整理为:

$$SE = R + A = [50 + 10\lg(\rho \cdot f)^{-1}] + 1.7d(f/\rho)^{1/2}$$

式中:ρ—屏蔽物体积电阻率,$\Omega \cdot$ cm;

f—频率,MHz;

d—屏蔽层厚度,cm。

由此可以看出,当 f、d 一定时,ρ 值决定屏蔽层导电性能,而 SE 值越高,屏蔽效果越好。影响屏蔽体屏蔽效能还有两个因素:一个是整个屏蔽体表面必须是导电连续的,当干扰的频率较高、波长较短时不导电的缝隙会产生电磁泄漏(当波长远大于缝隙尺寸时,并不会产生明显的泄漏),另一个是不能有直接穿透屏蔽体的导体。

电磁波辐射的频段为 $3\sim3\times10^{12}$ Hz。电磁屏蔽的作用是减弱由某些辐射源所产生的某个区(不包含这些源)内的电磁场效应,有效地控制电磁波从某一区域向另一区域辐射而产生的危害。其作用原理是采用低电阻的导体材料,由于导体材料对电磁能流具有反射和引导作用,在导体材料内部产生与源电磁场相反的电流和磁极化,从而减弱源电磁场的辐射效果。

电磁波在传递过程中,在一般情况下一部分被物体表面反射,一部分被物体吸收,其余部分透过物体,透过率+反射率+吸收率=100%。当反射率和吸收率增大时,透过率就减少,对电磁波辐射的防护性就好,因此,防电磁波辐射的途径一是利用材料的导电性,增加对电磁波的反射率,二是利用材料的磁性,提高对电磁波的吸收率,通过物体的表面反射、内部吸收及传输过程中的损耗、隔离等方法避免对人体产生危害。对于不同的电磁波,其着重点各不相同,可采用相应的屏蔽原理或方法。

(1)当干扰电磁波的频率较高时,利用低电阻率的金属材料中产生的涡流,形成对外来电磁波的抵消作用,从而达到屏蔽的效果。

(2)当干扰电磁波的频率较低时,要采用高磁导率的材料,从而使磁力线限制在屏蔽体内部,防止扩散到屏蔽的空间去。

(3)在某些场合下,如果要求对高频和低频电磁场都具有良好的屏蔽效果时,往往采用不同的金属材料组成多层屏蔽体。

开发防电磁波辐射功能服装,应针对不同的电磁辐射频率及不同辐射强度工作环境,采用不同的防辐射面料,做到既能发挥其防辐射效果,又能降低成本。电磁辐射防护织物设计的宗旨,首先应具有良好的电磁屏蔽效能,即具有良好的导电性和导磁性。良好的导电性是指织物受到外界电磁波作用时产生感应电流,感应电流又产生感应磁场,感应磁场的方向同外界电磁场的方向相反,从而与外界电磁场相抵消,达到对外界电磁场的屏蔽效果。较强的导磁性,能有效地起到消磁作用,使电磁能转化为其他形式的能量,由此达到吸收电磁辐射的目的。同时还要具有适合于服装基本要求的各种特性,如对人体无理化刺激性、天然透气性、柔软性、耐磨性和和屏蔽效果耐久性等。最后在具有保护功能的基础上再赋予一定的保健等其他功能。电磁波在传播途中遇到屏蔽体时,受到反射和吸收作用,能量发生衰减,其衰减程度用分贝(dB)来表示,值越大,则衰减的程度越高。

二、防辐射纤维的生产工艺

(一)电磁波吸收剂选择

从实际情况来看,高反射电磁波有影响器件内部正常工作,对外界器件造成电磁干扰的弊端,因而选择高吸收低反射电磁波的思路更合理,即选择那些在电磁场下具有较大涡流损耗的导电材料与具有较大磁损耗的导磁材料。同时由于在最新领域的导电、导磁纳米材料的体积效应和表面效应,使其具有许多独特的性能,因而纳米材料具有较高研究价值。

就目前应用及研究范围而言,吸波材料可大致包括铁氧体型、手征型以及纳米型等几大类。

1.铁氧体吸波材料

铁氧体是铁元素与氧元素化合形成的各类型化合物,属亚铁磁性材料,吸波性能来源于亚铁磁性及介电性能，其相对磁导率和相对介电常数均呈复数形式，它既能产生介电损耗又能产生磁损耗，因此具有良好的微波性能。铁氧体可分为尖晶石型、石榴石型和磁铅石型等三种类型，均可作为吸波材料。铁氧体吸收剂面密度约 5 kg/m^2，厚度约 2 mm 时，在 8.00~18.00 GHz 频带内吸收率均可低于-10 dB。铁氧体由于电阻率较高（108~1 012Ω·cm）可避免金属导体在高频下存在的趋肤效应，因此在高频时仍能保持较高的磁导率，另外其介电常数较小，可与其他吸收剂混合使用来调整涂层的电磁参数，特别适合作为吸波材料的阻抗匹配层而在多层吸波材料中广泛应用。

铁氧体吸收剂具有吸收强、频带较宽、抗蚀能力强及成本低等特点，但也存在密度大、高温特性差等缺点。因此单一的铁氧体制成的吸波材料难以满足吸收频带宽、质量轻和厚度薄的要求，通常要与其他吸收剂复合才能满足性能要求。庄稼等在纳米 $ZnFe_2O_4$ 中掺杂 Ni 制备 $Ni_{0.5}Zn_{0.5}Fe_2O_4$ 铁氧体，后者的吸波性能为前者的 13 倍。王璟等用化学共沉淀法制备了 W 型六方晶系钡铁氧体，并测试了掺杂不同含量羰基铁粉后的电磁参数。结果表明：随羰基铁粉含量的增加，复合吸收剂在匹配厚度逐渐减小时，吸波效能逐渐增加。当铁氧体与羰基铁粉的质量比为 10∶3，样品的匹配厚度为 2.4 mm 时，涂层在该厚度下的理论吸收峰值为-61.88 dB，吸收率小于-10 dB 的带宽达到 7.48 GHz。涂层厚度为 2.0 mm 时的微波衰减能力仍能满足使用要求。

2. 金属超细微粉吸波材料

金属超细微粉是指粒度在 10 μm 甚至 1 μm 以下的粉末。它一方面由于粒子的细化使组成粒子的原子数大大减少，活性大大增加，在微波辐射下，分子、电子运动加剧，促进磁化，使电磁能转化为热能。另一方面，具有铁磁性的金属超细微粉具有较大的磁导率，与高频电磁波有强烈的电磁相互作用，从理论上讲应该具有高效吸波性能。陈利民等的研究表明：纳米 γ-(Fe,Ni)合金粉体在厘米波段（8.00~18.00 GHz）和毫米波段（26.50~40.00 GHz）的吸收率最高达 99.95%，合金颗粒不易氧化，甚至保存多年后性能仍不变。但在实际应用中，金属超细微粉在低频段磁导率低，抗氧化和耐酸碱能力差，相对来说，密度偏大，并不是理想的吸收剂。

3. 电介质陶瓷吸波材料

目前国内外研制开发的陶瓷类吸波材料主要有碳化硅、氮化硅、氧化铝、硼硅酸铝材料或纤维，特别是碳化硅纤维或材料。PZT（锆钛酸铅）、$BaTiO_3$ 等电介质材料也具有良好的吸波效果，但吸收带宽窄。法国 Alcole 公司采用陶瓷复合纤维制造出了无人驾驶隐身飞机。这种陶瓷复合纤维由玻璃纤维、碳纤维和芳酰胺纤维组成，在这种复合纤维中加入 TiO_2 后可使其耐高温达 1 200 ℃，其主要特征是具有小的电阻率（0~10 Ω·cm），这使其具有最佳的吸波特性。

4. 手性吸波材料

手性是指一种物体与其镜像不存在几何对称性且不能通过任何操作使物体与镜像相重合的现象。手性材料与普通吸波材料相比有两个优势：一是调整手性参数比调整介电参数和磁导率容易，在其中传播的电磁波只能是左旋或右旋的圆偏振波，其优势在于调节手性参数就可以调节阻抗匹配；二是手性材料的频率敏感性比介电常数和磁导率小，易于实现宽频吸收。以 MnZn 铁氧体与树脂的复合物为基质，以片式电感为手性掺杂体，可制备手性复合吸波材料，用网络分析仪在 30~1 000 MHz 时测定了材料的透过衰减，均超过了 10 dB，表现出较好的吸波效果。

(二)防辐射纤维生产方式

防电磁辐射纤维主要有金属纤维和碳纤维、金属镀层纤维、涂覆金属盐纤维、本征型导电聚合物纤维和复合型高分子导电纤维等。

1. 金属纤维和碳纤维

金属纤维具有良好的导电性、优良耐热、耐化学腐蚀性和较高的强度,其细度、柔软性接近于一般纺织纤维,现已被列为新材料行列,主要用作电磁辐射防护服、抗静电服等。在现有的电磁辐射防护服中,金属纤维防护服已占到半壁江山。目前用作电磁辐射防护服的金属纤维主要是镍纤维和不锈钢纤维两种,直径有4、6、8和10 μm,这种织物的电磁辐射屏蔽效能在0.15 MHz~3 GHz范围内达15~40 dB。但是金属纤维的密度大、弹性差,与服用纤维混合时必须采用特殊工艺,而且纺制60 s以上的高支纱有困难。

碳纤维具有密度小(1.5~1.8 g/cm^3)、直径细(5~7 μm),高强、高模、化学稳定性好等优点,普通的碳纤维可以借助特殊的工艺处理方法,通过改善碳纤维的电磁性能而使屏蔽效能得到提高。这些方法包括在碳纤维表面包覆金属、镀覆SiC沉积石墨碳粒,以及将碳纤维原料与其他的成分混合制成复合碳纤维等,其中碳纤维表面沉积或镀覆碳粒或SiC膜是碳纤维电磁改性的常用方法。

2. 金属镀层纤维

所谓金属镀层纤维,就是将金属以分子或原子状态覆盖在服用纤维表面,在化学纤维表面沉积厚0.02~2.5 μm的金属层,纤维的电阻率为10^{-2}~10^{-4} $\Omega \cdot cm$的表面金属化纤维。表面镀层常用的金属有铜、镍、银等。纤维表面金属化的方法主要有化学镀、电镀和真空镀等三种。

镀铜、镀镍纤维具有良好的屏蔽性能,被广泛用于电磁辐射防护领域。镀铜纤维织造成的织物在电磁辐射频率0.15 MHz~20 GHz范围内,屏蔽效能达50~100 dB,用作电磁辐射防护服、电磁弹防护材料、假目标和定位装置、保密室墙布和窗帘、屏蔽帐等。但镀铜纤维的耐蚀性较差,尤其不适宜在潮湿的海洋环境条件下使用。铜易氧化,不仅使其表面氧化、失去光泽,而且还降低导电性,影响产品的屏蔽效果。故镀铜纤维表面需镀覆镍、锡、银、金等其他金属加以保护。镀镍纤维织造成的织物在电磁辐射频率0.15 MHz~20 GHz范围内,屏蔽效能达到45~90 dB。然而,镀镍纤维的镀层不是纯镍而是镍、磷合金,磷的含量在3%~15%范围内,含磷量太多将影响防护效果。

3. 涂覆金属盐纤维

采用金属络合物处理聚合物纤维也可制成电阻率1 $\Omega \cdot cm$以下的纤维,纤维电阻率的具体数值取决于金属盐的种类。这种纤维已广泛应用于抗静电、防电磁辐射和保健领域。

4. 本征型导电聚合物纤维

1977年人们发现聚乙炔掺杂后具有导电性即予以关注,从而开创了本征型导电聚合物发展的新局面。聚吡咯、聚噻吩和聚苯胺等系列本征型导电聚合物已相继合成,采用这种聚合物开发防电磁辐射纤维成为一种新思路。本征型导电聚合物是指不需要加入其他导电物质而依靠成纤聚合物结构即具有导电性的物质。本征型导电聚合物可直接制成本征型导电聚合物纤维,纤维完全由导电聚合物组成,无需其他处理即可导电。但由于这类聚合物本身刚度大、难溶、难熔，或是分子量低，纺丝成纤较为困难，热、光稳定性和加工稳定性差，成本极高，且难以适应很多纺织材料的应用要求，限制了其广泛应用。

5.复合型高分子电磁屏蔽纤维

复合型高分子电磁屏蔽纤维的生产类似于填充型电磁屏蔽塑料加工方式，即以高分子材料为基体，加入多种导电物质（如炭黑、石墨、金属粉、金属氧化物等）纺丝而成。日本一专利中的电磁波屏蔽黏胶纤维是将铜粉加入到湿纺黏胶中纺成线密度 1.1～16.5 dtex 的长丝及 38～171 cm 的短纤，以该纤维加工成的织物用于计算机罩、健康服等，具有较好的防电磁辐射效果。除了导电型电磁波屏蔽添加剂，还可使用导磁型电磁波屏蔽添加剂，常用的为铁氧体系列的吸波材料。有一种具有改进电磁波吸收性能的黏胶纤维是添加粒径 1 μm 的 20%～40% 的铁氧体纺丝而成，由其加工成的织物具有良好的电磁波吸收性能。该类纤维的研制，虽然存在为达到良好的电磁辐射屏蔽效能，势必要加大无机导电、导磁物质的添加量而导致纤维可纺性降低，甚至不能成纤等问题，但就其潜在的应用前景而言，仍值得深入研究。

三、防辐射纤维的发展及应用

（一）金属纤维和碳纤维

日本大阪瓦斯公司和日本玻璃环境调和公司出售的由高纯镍纤维加工成的 Magsheet 片材，可以屏蔽 20 MHz 至 1 GHz 的电磁波。我国山西华丽服饰科技发展有限公司开发的电磁波屏蔽面料采用特殊的加工工艺，将不锈钢纤维均匀分布在涤棉纤维中，在 10 GHz 频率下面料屏蔽性能为 34.77 dB。此外，金属纤维刚性较强、耐搓性欠缺，直径 8 μm 以上的金属纤维织物尤为突出，经多次搓洗有折断的金属纤维脱落，贴身穿着有刺痒感，屏蔽效能也有所下降。金属纤维遇到汗液会锈蚀，对人体皮肤不利。在生产不锈钢纤维防护服的过程中，经常会出现因不锈钢纤维的脱落而导致操作工人肌体过敏的现象。

德国 BASF 公司曾研制成功一种表面镀有 SiC 的碳纤维，在电磁辐射频率为 500 MHz 时，屏蔽效能可达 48 dB。日本岐阜大学的元岛栖二教授等研制的螺旋碳纤维 Carbon microcoil 在较宽频段内有较高吸收率。国外曾报道过，通过一定的工艺，可将铁系金属粉末混入碳纤维、SiC 纤维中制备复合材料。该复合材料可用于电磁屏蔽方面，而且其复合纤维质地柔软、强度高，可交织成各种复杂的形状。

（二）金属镀层纤维

Luckey 等的研究结果证明，镍是确证致癌物，铜的特定络合物可致癌，此外，铜、镍可能会引起皮肤过敏。因此，镀铜、镀镍纤维的面料虽具有较好的电磁辐射屏蔽效果，但不适宜直接用作防护服装，特别是防护内衣的面料。

镀银纤维织造成的织物质地轻薄、柔软、透气、耐蚀、抗菌，防电磁辐射安全可靠，在电磁辐射频率 0.15 MHz～20 GHz 范围内的屏蔽效能达到 60 dB 以上，广泛地应用到带电作业服、电磁辐射防护服、电磁弹防护材料及心脏起搏器植入者、渔民和探险者的救生衣和抗菌防臭和抗静电领域。但镀银纤维比较昂贵，而且银镀液的利用率太低，限制了它的使用。近年来，随着纤维镀银工艺的不断改进，镀银纤维作为一种同时具有抗菌除臭、防电磁辐射、抗静电、调节体温等功能的高性能纤维又引起人们的重视，现已应用于内衣、家用纺织品、特种服装及医疗、体育、部队装备等领域,特别是在贴身穿用纺织品方面有替代镀镍、镀铜纤维的发展趋势。为此,世界各国皆相继展开了在纤维上镀银的研究。美国 Nobel Fiber Technologies(诺贝尔纤维科技公司)于上世纪 90 年代开发出的镀银纤维 X2Static,即在聚酰胺纤维表面镀一层纯银。另外,Nobel 公司的姊妹公司 Sauquoil 也开发了一种名为 Contax 的镀银纤维。日本对镀银纤维的研究也非常活跃,TOYOSH MIA&Co. Ltd. 也早在 1999 年开发出商标名为 μ2func 的镀银聚酯纤维,它是在透明的聚酯薄膜(厚度为 9 μm)上作纯银镀膜(厚度约 1 μm),镀膜上再覆盖一层同厚度的聚酯膜,然后将其切成 230 μm 或 150 μm 宽的细条丝而成。此外,日本三菱材料公司于 2001 年开发制造出镀银聚酯纤维 AGposs,纤维直径为 15~25 μm,银的厚度为 0.1 μm。目前国内生产镀银纤维的工厂数量极少,大多采用化学镀银工艺,生产效率低,成本高,污染严重,其质量水平及生产规模无法满足市场的需要。

(三)涂覆金属盐纤维

上世纪 80 年代初,日本研制出含 Cu_9S_5 导电聚丙烯腈纤维,方法是将聚丙烯腈纤维浸渍在二价铜溶液中,然后利用有机或无机含硫还原剂将二价铜还原为一价铜离子,并与聚丙烯腈纤维上的氰基发生强烈络合,从而在纤维表面生成 Cu_9S_5 的导电层,电阻率为 0.82 Ω·cm。随后日本三菱人造丝公司将此法推广到聚酯纤维中。1987 年,中国纺织大学、江苏纺织研究所采用该方法成功制成导电聚丙烯腈纤维。这种纤维的织物在电磁辐射频率 0.15 MHz~3 GHz 范围内的屏蔽效能达 15~25 dB 以上,具有质地轻薄、柔软、透气、杀菌消臭和平衡人体电位等特点,已广泛应用于抗静电、防电磁辐射和保健领域。然而,金属离子在聚合物纤维内有一个饱和态,其导电性不会无限制地提高。实验表明,该种纤维的导电性随温度的升高而降低。

(四)本征型导电聚合物纤维

日本的菱田三郎等人将普通聚酯纤维浸渍在 60 ℃的碘和碘化钾溶液中,取出后挤干暴露于吡咯蒸气中,在纤维表面形成了一个经过掺杂的聚吡咯层,纤维的电阻率达到了 0.017 Ω·cm。近年来,人们相继合成了可溶、可熔的聚 32-烷基噻吩和可溶性的聚苯胺,并采用凝胶纺丝的方法制成了高取向的聚苯胺纤维,使得本征型导电聚合物纺制纤维越来越接近现实。

韩国 H. K. Kim 等人通过化学和电化学的方法,在 PET 纤维上聚合一层本征型导电聚合体(ICP),研究表明:ICP/PET 复合材料有很高的电导率,电阻率低达 0.3 Ω·cm,宽频(50 MHz~1.5 GHz)屏蔽效能达 35 dB。

(五)复合型高分子电磁屏蔽纤维

通过长期研究,人们对各种合成高聚物耐各种射线的能力进行了评价,确定了各种高聚物在辐射环境下的使用极限和耐辐射性能,聚乙烯、聚丙烯、聚苯乙烯、聚碳酸酯、聚酯、聚氯乙烯等凭借优良的耐辐射性及可纺性,均可用作融纺制造复合型防辐射纤维的基本高聚物。复合型防辐射纤维所添加的防辐射剂,有重元素和具有大吸收截面的元素及其化合物。重元素用以阻滞中子,而截面大的元素既能阻滞快中子,又能吸收慢中子,且不释放 γ 射线。

1. 防 X 射线纤维

X 射线作为电离辐射的一种,在材料 X 光探伤、人体 X 光透视、X 光分析中已取得成功应用。工作人员长期接触 X 射线,对性腺、乳腺、造血骨髓等都会产生伤害,超过剂量甚至会致癌,给人体带来严重威胁。20世纪80年代,前苏联纺织材料研究所和核研究所共同开发了腈纶防X射线纤维。方法是首先对腈纶纤维进行改性处理,然后用醋酸铅溶液进行浸渍,发生离子交换,得到共价结合接枝铅金属的腈纶织物。该方法制得的织物能明显减弱X射线的辐射强度。如果采用复合型添加剂如铅、铀和镥等,还能进一步提高防X射线的防护性能。该产品用于个人防护,测试结果相当于0.6 mm铅板的效果。

近年来日本新兴人化成公司和奥地利的Lenzing公司分别将硫酸钡添加到黏胶纤维中,制成的防辐射纤维可用于制作长期接触X光的工作人员的服装,效果良好。美国佛罗里达州的一家辐射防护技术公司用辐射防护技术对聚乙烯和聚氯乙烯进行改性研制成功demron防辐射织物,它是由一层聚乙烯(PE)和聚氯乙烯(PVC)聚合物夹在两层普通梭织物之间构成,不仅能防X射线还能防γ射线。这种防辐射织物的防辐射性能跟铅做的衣服一样好,但它不含铅,无毒而且质轻。它的用途很广,既可以制成轻便的全身防护服、防辐射帐篷,又可以作为飞机、宇宙飞船用内衬材料等。

2. 防中子辐射纤维

在众多辐射中对人类伤害特别严重的是中子辐射,一枚相当于1 000 tTNT重量的中子弹于200 m高空爆炸,在离爆炸中心900 m范围内的作战人员和坦克乘员会立即昏迷,10日内全部死亡。面对如此恐怖的战争威胁,加上冷战后中子弹随着核电站的修建和中子技术的民用化,防中子辐射纤维作为设施防泄漏材料和人身防护材料而备受关注。上世纪80年代以来,日、美及欧洲共同体等国家就把防中子辐射作为高技术项目,投入了大量的资金。例如,欧洲原子能共同体在1985年至1989年花费0.6亿美元用于防辐射技术研究和开发,日本1983年宣布用4年时间研制出了中子辐射防护纤维,80年代后期我国也开始了这方面的研究。

1983年日本东丽公司采用复合纺丝方法研制出防中子辐射复合纤维,具体做法为将中子吸收物质与高聚物在捏台机上熔融混合后作为芯层组分,以纯高聚物为皮层进行熔融复合纺丝,所得纤维为皮芯结构,经干热或湿热拉伸制得具有一定强度的纤维。

我国对防中子辐射材料的研究成果显著。例如制备皮芯(或并列型)复合防中子辐射纤维,取30份经表面活性剂处理、粒径0.5 μm的B_4C微粒与70份聚丙烯,240 ℃下,在双螺杆共混制成芯材,然后以聚丙烯为皮材,芯皮重量比为10∶90,进行皮芯型复合纺丝,纺丝温度260 ℃,纺丝速度800 m/min,120 ℃下拉伸4倍。制得的防中子辐射纤维对热中子屏蔽率达96%,二次感生辐射BQ/cm^2。天津工业大学在开发防辐射透明板材的基础上也曾研究开发防中子辐射纤维。1985年宣告成功。这种纤维也采用皮芯复合结构纺出复合纤维。芯部掺入偶联剂和中子吸收物质的粉末。纤维在测试现场中子辐射强度为国家防护标准正常工作人员累计20年的剂量,单层布质量为84 mg/cm^2时,中子吸收率达59%,且防中子辐射织物经长时间辐照后,屏蔽率无变化。

第五节 其他功能性纤维

一、高吸水纤维

(一)概述

高吸水纤维是一种具有高吸水性功能的高分子材料,能够吸收自重几十倍至几千倍的水分,可应用于工业、农业、日常生活和医疗卫生等领域。高吸水纤维是继高吸水树脂之后发展起来的,通常高吸水树脂是粉末状的,应用时需将其均匀地分散在基材上制成产品,而产品生产过程中粉末不固定,易移动,铺展不均匀,影响吸水后的强度和完整性等。相比之下,高吸水纤维克服了以上缺点的同时,有许多优点:

(1)用一般纤维加工机械可与其他纤维混纺做成制品;
(2)有毛细现象,在提高透水性的同时,表面积大,吸水速度快;
(3)吸水性好,吸水后凝胶不流动,能保持高吸水纤维原有的强度和完整性;
(4)在空气中湿度较大时,干态的高吸水纤维可吸收空气中的水分,直到与大气湿度相平衡,反之空气湿度较低时,吸饱水的纤维可向环境放湿;
(5)不溶于水及大部分溶剂,对光热稳定,无毒,同时简化了卫生用品的制作工艺。

(二)制备方法

提高合成纤维的吸水性,有如下方法:与亲水性单体共聚;使成纤聚合物具有亲水性;采用亲水性单体进行接枝共聚;与亲水性化合物共混纺丝;用亲水性物质对纤维表面进行处理,使织物表面形成亲水层;使纤维形成微孔结构;使纤维表面异形化。一般可概括为以下两种方法。

1. 物理改性

物理改性的基本原理是在纤维表面形成微孔或形成表面微孔与内部中空的结构,以达到吸水目的。它可将一般纤维与吸水性纤维混纺或加入成孔剂制备高吸水纤维,如日本帝人公司开发的"维罗凯",是一种含有许多从纤维表面到中空部分连通的微孔的中空纤维,在制造过程中混入特殊的微孔形成剂进行熔体纺丝而形成的,该纤维具有较高的吸水速度和含水率,有优良的吸汗快干性能。另外也可在一般纤维中加入吸水性粉末,或者将高吸水性树脂的分散溶液涂覆在一般纤维或纤维制品上以提高纤维的吸水倍率,如章悦庭、胡绍华将丙烯酸接枝淀粉后用 NaOH 处理,然后涂覆在非织造布上进行交联反应,从而得到高吸水性非织造布,每平方米可吸收几十公斤的水,且吸水速度比颗粒状吸水树脂快,非常适合制备那些既要吸水多又要吸水快的制品。另外还有采用物理方法生产高吸水黏胶纤维,主要研究如何增大黏胶纤维的内表面积和外表面积,如美国的 UK 和 Courcel 生产的 Viloft。

2. 化学改性

高吸水型的高聚物之所以吸水是因为它的大分子链上有大量的亲水基团,如羧基、羟基、酰胺基、氨基等基团。已有研究发现亲水基团混合使用比单独使用吸水性能更好,但是若将两种或两种以上由单一吸水基团组成的高吸水剂混合使用,并不能大幅度提高吸水能力。如果通过接枝、共聚等化学方法将不同的亲水基团引入到同一个大分子上,由于不同的亲水基团之间相互协同的结果,可使吸水能力大幅度提高。

第一种是采用共聚的方法,即在高分子链上加入亲水性链段,从而提高纤维的吸水性能。采用的方法是将强吸水性的羧基引入纤维素的大分子链,如将纤维素纤维羧甲基化后,用聚乙二醇[$HO(CH_2CH_2O)_nH, n=2\sim7$]交联处理制成非水溶性高吸水纤维,该技术制得的吸水纤维具有吸水速度快、吸水量大(自重20倍以上)、不溶于水、滤纸过滤良好的特点。此外还可通过首先聚合成高吸水成纤聚合物原液,然后通过纺丝制备高吸水纤维,如用丙烯酸、丙烯酰胺等合成高吸水聚合物后再纺制成纤维,该纤维在最佳配比条件下吸水倍率达到298倍,吸盐水倍率达到57倍。以丙烯腈、甲基丙烯酸甲酯为单体,以N-羟甲基丙烯酰胺为潜交联剂,溶液聚合后经湿法纺丝成形,通过后交联和碱性水解处理,制成具有三维网状结构特征的高吸水共聚丙烯腈纤维。通过调节和控制潜交联剂含量、交联及水解条件等,可制得吸水倍率达20倍,且在吸水状态下仍能保持纤维形态的高吸水纤维。徐国栋等用丙烯酸、丙烯酰胺为共聚单体、以过硫酸钾为引发剂合成成纤聚合物并纺制成高吸水纤维,结果发现AM含量为20%、中和度为75%、引发剂用量为25%、交联时间为20 min时吸水倍率最大,可达到340 g/g。

第二种为接枝共聚,即在常规合成纤维表面接上亲水性高分子,如黏胶纤维接枝丙烯酸,涤纶纤维上接枝聚丙烯酸酯等,从而提高了纤维的吸水性和吸湿性。日本开发的改性纤维素高吸水纤维生产技术,主要是将羧甲基纤维素(CMC)的碱金属盐用各种交联剂交联,形成交联的接枝CMC衍生物。将此类衍生物吸水饱和后(吸水率在80~1 500 g/g)冷冻干燥,得到多孔质的海绵状纤维固体,质感柔软,对盐水的吸收能力比一般的吸水树脂强,且吸水速度快,制造成本低。另外,国内也有采用接枝共聚的方法制备高吸水纤维的研究,如在高岭土的存在下,以N,N-亚甲基双丙烯酰胺作交联剂,以硝酸铈铵为引发剂引发微晶纤维素与丙烯酰胺进行接枝共聚反应,合成接枝纤维素/高岭土高吸水性复合材料。高岭土的加入,有助于提高高吸水性复合材料的吸水凝胶强度,该材料吸水率可达1 166 g/g,吸盐水率也达85 g/g。此外,也有人采用甘蔗渣粗纤维纸浆与丙烯腈、丙烯酸酯、醋酸乙烯酯等单体接枝聚合反应,经水解制备高吸水材料,所制得的高吸水材料具有高吸水倍率较高、吸水速率较快、吸水后形的凝胶强度大、易降解等优点。

(三)应用领域

高吸水纤维表面积大、吸水速度快、手感柔软,主要应用在以下领域。

1. 工农业用品

用磺酸基等代替高吸水纤维上的部分羧基,制得耐盐、耐热的高吸水纤维,可用作光纤维通信电缆中的阻水材料。高吸水纤维织物浸渍碱性电解质后可制成耐用性碱性电池,高吸水纤维用作混凝土的模型框架,可防止老化,并可反复使用多次节省资源,保护环境,吸收了大量水而成为凝胶状的高吸水纤维也可用来制作防火材料,如与易燃纤维混纺,能改善其阻燃性,是制造消防服的良好材料。另外在工业上还可用于防结露材料、油水分离材料、吸热、阻火材料等。高吸水纤维在农业方面也具有潜在的应用前景,如日本用高吸水纤维与其他合成纤维制成保水材料,用于盆景、苗木用保水材料,使土壤水分不易丢失,同时高吸水纤维吸水时产生膨润,放湿时收缩,使土壤透气性增加。Levy等将淀粉-丙烯酸盐接枝共聚物或交联的丙烯酸盐-丙烯酸共聚物制成的纤维铺到纤维片状基材上制成吸水性片材,而后在此吸水性片材(或若干层叠合的此种材料)上喷上营养溶液并烘干制成培植业用材料,可用来辨别微生物菌株的品系。

2. 医疗卫生用品

据报道,个人卫生护理用品每年大约用去95%的吸水树脂,高吸水纤维制造的婴儿尿片、卫生巾、成人失禁垫等不但吸收速率高、吸量大,而且更加舒适、贴肤,餐巾、抹布、手纸中加入高吸水纤维也可大大提高其使用性能。在医用方面,将高吸水纤维用于手术垫、手术手套、手术上衣、手术棉等,可以迅速吸收血液、体液,保持医疗环境的干爽、洁净,将高吸水纤维用于病床垫褥,还可避免褥疮。用接枝方法制备的高吸水纤维所制成的止血栓现已大量用于临床医疗。

3. 食品及日常生活用品

高吸水纤维在食品加工中的应用也越来越广泛。用于食品中的高吸水纤维一般是天然的食物纤维,如大豆蛋白与少量的高吸水剂-聚丙烯酸钠共混,采用湿纺制得改性蛋白质纤维,添加到人造肉中,可以增加蛋白质的黏附力,大大改善人造肉的风味和口感,而且确保无毒。

高吸水纤维用于日用品主要利用其优良的吸水吸湿功能,如挥汗纤维是由日本大阪工业技术研究所开发的。其导湿原理是在纤维表面涂有电离子体,并混入了一些无害的化学物质,从而具有吸水性强,而且放湿速度快的特点。赋予该纤维面料无闷热感、不沾身、汗水挥发快的功能。挥汗纤维新产品可用于高级贴身内衣、福利劳保用品中。在其他方面如家庭用的厨房和浴室的周边用品、护身材料、登山用具等,日常清洁用品上,如洗碗布、拖把等,在去污方面有很好的效果。另外高吸水超细纤维可用于擦车巾等,该超细纤维采用橘瓣式技术将长丝分成八瓣,使纤维表面积增大,织物中孔隙增多,借助毛细管芯吸效应增强吸水效果,具有快速吸水和快速变干的显著特性。

二、离子交换纤维

(一)概述

离子交换纤维(IEF)的研究始于20世纪50年代,它是一种纤维状离子交换材料,本身含有固定离子以及和固定离子符号相反的活动离子,当与能解离化合物的溶液接触时,活动离子即可与溶液中相同符号的离子进行交换,故称离子交换纤维。离子交换纤维主要分为五类,即强酸性阳离子交换纤维、弱酸性阳离子交换纤维、强碱性阴离子交换纤维、弱碱性阴离子交换纤维和两性离子交换纤维,广义上还包括螯合纤维。

1. 离子交换纤维和颗粒状离子交换剂相比有以下特点

(1)几何外形不同,一般颗粒状的直径为0.3~1.2 mm,而纤维状的直径一般为10~50 μm,近几年已开发出了直径小于1 μm 的纤维;

(2)具有较大的比表面积,交换与洗脱速度均较快;

(3)可以多种形式应用,如纤维、短纤维、织物、非织造布、毡、网等,因此可用于各种方式的离子交换过程;

(4)可以深度净化、吸附微量物质;

(5)可吸附、分离有机大分子化合物。

离子交换纤维的发展已有几十年，尤其是近 20 年来发展很快，发表的文章、专利很多。目前国际上以白俄罗斯、俄罗斯、日本等国较成熟，已有相关产品面市。我国在该领域的研究单位包括郑州大学、天津工业大学、北京理工大学、中山大学、北京服装学院等，一些单位已有研制品或批量工业制品。

2. 离子交换纤维的制备

离子交换纤维的制备主要以化纤为基体经接枝聚合、大分子化学转换法实现，所用化纤主要是聚烯烃、聚丙烯腈、聚乙烯醇、聚氯乙烯、氯乙烯-丙烯腈共聚物等的纤维，也有采用聚合物共混纺丝再功能化的。

(1)高聚物化学转换法

以聚乙烯醇纤维为基体制备强酸性阳离子交换纤维和强碱性阴离子交换纤维，是将聚乙烯醇纤维进行氯代乙缩醛反应，使缩醛度达 47%～50%，用硫化钠使纤维大分子交联，再进一步与亚硫酸钠反应，制得强酸性阳离子交换纤维。经缩醛化并交联的纤维和叔胺反应可制得强碱性阴离子交换纤维。以聚乙烯醇纤维为基体也可先经过半碳化反应，使大分子上的羟基进行部分脱水反应，然后再与浓硫酸反应制得强酸性阳离子交换纤维。而半碳化的纤维和环氧氯丙烷反应，再与叔胺反应，可制得强碱性阴离子交换纤维。商品化聚丙烯腈纤维分子中主要含腈基，也含少量羧基、酯基，以其为基体可制取离子交换纤维。以二乙烯三胺或硫酸肼为交联剂，经水解反应可制得弱酸性阳离子交换纤维，交换量可达 3～7 mmol/g，也可调整反应条件制备同时含羧基和胺基的阴、阳两性离子交换纤维。以聚氯乙烯纤维为基体经磺化反应可制得强、弱酸性混合阳离子交换纤维，磺化剂可用浓硫酸、氯磺酸或发烟硫酸，总交换容量可达 7 mmol/g。以聚氯乙烯纤维为基体还可制备弱碱性阴离子交换纤维，是以二乙烯三胺为胺化剂，在一定催化剂作用下，可制得交换容量为 4～6 mmol/g 的弱碱性阴离子交换纤维。

(2)高聚物接枝单体法

以聚烯烃、聚乙烯醇、聚氯乙烯或聚己内酰胺纤维等为基体经接枝聚合反应可制备离子交换纤维，方法为辐射接枝或化学接枝法。如以聚烯烃纤维为基体，用辐射接枝苯乙烯再经磺化或氯甲基化、胺化反应制备阳离子或阴离子交换纤维。聚烯烃纤维接枝丙烯酸可制备弱酸性阳离子交换纤维，也可采用化学引发法接枝苯乙烯再功能化制备阳、阴离子交换纤维。

(3)聚合物混合成纤法

将离子交换剂分散到形成纤维的纺丝液中可形成离子交换纤维，而另一种方法是将两种聚合物混合成纤，如聚乙烯(或聚丙烯)-聚苯乙烯复合纤维，以聚乙烯为岛成分，聚苯乙烯为海成分，成纤后再将聚苯乙烯交联，功能化后制备阴离子或阳离子交换纤维。

通过上述几种方法可知，离子交换纤维与化纤品种及其纺丝技术有密切关系，化纤新品种的不断开发和纺丝技术的提升将为离子交换纤维的发展开辟新的渠道。

3. 离子交换纤维的应用研究

(1)水的软化及脱盐

纤维状离子交换剂是一种新材料，它的交换速度为树脂的 10～100 倍，当处理量相同时，其填充量较少，从而使装置更紧凑小巧。此外，离子交换纤维对蛋白质等有机大分子、菌体和氧化铁等微粒的吸附能力优于树脂,净化彻底,因此处理后水质良好。国外一些公司已将离子交换纤维和反渗透膜或超滤膜组合成小型超纯水制造装置,用于电子行业超纯水的制备,并正在进行冷凝水及锅炉水的净化。可以预计,今后水处理设备中离子交换纤维的应用将更广泛。

（2）填充床电渗析

填充床电渗析又称电去离子(EDI)或连续去离子(CDI)。电渗析过程中,随着水中含盐量的减少,电导率降低,极化现象出现,但耗电而水质不提高。当在淡室中填充离子交换材料时,淡室电导值增加,电流效率和极限电流密度提高,从而加速了离子迁移速度,使水高度纯化。在淡室进水电阻率相同的情况下,填充纤维比填充树脂的效果好,其出水电阻率可提高一个数量级。目前用含离子交换纤维的非织造布电去离子设备制纯水,水质可达 18 MΩ/cm(电阻率)。电去离子法和普通电渗析(ED)结合使用可处理核工业中的低浓放射性废水,总效率可达 99% 以上。

（3）净化工业废水

离子交换法是治理工业废水的重要方法之一,其特点是净化彻底,可深度净化,主要用于处理矿坑水中的微量铀、处理废水中微量金属离子、净化核反应堆废水等方面。除了各种含金属离子的废水外,离子交换纤维还可用于各种含酸性、活性、阳离子染料的废水的吸附和净化。

（4）在气体净化、分离方面的应用

离子交换纤维与颗粒状材料相比具有吸附、解吸速度快,净化、分离气体时阻力小的优点,用它做成的防毒面具的防护作用和活性炭相同,而呼吸阻力大大降低,同时由于可用普通方法再生,因此防毒面具的吸附过滤器可多次重复使用。用这种材料制成的织物、非织造布织物等可用于吸附、收集气体中的有害物如 CO_2、HCl、NH_3、SO_2、H_2S、HF 等以及液体水凝胶。

（5）在化工、轻工、冶金等方面的应用

离子交换纤维用聚乙烯纤维增强后制成毡状物,作为固体酸催化剂用于反应性蒸馏,离子交换纤维作为离子色谱固定相,与树脂柱的效率相当,但流通阻力只有它的 1/10。阴离子交换纤维用于糖的脱色,比一般同类的树脂容量低,但交换速度快 14 倍,由于色素的分子量大,不能扩散进入树脂内部,而纤维的扩散通道短,脱色性能好。含弱酸、弱碱基团的两性离子交换纤维对氨基酸有较好的分离性能,在碱性介质中对组氨酸吸附性强,在酸性介质中对丙氨酸吸附性强,而在弱酸介质中对谷氨酸有较好的吸附作用。铅蓄电池正极放电过程受电极活性物质(PbO_2)微孔内氢离子的扩散所控制,将阳离子交换纤维与此物复合成型,可在放电过程中释放大量氢离子,从而提高放电容量。离子交换纤维在金、银等贵金属的湿法冶炼领域有着广阔的应用前景,从矿渣浸提液、矿坑水等稀溶液中回收金属效果较好。

（6）在卫生及医疗领域的应用

用离子交换纤维对生物活性物质(尤其是药物)进行提取、分离、纯化等,一直较受关注。例如,用毛发酸水解制造胱氨酸过程中需要脱色,如果用活性炭脱色,用量多、耗时长,且需加热,脱色不彻底,离子交换树脂法存在污染物易堵塞树脂孔隙、不易再生、寿命短等缺点;而使用离子交换纤维则能有效避免上述不足。据报道,中药中的生物碱、黄酮等组分都可用离子交换纤维进行分离和浓缩。离子交换纤维填充的色谱法,分离效率高,可应用于生物活性物质的提取,如胰岛素和猪凝血酶的分离、纯化。最近,离子交换纤维柱还被应用于提取具有降血糖、食疗保健作用的南瓜多糖。

此外,具有杀菌除臭、吸湿排汗等功能的卫生保健织物从其化学结构来看,也可归入离子交换纤维范围。这些纤维除了采用辐射接枝和功能基改性的方法外,还可利用纤维浸渍芳香物质进行屏蔽或螯合纤维与铁、铜离子配位的形式作为抗菌除臭成分。

三、智能纤维

(一)概述

随着人类的出现,纤维制造技术也随之产生了。从单体到缝制衣物的漫漫进程中出现了各种各样的新技术,其技术被广泛应用于情报、通信、建设、环境、宇宙、航空、健康、福利、医疗等生活的方方面面,且与国家的重点科学技术领域紧密相连。

材料的发展经历了结构材料→功能材料→智能材料→模糊材料的过程,其中智能纤维材料的开发研究具有重要的意义。1989年,日本高木俊宜教授将信息科学融于材料物性和功能,首先提出智能材料(Intelligent Materials)的概念。智能材料是指对环境具有感知、可响应并具有功能发现能力的新材料。其中,纤维状智能材料——智能纤维由于其具有长径比大且能加工成多种新产品等特点正日益受到工业发达国家的重视,这些国家相继开发了一大批具有高性能(高强度、高模量、耐高温等)、高功能(高感性、高吸湿、透湿防水性、抗静电及导电性、离子交换和抗菌等)的新一代化学纤维,形成了纤维行业的高新产业体系。一些专家认为,智能纺织品和智能服装是纺织服装工业的未来。

智能材料是20世纪80年代开始发展的新材料,它在材料原有的物性和功能性的基础上,加入了信息学科的内容,因而其研究与开发孕育着新一代的技术革命。智能材料的形状有多种,如三维的块状、二维的薄膜状、一维的纤维状和准零维的纳米粉体状。其中纤维状智能材料即智能纤维,由于具有长径比大、能加工成多种新产品等特点,在智能材料中占有重要地位。

广义上,智能纤维包括形状记忆纤维、变色纤维、调温纤维、压电纤维、热点纤维、选择性抗菌纤维以及一些光导纤维、导电纤维和超导纤维等许多能对环境信号变化刺激发生响应的纤维材料。短短的二十多年来,智能纤维得到了很大的发展并在许多领域得到了重要应用。

(二)智能纤维的分类及其应用

1. 形状记忆纤维

所谓"形状记忆",是指具有某一原始形状的制品,发生形变后,在特定的外界条件下,如加热等外部刺激手段,又可使其恢复初始形状的现象。现有两种形状记忆材料,第一种材料是在两种或多种温度条件下稳定,当达到转变温度后,不同的温度状态下有不同的形状,这项技术由香港防护服代理机构首创。第二种是电活性聚合物,这类材料可对电刺激产生反应并变形。在过去的10年中,电活性聚合物的研究已取得很大进展,用于生产尺寸和形状有很大变化或在很宽应用范围内受刺激产生力的变化的纺织品。同许多传统的刺激系统相比,许多种电活性聚合物也能提供感应功能。

形状记忆合金,比如镍钛合金,早已用于对热源变化进行反应。形状记忆合金材料,在被激发的温度之上或之下会具有不同的性能,低于这个温度,合金很容易发生变形。在这个激发温度,合金会产生一个作用力促使其回到预先设定的形状从而变得更坚硬。通过改变镍和钛在合金中的比例可以选择这个激发温度。铜-锌合金,有两种方式进行激发,因而可根据多变的天气条件进行可逆变化,以对人体进行必要的保护。它们也会对来自于人体活动而导致的温度变化作出反应。形状记忆聚合物的作用效果等同于镍钛合金,但是作为聚合物,它们与纺织品之间有更好的潜在的兼容性。首先,形状记忆聚合物由法国 CdF 化纤公司开发,玻璃化温度为 35~40 ℃。而后,相继开发出了基于苯乙烯、丁二烯、聚对苯二甲酸乙二醇酯、聚环氧乙烷、聚氨基甲酸酯、聚己内酰胺混合物的各种形状记忆聚合物,其玻璃化温度达到 46~125 ℃,应用范围更广。电活性聚合物由高功能性聚合物组成,最著名的一种电活性聚合物是"Gel robots",它由二丙烯酰胺二甲基丙烷磺酸组成,用于替代肌肉和腱。

由形状记忆聚氨酯制备的形状记忆纤维是先在溶剂如甲苯、二甲亚砜(DMSO)、N,N-二甲基甲酰胺(DMF)或甲基异丁基甲酮(MIBK)等极性溶剂中,让聚合多元醇和二异氰酸酯预先反应生成端氰酸酯基预聚体,然后再进行扩链、聚合等步骤从而生成聚氨酯,在得到的聚氨酯中加入封端剂,得到封端的形状记忆聚氨酯,然后纺丝制备得到形状记忆纤维。此形状记忆纤维温度调节范围极宽,其在弹性、强力以及形状记忆性能等方面具有很好的实用性能,并且手感舒适,可单独纺,也可与其他合成纤维、天然纤维混纺,在纺织服装、生物医用材料等领域有着广泛应用。

2. 光敏纤维

光敏变化(Photochromic)是指某些物质在一定波长光的照射下会发生变色,而在另一种波长或热的作用下又会发生可逆变化,变回原来颜色的现象。主要有光敏变色纤维和光导纤维两种。

(1)光敏变色纤维

光敏变色纤维通过在纤维中引入光敏变色体而制得。在光作用下可逆的发生颜色变化的化合物叫光敏变色体。这类物质通常是一些具有异构体的化合物,如螺吡喃、奈吡喃和降冰片烯衍生物等,图 7-1 为一光敏变色物质的结构实例。

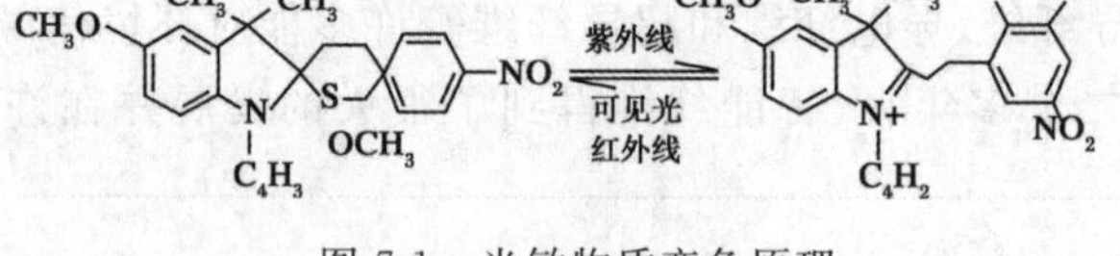

图 7-1 光敏物质变色原理

感光变色纤维最早的实例是在越南战争期间,美国 Cyan2amide 公司为满足美军对作战服装的要求,开发了一种吸收光线后可以改变颜色的织物。

我国新研制出一种蓄光型彩色发光纤维,它是指利用稀土发光材料为发光体,经过特种熔融纺丝工艺制成的蓄光型发光纤维。该纤维只要吸收任何可见光 10~30 min,便可将光能蓄贮于纤维之中,在黑暗中持续发光 4 h 以上,且可无限次循环使用。该纤维在可见光的条件下,有红色、黄色、蓝色、绿色等 9 种颜色。在没有可见光的条件下,该纤维本身可发出黄绿光、绿光、蓝光、紫光等各种色彩的光。用它制成的纺织品在白天与普通纤维具有相同的功能,不会使人感到有任何特异之处,是真正的环保型新产品。

(2)光导纤维

光导纤维简称光纤,是一种把光能闭合在纤维中而产生导光作用的光学复合材料,可大致分为玻璃光纤和塑料光纤(POF)。玻璃光纤长且容量大,可用作公共通信,塑料光纤虽然光传导损失较大,但其柔软、可随意截取的特性,已被实际应用。由于智能光纤维可使上述功能进一步增强,所以开发从未间断。谷口研究小组制作了纤维型有机发光二极管,施加脉冲电压,得到 11 Mbps 以上的光。

美国 Drexel 大学研究人员把光纤传感器镶嵌在降落伞中,用来探测降落伞的动态应力变化情况。为了实现战时的化学或生物物质探测,用聚乙炔、聚苯胺等为包敷层的光纤传感器镶嵌在织物中,借助于聚苯胺吸收酸性或碱性物质后光谱吸收性能变化来实现物质探测。近年来,塑料光导纤维迅速发展,并广泛应用于医学窥镜、防爆安全光制导、信息网络、光纤传感器、光传导器、光学器具、广告装饰等。

3. 蓄热调温纤维

蓄热调温纤维能根据外界环境温度的变化做出智能反应。当外界环境温度升高时,纤维从外界环境吸收热量并储存于其内部;当外界环境的温度降低时,纤维放出自身所储存的热量,使纤维周围的小气候温度基本恒定。

蓄热调温纤维内部含有一定的相变物质(PCM),相变材料经过微胶囊化后,添加到纤维内部或涂层,由蓄热调温纤维加工成的纺织品除具有常规纺织品的静态保温作用外,还具有因相变物质吸放热所引起的动态保温作用,制成的服装在使用过程中,身体产生的热量由PCM 吸收并储存,当身体变冷时,相变材料又能释放热量,使穿着者保持一个舒适的温度。广泛研究的有保温保湿纤维和温敏变色纤维。三菱丽阳纤维公司开发的"Ventcool"纤维,被称为动感纤维,能在湿度高时瞬间伸展,干燥时快速卷缩。对应环境,动感变化,"Ventcool"采用三菱的复合纺丝技术和纤维改性技术,将两种醋酸酯(二醋酸酯和三醋酸酯)复合、纺丝而制成。通过特殊化学处理赋予二醋酸酯以纤维素纤维的特性,形成强亲水性的改性二醋酸酯纤维和弱亲水性的三醋酸酯纤维的复合纤维结构,使得干燥时,改性二醋酸酯纤维水分挥发、收缩,使两种醋酸酯纤维间出现长短,纤维形成螺旋状卷曲,湿润时,改性二醋酸酯纤维吸湿、膨润、伸展。

4. 导电纤维

导电纤维可大致分为电子传导纤维、离子传导纤维和感应性(介电质性)纤维。电子传导纤维又分为合成纤维和纤维自身中具有电子的非定域化和电荷移动络化物的导电性纤维。这种合成纤维是铜、镍、银等金属纤维或将上述金属、碳以及最近出现的碳纳米管等的电子传导性粉末混合后的纤维,它可根据导电粒子间的距离和形成纤维粘接层间的界面距离来控制其导电性,主要用作防静电材料。

日本在 20 世纪 70 年代发现了掺入杂质的聚乙炔(PA),具有和水银同样的导电性,虽然显示出高分子自身导电,但导电路径为反式 PA 的纳米纤维,这个纳米纤维中由于电子跳动而产生传导。使具有共轭双重结合的化合物聚合,或将络化物层压成一维结构,由此可看出分子轨道间的重叠增大,每个分子轨道退化解除,固体的电子状态用全部扩大了的波动函数来表示,可表示为具有连续的能量带、价电子带和传导带如图 7-2 所示。

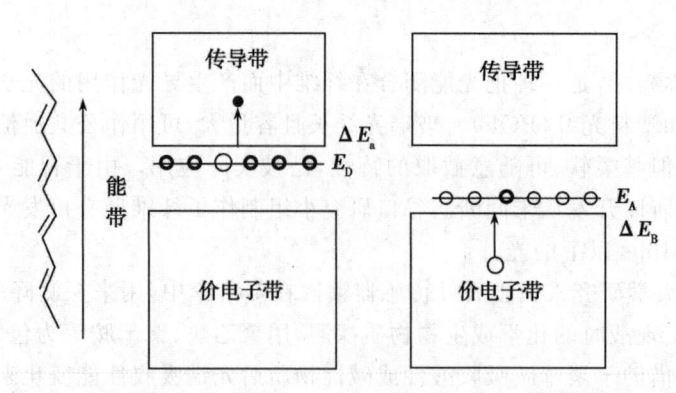

图 7-2 共轭纳米纤维作为供体、受体添加时的带状构造示意图

通过让它们形成供体、受体和电荷移动络化物后可以显示出,供体为 N 型,受体为 P 型的半导体的导电性。把它们变成纤维状时,纳米纤维间由于电子跳动而导电,此时导电纤维间隙最好小于 100 nm。将 Ni(Ⅱ)酞菁染料和(Kevler)纤维在受体(KI+I_2)水溶液中纺丝,即可得到复合层构造的{Ni—Pc(Kev)$_{4.36}$ $I_{1.66}$}单纤维,进而得到抽取方向为 1.4 s/cm,垂直方向为 4.7 s/cm 的带有导电率的各向异性导电纤维。

感应(介电质)性纤维材料的出现是针对几乎所有的纤维材料都是电绝缘体这一现象研制的,目前已有很多正在开发控制纤维带电的制电化技术。在聚氨基加酸酯、聚氯化乙烯之类的通用绝缘体聚合物的胶凝或胶片上施加电场(如 500 V),就产生与生物本身相匹敌的应对性以及 100% 以上的大变形,作为新自律应对材料而受到瞩目。由于电流为 10 μA 左右,与以往的自律应对系统相比,能源损失明显减小。另外,除弯曲变形以外还产生类似慢行、滞缓、变形虫样生物运动,可考虑应用于微型管、微型阀等方面。

5. pH 值响应性凝胶纤维

pH 值响应性凝胶纤维是随 pH 值的变化而产生体积或形态改变的凝胶纤维。这种变化是基于分子水平、大分子水平及大分子间水平的刺激响应性。日本的 Tanaka 等人认为,控制凝胶纤维这种变化的力来自三个方面,即聚合物的弹力、聚合物间的亲合力、离子压力,当这三者之间达到平衡时,凝胶纤维的溶胀呈平衡状态。当这些力的平衡发生变化时,凝胶纤维就发生相变。

pH 响应性凝胶纤维的开发在少数发达国家已取得较大进展。早在 1950 年,Katchalsky 等,就以纤维或膜的形式制成了一种 PAA 凝胶,能在水中溶胀,交替地加入酸和碱,该纤维发生可逆的收缩和溶胀,将化学能转化为机械能。由于这类凝胶纤维的溶胀长度变化约为 80%,而收缩响应时间不到 2 s,因此可望作为人工肌肉。我国在这方面的研究还刚刚开始。东华大学研制的 PAN 基中空凝胶纤维,在 1 mol NaOH 溶液中伸长率达 90% 以上,在 1 mol HCl 溶液中收缩率达 70%~80%,而且在这些溶液的交替刺激下,伸长和收缩能反复进行,经过多次反复,其伸缩率和响应速率都非常接近。

参考文献:

[1] 朱平. 功能纤维及功能纺织品[M]. 北京:中国纺织出版社,2006:41~85.
[2] 商成杰. 功能纺织品[M]. 北京:中国纺织出版社,2006:21~85.

[3]孙晋良.纤维新材料[M].上海:上海大学出版社,2007:382~464.

[4]王建平.抗菌纤维与抗菌剂体系(一)[J]合成纤维,2003,(3):10~14.

[5]柳世龙,周贻华.抗菌纤维及其在针织上的应用[J].上海纺织科技,2005,33(1):27~28.

[6]汪多仁.壳聚糖纤维的开发与应用[J]精细化工原料及中间体,2002,(6):13~15.

[7]杨瑞玲,马国玉,宋瑾.抗菌聚酯切片及纤维的研制[J]合成纤维工业,2000,23(2):20~23.

[8]冯乃谦,严建华.银型无机抗菌剂的发展及应用[J].材料导报,1998,12(2):1~3.

[9]季君晖.抗菌纤维及织物的研究进展[J].纺织科学研究,2005,(2):1~8.

[10]师利芬,张一心.抗菌纤维及其最新研究进展[J].纺织科技进展,2005,(1):4~6.

[11]谢瑜,张昌辉,徐旋.有机硅季铵盐抗菌剂的研究进展[J].中国黏胶剂,2008,17(2):52~55.

[12]Matthew Laskoski,TeddyM Keller,Syed B Qadri. Direct conversion of highly aromatic phthalonitrile thermosetting resins into carbon nanotube containing solids[J]. Polymer,2007,(48):7484~7489.

[13]殷志剑,郭玉良,沈华,等.反应性二苯醚类抗菌整理剂的制备及应用[J].印染助剂,2008,25(1):52~56.

[14]夏春兰,王春,刘新星.抗菌剂及其抗菌机理[J].中南大学学报(自然科学版),2004,35(1):31~38.

[15]Byung2Joo Kim,Soo2J in Park. Antibacterial behavior of transition2 metals2 decorated activated carbon fibers[J]. Colloid and Interface Science,2008,(325):297~299.

[16]吉向飞,李玉平,杨柳青等.抗菌剂及抗菌材料的发展和应用[J].太原理工大学学报,2003,34(1):11~15.

[17]Zhang Lingling,Ding Yulong,Malcolm Povey,et al. ZnO nanofluids A potential antibacterial agent[J]. Progress in Natural Science,2008,8(18):939~944.

[18]Walid A Daoud,John H Xin,Zhang Yihe. Surface functionalization of cellulose fibers with titanium dioxide nanoparticles and their combined bactericidal activities[J]. Surface Science,2005,(599):69~75.

[19]李炜罡,吕维平,王海滨等.抗菌材料进展[J].化工新型材料,2003,31(3):7~10.

[20]夏俊,王良芬,罗和安.阻燃剂的发展现状和开发动向[J]应用化工,2005,34(1):1.

[21]胡志鹏,杨燕.塑料添加剂市场惊现六大热门[J].精细化工原料及中间体,2004,2:18.

[22]梁诚.阻燃剂生产现状与发展趋势[J].中国石油和化工,2003,(9):22.

[23]欧育湘等.阻燃高分子材料[M].北京:国防工业出版社,2001.

[24]周广英,吴会军.氧氧化镁阻燃剂及其前景展望[J].材料导报,2004,18:260.

[25]Xingui Zhang,Gao Fen,Qu Minghai,et al. Investigation of interfacial modification for flameretardant ethylenevinylacetate copolymer/alumina trihydratenanocomposites [J]. Polymer Degradation andStability,2005,(87):411.

[26]郭卫红,汪济奎,张德震等.聚烯烃阻燃剂及膨胀型阻燃剂的研究进展与展望[J].材料导报,2002,16(3):56~59

[27] Demir H, Balkose D, Ulku S. Influence of surface modifieation of fillers and polymer on flammability and tensile behaviour of polypropylene~composites [J]. Polymer Degradation and Stability, 2006, 91(5):1079~1083

[28] De mir H, Arkis E, Balkose D, et a1. Synergistic effect of natural zeolites on flame retardant additives [J]. Polymer Degradation and Stability, 2005, 89(3):478~483.

[29] 许红英,张俊杰,李红霞. 阻燃剂的研究现状及发展前景[J]. 材料导报,2006,20(12):39~41.

[30] 赵择卿. 高分子材料抗静电技术[M]. 北京:纺织工业出版社,1992,1~53.

[31] 王雪亮. 导电纤维的合成[J]. 合成纤维,1998,27(2):43~46.

[32] 王文等. 烷基磷酸酯钾盐抗静电性及其吸湿性研究[J]. 精细化工,2001(3):156~158.

[33] 黄茂福. 抗静电与抗静电剂(二). 印染助剂,1997(3):32~35.

[34] 刘杰等. 抗静电剂及其在纺织染整加工中的应用[J]. 应用科技,2000(3):23~24,13.

[35] 吴全才. PDMMC抗静电剂的合成及实验室评价[J]. 辽阳石油化工高等专科学校学报,2000(4):5~8.

[36] 吕家华等. 合成纤维织物的抗静电整理[J]. 纺织学报,1995(6):59~61.

[37] 董秀洁. 型耐洗性抗静电溶剂在含涤面料中的应用[J]. 印染助剂,2002(5):46~48.

[38] 田红艳等. 聚醚酯(非离子)永久型抗静电剂整理产品的抗静电性[J]. 北京纺织,2001(2):39~41.

[39] 崔淑玲等. 壳聚糖用于涤纶织物抗静电整理的研究[J]. 印染助剂,2002(4):34~35.

[40] Seong-ilEom,李维贤. 用作涤纶织物抗静电整理剂的壳聚糖[J]. 国外纺织技术,2002(3):26~29.

[41] 朱平. 功能纤维及功能纺织品[M]. 北京:中国纺织出版社,2006:154~166.

[42] 王进美,田伟. 健康纺织品开发与应用[M]. 北京:中国纺织出版社,2005:135~164.

[43] 刘国华,王文祖. 电磁辐射防护织物的开发[J]. 产业用纺织品,2003,21(6):16~18.

[44] 刘立华,王文祖. 电磁辐射与防电磁辐射的纤维及服装[J]. 北京纺织,2001,21(6):28~30.

[45] 刘越,马晓光,崔河. 防电磁波辐射功能纺织品的开发[J]. 印染,2001(8):50~52.

[46] 贾华明,齐鲁. 防辐射纤维及其织物的研究进展[J]. 合成纤维工业,2005,28(5):30~33.

[47] 万震,周红丽. 安全防护功能纺织品. 纺织导报[J],2005(5):50251,54~56.

[48] 古映莹,邱小勇,胡启明等. 电磁屏蔽材料的研究进展[J]. 材料导报,2005,19(2):53~56.

[49] 商思善. 电磁波屏蔽织物的产生与发展[J]. 现代纺织技术,2002,10(4):48~52.

[50] 山西华丽服饰科技发展有限公司. 电磁波防护面料的开发研究与应用[J]. 中国个

体防护装备,2006(1):15～17.

[51]陈小立,阎克路,赵择卿.纳米吸波材料在人体防护中的应用现状及其发展方向[J].纺织科学研究,2002(2):27230.

[52]马晓光,刘越,崔河.防电磁波辐射纤维的发展现状及工艺设计探讨[J].合成纤维,2002,31(1):14～17.

[53]KIM H K,KIM M S,et al. EM I shielding intrinsicallyconducting polymer/PET textile composites [J]. SyntheticMetals,2003 (1352136) : 1052106.

[54]邹新禧.超强吸水剂[M].北京:化学工业出版社,2002,50～86.

[55]郝秀阳,封严.高吸水纤维的制备方法及应用[J].山东纺织科技,2008,(3):53～56.

[56]张浩,张金树.高吸水纤维的合成方法研究及其在纺织品上的应用[J].天津纺织科技,2007,(3)31～36.

[57]肖长发,胡晓宇,安树林等.亲水性共聚丙烯腈纤维[J].纺织学报,2007,28(8):12～14.

[58]徐国栋,邓新华,孙元.丙烯酸与丙烯酰胺共聚制备高吸水纤维的研究[J].天津工业大学学报,2004,23(4):11～13.

[59]林松柏,林建明.纤维素接枝丙烯酰胺/高岭土高吸水性复合材料研究[J].矿物学报,2002,22(4):299～302.

[60]刘峻,张瑜等.纤维导湿改性的进展及其新产品开发[J].纺织学报,2005,(1):24～28.

[61]郭嘉,陈延林,罗哗等.新型离子交换纤维的应用研究及展望[J].高科技纤维与应用,2005,(2):14～18.

[62]冯长根,周从章,曾庆轩等.聚丙烯基离子交换纤维的研究进展[J].化工进展,2003,(2):25～28.

[63]李明愉,曾庆轩,冯长根等.强碱性离子交换纤维的结构与性能[J].材料科学与工艺,2006.

[64]SOLDATOV V S,SHUNKEVICH A. A Chemically active textile materials asefficient means for water purific [J]. Desalination,1994.

[65]周绍箕,离子交换纤维的开发及应用[J].材料科学与工艺,2009(5):53～59

[66]李青山等.智能纤维织物系统的研究与开发[J].纺织科学研究,2002,13(4):8～11.

[67]王曙中等.高科技纤维概论[M].上海:中国纺织大学出版社,1999.20～52.

[68]Leich P. ,Tassinari T. H. Interactibe Textiles : New Materials int he New Millennium (Part1) [J]. Journal of Indust rial Textiles,2000,29(3):173～191.

[69]Avntex shows that intelligent garments are the future[J]. Technical Textiles International ,2001 ,(12) ;11 ～16.

[70]Tao x. M. Smart Fibres ,Fabrics and Clot hing[M]. Cambridge England ,Woodhead Publishing Limited ,2001. 21 ～26.

[71]王艳玲等.智能纤维的研究现状及应用前景[J].产业用纺织品,2003,21(2):42～45.

[72]陶肖明等.智能纤维的现状与未来[J].棉纺织技术,2002,30(3):11～16.

[73]Tat suya Hongu ,Glyn O. Philips. New Fibers[M]. Woodhead Publishing Limited,1997: 66～82.

[74]俞波,刘兆峰等. 聚乙烯醇凝胶纺丝研究[J]. 高分子材料科学与工程,1997,13(5): 139～143.

[75]Umemoto S ,Okni N and Sakai T. Swell/ collanse behavior and it smechanical for poly (acrylamide) gel fibers [J]. Zairgo Kagaku,1989,26(1):42～46.

[76]Yoshida B. Cehida K. Kaneko Yecal . Comb2type Grafted Hydrogels Wit h Rapid De2swelling Response to Temperature Changes[J]. Nature,1995,374 (3):240～242.

第八章　生态纤维与生态纺织品的评价

所谓生态纺织品,是指生产和制造过程中不对环境造成污染,在使用过程中对人体健康和周围环境无害,在最终处置过程中不会产生有害物质的纤维原料及制品。

从纺织品的生产、加工和成品消费的过程分析,其生态性主要表现在三个方面:①生产原料和加工过程的安全性,这是安全性控制的最关键内容,包括天然纤维生产(种植、饲养)及产品加工过程的安全性,即对环境无污染、对生产者无害和产品自身不受污染;②纺织品消费的安全性,主要指纺织品中残留的有毒有害物质对人体健康的影响,提供符合人体健康要求的纺织消费品;③纺织品处理的安全性,应尽量减轻纺织品回收利用、自然降解、废物处理与焚化后残渣中产生的有毒有害物质对环境的危害。

第一节　纤维加工过程中的有害物质

从纺织品生产到成品消费的过程是一个冗长而复杂的系统工程。由于纤维来源不同、最终产品用途不同,纺织品的生产流程和生产工艺存在很大差别。在纺织品的整个生命周期中,从原材料初级生产、纺织品生产(纺纱织布→退、煮、漂、染、印、整理→成品加工)、使用、回收,到最终处置,在每个阶段都会释放出对自然环境产生影响的物质,其情况如图8-1所示。其中可能使纺织品沾染有害物质的主要加工工序有棉花种植、合成纤维纺丝、浆纱、退浆、染色、印花、整理等过程,接触的化学品包括纤维原料、油剂、浆料、染料、整理剂及各种染整助剂。残留在纺织品上的化学物质经过洗涤大部分可以减少或除去,但仍有部分残留,可能在穿着、贮存、压烫过程中释放出来。

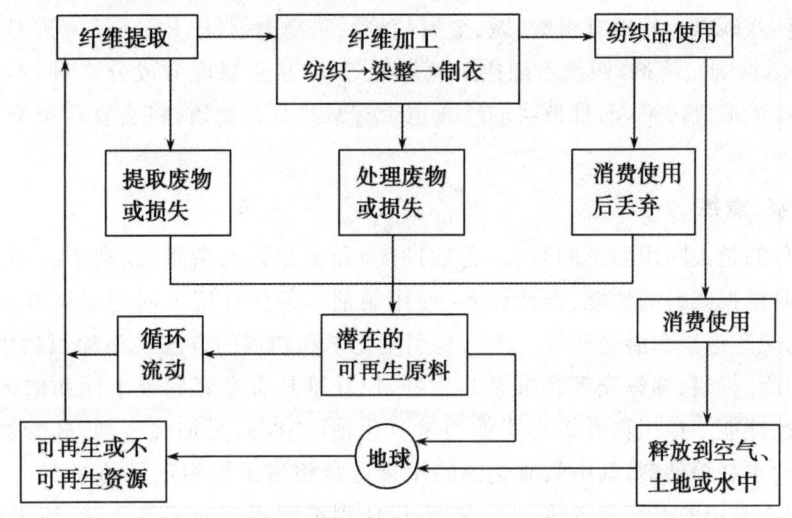

图 8-1　纤维加工对地球环境的影响

一、天然纤维加工过程中的有害物质

以纯棉服装为例,其主要加工工序为:棉花种植→采摘→轧棉→开清棉→梳棉→并条→精梳→粗纱→细纱→络筒→并纱→捻纱→络筒→整经(卷纬)→浆纱(给湿)→穿经→织造→烧毛→退浆→煮练→漂白→丝光→染色(印花)→整理→剪裁→缝制→水洗→整烫→成品。

在这漫长的加工过程中,或多或少地都会产生一些污染。其中,浆纱、退浆、煮练、漂白、丝光、染色、印花和整理等工序都要使用一些化学助剂、染料等化学药剂,这些化学药剂的使用会在纺织品中残留一部分毒性,相当数量的有害物质就来源于纺织品的生产过程。

(一)纤维原料初级生产

杀虫剂是在种植天然纤维,例如种植棉花时,用以杀灭虫害的,也可在储藏物品时用来防蛀。除草剂是除草和脱叶化学试剂。杀虫剂和除草剂会被纤维吸收,虽然在制造过程中可以部分被清除,也可能一直残留在制成品内。在多种情况下,这些残余物很容易透过皮肤而被吸入人体。

另外,存在于土壤和空气中的重金属包括锑、砷、铅、镉、汞、铜、铬、钴、镍等,会被植物吸收并蕴藏到天然纤维内。当纤维中重金属的积聚达到一定量,并与人体接触后就会危害人体健康。

(二)浆纱

浆纱是织造前为提高纱线的可织造性、强度和耐磨性而进行的一道关键工序。目前,我国纺织厂使用的浆料有淀粉浆料、化学浆料和混合浆料。其中以聚乙烯醇(PVA)等化学浆料和一些化学助剂对环境和纱线造成的污染最为严重。由于PVA生物降解性差,故在西欧禁止使用PVA浆料上浆。在浆纱过程中,为改善浆液性能,还必须使用一些化学助剂,如淀粉分解剂(硅酸钠、氢氧化钠、氯胺T、次氯酸钠等)、柔软剂(主要是油脂类物质)、渗透剂(太古油、平平加O、JFC等)、防腐剂(2-萘酚、甲醛、苯酚、水杨酸、硼酸及硼砂等)、减磨剂(滑石粉——氧化镁和氧化硅的水化物、膨润土——二氧化硅与氧化铝的水化物)、吸湿剂(甘油)、消泡剂(肥皂、八碳以上直链有机酸、碱、金属盐等)、防静电剂(P、RK、SN等抗静电剂及平平加O等表面活性剂)、溶剂(四氯乙烯或三氯乙烯等)。从浆料配方成分来看,不仅浆料的废浆排放会对环境造成污染,而且被浆的纱线也带有某些有害物质,将会直接影响到纺织品的环保性能。

(三)退浆、煮练

退浆的目的是去除织物上的浆料(包括助剂)和部分天然杂质,以利于练漂等后续加工过程。退浆时根据浆料的性能、退浆设备、使用制剂等条件选用不同的退浆方法,常用的方法有碱退浆、碱酸退浆和酶退浆等。煮练是利用化学和物理的方法去除棉织物中的果胶质、含氮物质、油脂、棉蜡、棉籽壳等纤维素共生物,使纤维具有良好的吸水性和取得一定白度,以改善其染色性能。棉织物煮练常用的是氢氧化钠(烧碱),另加洗涤剂、硅酸钠(水玻璃)、亚硫酸钠和软水剂等助剂,其中氢氧化钠的用量通常相当于织物重量的2.5%~4%。由此可见,在棉织物常用的退浆和煮练工艺中,不仅使用浓度很高的氢氧化钠,使织物产生很高的pH值,对人体健康不利,而且还产生污染严重的废水。

（四）漂白

漂白是指借助化学作用将棉织物中存在的有色物质加以分解消失，使织物获得必要的白度。漂白剂有氧化和还原两类，对棉织物常用的是含氯氧化剂的漂白工艺，如次氯酸钠漂白、过氧化氢漂白和亚氯酸钠漂白。含氯漂白剂会产生可吸附有机卤化物（AOX），不仅对人体健康有害，而且废液排放到江河中会对环境造成危害。

（五）丝光

丝光是使用氢氧化钠溶液对棉织物进行处理以改善纤维性能的工艺过程，可提高织物的尺寸稳定性、光泽和染色性能。在丝光工艺过程中，高浓度的氢氧化钠溶液不仅使布面具有很高的 pH 值，而且产生高碱浓度的污水，对人体健康和环境带来危害。

（六）染色和印花

染色和印花是赋予纺织品漂亮色彩和图案的加工过程。现已研究表明，大量合成染料和助剂的使用，不仅对人体健康有害，而且对环境造成了严重污染。

偶氮染料是一组氮苯合成染料，部分偶氮染料可被还原产生致癌及致敏的芳香胺。纺织品使用含致癌芳香胺的偶氮染料之后，在与人体的长期接触中，染料可能被皮肤吸收，这些染料在人体的正常代谢所发生的生化反应条件下，可能被还原出致癌芳香胺，引起人体病变和诱发癌症。另外，一些分散染料也会引起过敏反应。如果这些染料长时间接触皮肤，就会被人体吸收，对人体产生损害。

重金属也是部分染料的组成元素，在染色、印花过程中渗透到纺织纤维内部。当人体吸入了这些重金属，它们就会聚集在肝、肾、骨骼、心脏和脑部，如果重金属聚集太多，就会严重损害健康，例如，汞会影响神经系统。六价铬是一种强氧化剂，慢性中毒常以局部损害开始逐渐发展到不可救药。镍通常用于服装的金属合金辅料中，如纽扣、拉链等，常与含镍辅料接触，皮肤会出现严重的刺激反应。有关纺织品中重金属的含量，欧盟早在上个世纪末就对其进口纺织品进行了严格规定，任何重金属含量在 0.5 mg/cm^2 以上的纺织品，包括饰物、拉链以及纽扣在内，都不得在市场上流通。

二、化学纤维加工过程中的有害物质

以上所述是在天然纤维加工过程中残留的有害物质，而化学纤维和其他纤维制品上所残留的有害物质要超过天然纤维。在合成纤维生产过程中，由于洗涤不干净，在纤维上常会残留一些单体，其中有些合成纤维的单体会对人体健康造成威胁。例如，锦纶上残留的单体己内酰胺可由无损皮肤吸收而引起皮肤干燥、增厚，严重者可发生皲裂或皮炎症等；腈纶上残留的单体丙烯腈也会被皮肤吸收而造成中毒，其症状为头痛、胸闷、心悸、口唇及四肢末端发绀，长期接触可产生接触性皮炎，故在有些国家已禁止使用腈纶制作内衣。此外，氯纶的单体氯乙烯也会给人体健康带来威胁。

氯化苯等含氯有机载体和甲苯是聚酯染色工艺常用的助剂，有时亦用作防虫剂，属于有害物质，会导致肝脏功能丧失、黏膜及皮肤发炎，也会影响生殖系统健康。

三、纺织品功能整理过程中的有害物质

整理是纺织品生产加工的最后一道工序，在整理加工过程中使用了各种甲醛整理剂、阻

燃剂、抗微生物整理剂、涂层剂等化学药剂,旨在改善织物的外观和手感、增强服用性能。而这些化学药剂的使用大多会对人体健康产生危害,污染环境。

常用阻燃剂包括:三-(2,3-二溴丙基)、磷酸酯、多溴联苯和多溴联苯醚。长时间与这些高剂量的阻燃剂接触,会使人体出现免疫系统恶化、甲状腺功能不足、记忆力丧失、关节强直等不良现象。众所周知,有机磷对人体的危害极大,被皮肤吸收后能迅速分布到全身,抑制多种酶的活力,特别是抑制乙酰胆碱酯酶的活力而引起中毒,其症状主要是神经衰弱和腹胀、多汗,偶有肌肉颤动、瞳孔缩小,严重时可引起急性中毒。

在纺织品防静电、阻燃整理时,整理剂中常含有多氯联苯胺等有害物质,不仅能使皮肤着色,而且还可能引起肠胃不适及致癌。在抗菌防臭和香味整理中所使用的化学药剂残留在织物中,也有一定的毒性,可能会危害人体健康,故使用量应控制在微量范围内。

目前市场上掀起了免烫服装时尚,分析免烫整理机理不外乎四种:(1)不含甲醛,具有免烫性能,但价格偏高,免烫效果不如含高甲醛的;(2)含低甲醛,有免烫性能,是目前市场上出现最多的产品;(3)含高甲醛,有免烫性能,这是由极少数不规范厂家为降低成本,片面提高免烫性能而生产的;(4)假冒免烫产品,仅进行柔软整理,增加织物的抗皱性能,但无免烫性能。研究表明,当穿着含甲醛的服装时,游离甲醛渗透或挥发出来,将会引起呼吸道发炎、鼻炎、支气管炎、头疼、软弱无力、体温变化、感觉障碍、排汗不规则、脉搏加快、过敏性皮炎等病症。如果长时间穿着甲醛超标的服装,将会导致胃炎、肝炎、手指和脚趾疼痛等症,严重时还可能诱发癌症。所以甲醛含量一直是国家质检部门在检测衬衣质量时的重要检测项目之一。

为防止霉菌造成霉斑,有时会在纺织品、皮革和木制品上加上氯化苯酚[如氯苯酚(PCP)和2,3,5,6-四氯苯酚(TeCP)]。PCP和TeCP毒性强烈,被列为致癌物质,它们的化学稳定性也相当高,不容易被分解,从而会对人体和环境造成持续危害。

邻苯二甲酸酯类是常用的软质PVC增塑剂,由于其极好的柔顺性和实用性被广泛使用。这种物质对儿童具有潜在的危害,对3岁以下的儿童危害最大,欧盟对某些儿童用品禁用邻苯二甲酸酯类。

纺织行业一直使用三丁基锡(TBT)防止汗水导致的纺织品降解,同时去除鞋袜和运动服的汗臭。二丁基锡(DBT)是另一种用途广泛的有机锡,例如,用来作聚氯乙烯稳定剂的中间物质,或者作电解沉积油漆的催化剂。高浓度的TBT和DBT就会产生毒性,能透过皮肤而被人体吸收,吸入过量会使神经系统受损。

抗微生物处理剂通常是有机锡化合物或季氨盐化合物,它们中大部分有毒。毛织物防蛀整理中采用的狄氏剂,都会影响人体健康。

四、其他

以下几项尽管不是纤维加工或使用过程中产生的化学品,但它是由所含化学品产生的。

(一)pH值

pH值只是一个酸碱值,但纺织品的pH值大小也会影响人体健康。人体皮肤一般呈弱酸性,以防止病菌入侵和繁殖,因此对纺织品的pH值要有所限制。当纺织品的pH值在中性(即pH值=7)至弱酸性(pH值略低于7)时对皮肤均无损伤,pH值偏高或偏低的纺织品容易破损,也会引发皮肤过敏。

(二)色牢度

虽然并没有足够的证据证明所有用于纺织品的染料都对人体有害,但提高染色产品的色牢度可以减轻其可能的危害。易褪色的产品,其染料或颜料可能渗入汗水中,通过皮肤被吸收进体内。因此,耐水、耐汗液、耐摩擦、耐唾液(仅对婴儿用产品)四项测试是必不可少的。

(三)有害细菌和异味

纺织纤维在其加工过程中若处置不当,就会导致有害人体健康的细菌滞留和繁殖。尤其是加工制作内衣和羽绒服等,极易产生大肠杆菌、沙门氏菌、葡萄球菌等。标准规定将有害细菌存活量列入检测范围内。

另外,异味的存在意味着纺织品上残留着过多的化学品,会对人体健康造成损害,这是最容易判断的一项指标。纺织品在开封后,如果有霉味、高沸程石油味、煤油味、鱼腥味、芳香烃气味中的一种或几种,则可被判为"有异味"。

第二节 国际生态纺织品的标准

随着科技水平的进步,纺织新材料的不断涌现,人们生活水平的提高和环境保护、自我安全健康保护意识的不断增强,生态纺织品质量的内涵正在进一步扩大,一些涉及产品诚信度、可靠性、安全性、环保性的检测项目已成为国内外消费市场的主流质量要求。所以,面对当前和未来发展趋势,有必要关注国际上的新变化,顺应生态纺织品发展的新潮流,对国际相关的生态纺织品标准进行分析,并探究其发展趋势,以便能够更好地适应纺织行业发展需要。

一、国际生态纺织品标准

(一)ISO 14000 国际环境管理体系标准

随着工业化步伐的逐步加快,全球经济过度增长导致生态环境被破坏,而生态环境的破坏制约了全球经济的发展,于是联合国于 1972 年 6 月在瑞典首都斯德哥尔摩首次召开了人类环境会议,会议通过了著名的《人类环境宣言》。同年12月,联合国大会决定成立环境规划署,作为联合国统筹全球环保工作的组织。在这样的历史背景下,国际标准化组织(ISO)于 1996 年向全球正式颁布 ISO 14000 国际环境管理体系标准(认证标志如图 8-2 所示),这是第一部国际性的环境管理体系标准。它与国际纺织生态学研究与检测协会颁布的关于纺织品生产的生态学标准 Oeko-Tex Standard 1000 在内容上十分相似,都属于生产生态学管理标准,其区别在于 Oeko-Tex Standard 1000 执行时可操作性较差,还没有推广实施,而 ISO 14000 标准颁布后,适

图 8-2 国际标准化组织认证标志

应性广,适用于各行各业,迅速被全球范围内相关企业和组织接受成为环境管理领域中最权威的标准。

ISO 14000 国际环境管理体系标准相当于中华人民共和国国家标准 GB/T 24000,是企业的产品在获得环境标志前必要要首先达到的一个标准。ISO 系列标准是一个庞大的标准体系,它涉及的内容有环境管理体系(EMS)、环境审核(EA)、环境绩效评估(EPE)、环境标志(EL)、生命周期评价(LCA)等国际环境内的许多重大问题。它所追求的目标是通过实施这套庞大的标准体系,规范全球企业和社会团体等所有组织的环境行为,努力减少人类各项活动所造成的环境污染,最大限度地节省资源,改善环境质量,保持环境与经济发展的相互协调,促进经济持续发展,保护全球环境不被破坏。

(二)生态纺织品标准 100(Oeko-Tex Standard 100)

世界各国有关纺织品的生态性能的规定存在着很大的差异。如果要在世界范围内成功的选购纺织品,就需要有一套相应的、可在世界范围内遵循的、一致的标准。Oeko-Tex Standard 100 的制定正满足了这种需求。Oeko-Tex Standard 100 是由国际环保纺织协会的成员机构奥地利纺织研究院和德国海恩斯坦研究院共同制定的。他们在 20 世纪 90 年代时,根据当时对纺织品上有害物质的认识制定了 Oeko-Tex Standard 100。Oeko-Tex Standard 100 于 1992 年 4 月在德国法兰克福的 interstoff 展会上正式面世。Oeko-Tex Standard 100 是目前国际上最权威、影响最广泛的生态纺织品标准,该标准规定了生态纺织品中禁用和限用有害物质的种类和限量。凡挂有 Oeko-Tex Standard 100 标签(如图 8-3 所示)的产品都是经由分布在世界范围内 15 个国家的知名纺织鉴定机构(都隶属于国际环保纺织协会)的测试和认证。

基于婴儿皮肤非常娇嫩、敏感,而且由于纺织品与人体接触面积不同造成的危害程度也会不同,由国际环保纺织品协会 Oeko-Tex Association 制定的 Oeko-Tex Standard 100 按纺织品与人体的关系密切程度,将纺织品分为四类:第一类,婴幼儿产品;第二类,直接接触皮肤产品;第三类,不直接接触皮肤产品;第四类,装饰材料。例如,Oeko-Tex Standard 100 限定婴儿产品中甲醛含量必须低于 20 mg/kg,这个限量规定几乎无法检测,这就保证了所有在纺织生产后整理过程中用到的甲醛已经全部清除。再如,pH 值的规定是呈弱酸性环境,保证对皮肤友好,对产品的唾液牢度测试,保证了纺织品上的染料或涂料在婴儿咬、嚼的状态下也不会从纺织品中渗出。

图 8-3 Oeko-Tex Standard 100 纺织品生态标签

Oeko-Tex Standard 100 禁止和限制使用在纺织品上的已知或可能有害的物质包括可分解的芳香胺染料、致癌染料、致敏染料、甲醛、杀虫剂、除草剂、含氯苯酚、有机氯化导染剂、可萃取重金属、镍、色牢度、pH 值、婴儿用品中的增塑剂、有机锡化合物(TBT 和 DBT)、有机挥发气体、气味。根据这些分类该标准规定的各种有害物质在纺织品上的限量要求将在第三节分别介绍。

国际生态纺织品标准一直是全球纺织产品的绿色标杆,它的动向直接影响全球纺织品的生产、贸易及最终使用。Oeko-Tex Standard 100 除了规定生态纺织品中禁用和限用有害物质的种类和限量,从 1999 年起 Oeko-Tex 国际环保纺织协会每年都会综合市场情况及发展趋势,结合各地区法律法规的变化及最新科研成果对 Oeko-Tex Standard 100 进行部分修订。许多被列入 Oeko-Tex Standard 100 标准的物质不久就被立法禁用或限用。同样,许多被立法禁用或限用的物质很快就被收入到 Oeko-Tex Standard 100 标准中。

2010 版 Oeko-Tex Standard100 标准已于 2010 年 1 月 1 日生效,与上一个版本相比,新版标准中的检测项目有所变化。(1)关于多环芳烃。自 2010 年 1 月 11 日起,对四个产品类别的合成纤维、纱线、塑料部件等进行多环芳烃(PAK)检测,16 种规定物质的总量限量为 10 mg/kg,化学物质苯并[a]芘的限量为 1.0 mg/kg。(2)关于邻苯二甲酸二异丁酯。鉴于邻苯二甲酸二异丁酯(DIBP)将被列入 REACH 高度关注物(SVHC)清单,在环保纺织品认证(作为对邻苯二甲酸盐检测的补充)的框架中,也将排除使用这种软化剂。(3)关于二辛锡。由于欧盟法规 2009/425/EC 对印花纺织品、手套和地毯纺织物等做出明确说明,国际环保纺织协会将二辛锡(DOT)补充列入被禁止的有机锡化合物清单,婴儿用品限量为 1.0 mg/kg,其他产品类别限量为 2.0 mg/kg。

2011 版 Oeko-Tex Standard 100 已于近期发布,与 2010 版相比增加了短链氯化石蜡(SCCP)和磷酸三(2-氯乙基)酯(TCEP)两种限用物质,而这两种物质已被列入 REACH 法规高关注物质(SVHC)清单中,体现了 Oeko-Tex Standard 100 与 SVHC 的高度联动。本次增加的两种限用物质中,其中短链氯化石蜡(SCCP)是 REACH 法规第一批 SVHC 清单中的物质,而磷酸三(2-氯乙基)酯(TCEP)是第二批 SVHC 清单中的物质,这两种物质在纺织工业中主要用作阻燃剂。SVHC 清单中其他与纺织工业相关的物质,基本都已经列入 Oeko-Tex Standard 100 标准中。

(三)生态纺织品标准 1000(Oeko-Tex Standard 1000)

从纺织品生态学的角度看,纺织品的生态性能分为生产生态、产品生态和废物回收生态三个方面。Oeko-Tex Standard 100 只考核纺织品与人接触时对穿着者造成的影响,即产品生态的问题,而 Oeko-Tex Standard 1000 则侧重于工厂审核,关注于产品生产过程中的环境生态安全性。Oeko-Tex Standard 1000 生态纺织品生产实地认证着重考核纺织品生产过程的环保生产水平,即生产生态问题。

Oeko-Tex Standard 1000 标准包括考核对自然资源的维系和保护,对环保的化学品助剂、染料、和加工工艺的使用,对水和能源的消耗,对挥发物的控制,对废水废气的处理。通过认证的企业必须遵守涉及生产环境(安全生产、噪音和灰尘)方面的相关规范,同时绝对不能雇用童工。

2005 年 1 月 18 日,Oeko-Tex 国际环保纺织协会十年来首次向一家欧洲以外的纺织品生产公司颁发 Oeko-Tex Standard 1000 证书(标签如图 8-4 所示)。获得证书的企业是位于埃及亚历山大大帝市阿拉伯新城的纺纱厂"SETCORE SPINNING S. A. E.",它的生产环境完全符合相关的生态标准。该公司不仅为埃及的纺纱产业树立了新标准,同时也将北非和中东地区纺织品生产企业的注意力吸引到通过达到环保认证来开辟新市场这一契机上。越来越多的已经建立起有效的环境保护系统的企业充分体验到了 Oeko-Tex Standard 1000 的优越性,即提高生产效率,减少成本,浪费最小化,消费者对产品的信任度大幅度提高。

图 8-4　Oeko-Tex Standard 1000 纺织品生态标签

目前,亚洲地区还没有获得 Oeko-Tex Standard 1000 证书的企业。虽然,已经有一些目光长远、希望能尽早在竞争中占有更多优势的企业向 TESTEX 瑞士纺织检定有限公司发出问讯,但距离我们的纺织品生产企业真正实现环保生产,领取亚洲地区第一张 Oeko-Tex Standard 1000 证书,还有不少困难需要克服。

(四)生态纺织品标签 Eco-label(Eco-label to Textile Products)

欧共体的生态标签 Eco-label(标志如图 8-5 所示)始于 1993 年,由欧盟委员会根据欧洲议会 880/92 号法令设立。Eco-label 旨在鼓励生产商去设计环保产品,以此为消费者提供环保的选择。虽然该标志是以法律形式推出,在全欧盟范围内的法律地位是不容置疑的,但生产商是否申请生态标签完全是自愿的。如果他们申请,就能使自己的产品获得竞争优势。到目前为止,该标准的范围覆盖了消费者的日常生活用品(食品和药品除外),涉及的产品范围已达包括纺织产品在内的数十种,并且其扩展的速度也在加快。由于该标志在纺织服装领域发展得比较早,而且欧盟通过生态服装展等活动,在该领域的宣传工作也做得比较到位,因此该生态标志在纺织服装领域的发展也最好。据统计,目前获得该标志的各类欧盟企业一共只有 103 家,其中纺织服装类最多,有 37 家公司,占三分之一。这些公司主要来自丹麦和法国,其次是西班牙、比利时、德国、希腊、意大利、葡萄牙和瑞典等国。

欧共体的 Eco-label 所倡导的是全生态,与目前我们所熟知的部分生态概念(如最终产品的生态安全)有很大的不同。Eco-label 的评价标准涵盖产品的整个生命周期对环境可能产生的影响,如纺织产品从纤维种植或生产、纺纱织造、前处理、印染、后整理、成衣制作、穿着使用乃至废弃处理的整个生命过程中可能对环境、生态和人类健康的危害。目前获得欧盟生态标志的欧盟企业数量还比较少,其原因是该标志认证的标准非常严格。

图 8-5　欧盟生态标志(Eco-label)

欧盟委员会于 2002 年 5 月 15 日作出决定(2002/371/EC),对原有的授予某些符合要求的纺织品欧共体生态标签 Eco-label 的生态纺织品标准进行修订。欧盟(2002/371/EC)生态标签,与 Oeko-Tex Standard 100 又有很大的差别,它的目的是挑选在生态保护领域中的佼佼者,使其生产过程和最终产品都能符合一定的生态标准,该标签的申请非常严格。其主要内容包括:(1)关于纺织原料。主要是把原料分成腈纶、棉花、亚麻、羊毛、再生纤维、聚酯等不同种类,分别制定所含有害物质的限量标准,例如,对腈纶中丙烯腈的含量,棉花中的氯丹、DDT 等杀虫剂和聚酯中锑含量限制等。(2)关于纺织品生产过程及产品本身。如在生产过程中使用的添加剂至少 90%以上必须是可生物降解的;运输贮藏过程中不得使用氯酚和有机锡化合物等;去色过程不得使用重金属盐类和甲醛;对染料中银、硒、砷、钡、铬、镉、钴、铜、铁、镍、锰、铅、锑、锌、锡等离子杂质的含量限制;对铬媒染剂染料的禁用;对偶氮类染料的限制使用;对产品甲醛含量的限制;对废水处理的要求;对防火防缩材料有害物质含量的限量和衬料的要求等。(3)关于产品的耐用性。主要是由于产品洗涤或干燥后尺寸的变化和产品在各种情况下褪色的标准。欧盟委员会颁布申请标准的新法规之后,"生态标签"与欧盟市场上纺织品服装领域的其他"绿色"标签相比,要求更加严格,对产品各方面的限制内容更加广泛,并非只针对产品本身。

(五)生态纺织品标准 200(Oeko-Tex Standard 200)

Oeko-Tex Standard 200 是与 Oeko-Tex Standard 100 配套的有关测试的程序性文件,该文件规定了授权使用 Oeko-Tex 标志的检测程序包括 pH 值的测定、甲醛的测定、可提取重金属的测定、农药残留的测定、酚(含氯的和 OPP)含量的测定、禁用染料的测定、有机氯载体的测定、PVC 增塑剂(邻苯二甲酸酯类)含量的测定、有机锡化合物含量的测定、色牢度的测定、挥发性物质及有气味混合物的测定、敏感性气味的测定。但该文件并未给出相关测试的具体程序和技术条件,因此缺乏实际指导意义,在国际上的权威性也不是太高。

二、国内生态纺织品标准

我国真正开展生态纺织品认证始于 1994 年,是当时中国环境标志产品认证委员会开展的生态纺织品认证项目和防虫蛀毛纺织品认证项目。这两个认证所使用的标志(如图 8-6 所示)相同,但含义不同。生态纺织品认证,主要是指从人类生态学的要求出发,符合特定标准要求的产品,重点是控制如有害染料、甲醛、重金属、整理剂、异味等有害物质,认证标准基本上参照了 1992 年国际环保纺织协会制定的 Oeko-Tex standard 100 标准。防虫蛀毛纺织品认证,主要针对由于羊毛和其他动物纤维都会受到某些蛀虫和甲虫幼虫的侵袭,因而在产品中多使用防虫蛀整理剂的特点推出,认证对所使用的防虫蛀剂提出了要求。随着国际羊毛局对纺织物防虫蛀整理要求的实施,当时参照纺织行业标准 FZ 20013-1996,制订了认证技术要求,规定了经防虫蛀整理的毛纺织产品必须达到的防虫蛀合格强度等级,适用于防虫蛀整理的防虫蛀纯毛产品及毛混纺产品。

图 8-6 中国环境标志

另外,影响比较大的是中国纤维检验局颁发的"生态纤维制品标志(如图 8-7 所示)"和

"天然纤维产品标志(如图8-8所示)"。这两个标志不是认证,均为在国家工商总局商标局注册的证明商标。获得这两种标志的使用范围、品牌品种、使用期限、数量都有严格的规定,申领这两种标志必须经过严格的审批。产品质量须经严格的现场审核和抽样检验,检验项目除包括甲醛、可萃取重金属、杀虫剂、含氯酚、有机氯载体、PVC增塑剂、有机锡化合物、有害染料、抗菌整理、阻燃整理、色牢度、挥发性物质释放、气味等13类安全性指标外,还要求产品的其他性能,如缩水率、起毛起球、强力等必须符合国家相关产品标准要求。而且,企业使用这两种标志情况由中国纤维检验局及其设在各地的检验所实行监控。

图 8-7 生态纤维制品标志   图 8-8 天然纤维产品标志

生态纤维制品标签证明商标是以经纬纱线编织,成树状图形,意为"常青树",生态纤维制品是绿色产品,拥有绿色就拥有一切。天然纤维产品标志证明商标由 N、P 两个字母图形构成,N 为英文 Natural 的第一个字母,意为"天然",P 为 Pure 的第一个字母,意为"纯"。天然纤维产品标志证明其产品的原料是天然的,质量是纯正的。当产品获得生态纤维制品标签,消费者就可以在纸吊牌、粘贴标志、缝入商标处看到这种树状图形。

市场上还可以见到另一种纺织品认证标志。由中国质量认证中心开展的关于纺织品的认证目前有两种,一是生态纺织品安全认证,以国标 GB/T 18885-2002 生态纺织品技术要求为依据,对纺织品的有害染料、甲醛、重金属、整理剂、异味等有害物质提出了管理规定。另一个是纺织品质量环保认证,不仅要求产品,同时对生产企业的环境管理体系提出了更高的要求。两种标志颜色都呈绿色,上面带有中国质量认证中心英文字母缩写 CQC,如图 8-9 所示。

图 8-9 CQC 认证标志

中纺标(北京)检验认证中心有限公司对纺织品的认证划分得比较细,业务范围涉及纤维、纱线、面料、服装、家居用品、产业用纺织品等纺织材料及其制品的各个领域。开展的主要项目为纺织品基本安全性认证、生态纺织品认证、纯天然及特种纤维制品、工程用纺织品认证、功能性纺织品(防紫外线纺织品、阻燃纺织品、抗菌纺织品、免烫纺织品、抗静电纺织品、阻燃纺织品)。除功能性纺织产品外,生态纺织品(标志如图8-10所示)也是遵循国标 GB/T

图 8-10 中纺标检验认证标志

18885-2002生态纺织品技术要求标准来开展认证。

目前国内企业熟知的生态纺织品标准是GB/T 18885-2002《生态纺织品技术要求》和HJ/T 307-2006《环境标志产品技术要求-生态纺织品》。GB/T 18885-2002《生态纺织品技术要求》是由国家质量监督检验检疫总局于2002年11月22日颁布的国家标准。HJ/T 307-2006《环境标志产品技术要求-生态纺织品》是由国家环境保护总局颁布的环境保护行业标准。由于GB/T 18885-2002的产品分类和要求采用的是2002年版Oeko-Tex Standard 100，而HJ/T 307-2006的基本框架也是参照Oeko-Tex Standard 100制定的，所以这两个国内生态纺织品标准的测试项目与2010版Oeko-Tex Standard 100大致相同。

三、生态纺织品认证标准的发展

从目前市场上主要的生态纺织品认证标志可以看出，各认证标志虽然图形不同，但所代表的含义都涉及对纺织品中有毒、有害物质的管理要求。这些管理要求，来源于目前国际上对纺织品已经颁布的标准，而国内标准在很大程度上参考了国际环保纺织协会制定的Oeko-Tex standard 100。因此可以说，由于产品认证机构所使用的标志不同，认证程序和规则可能会略有差别，但总的依据之一还是Oeko-Tex Standard 100标准。

生态纺织品认证执行申请者自愿的原则，它是环境管理手段从"行政法令"到"市场引导"的产物。旨在通过市场因素中消费者的驱动，促使生产者采用较高的标准，引导企业自觉调整产品结构，采用清洁工艺，生产对消费者有益的产品，最终达到保护环境、保证人体健康的目的。开展生态纺织品认证，有利于提升企业的技术水平、管理水平和产品档次，有利于塑造良好的企业形象，有利于增强企业的竞争力、提高企业的整体水平，从而在竞争激烈的国际国内市场中立于不败之地。

第三节 生态纺织品的主要检测指标和方法

在纺织品生产加工过程中，可能使纺织品沾染有害物质的主要加工工序是棉花种植、合成纤维纺丝、浆纱、退浆、染色、印花、整理等过程，接触的化学品包括纤维原料、油剂、浆料、染料、整理剂及各种染整助剂。残留在纺织品上的化学物质经过洗涤大部分可以减少或除去，但仍有部分残留在上面，在穿着、贮存、压烫过程中释放出来。

研究生态纺织的检测，为人类提供安全的纺织品，并避免对环境的破坏，保障人类的身体健康，已日益得到人们的关注重视。纺织品中有害物质的种类很多，目前采用的监测方法是依据Oeko-Tex Standard 100所涉及的监测项目、限量参数和检测方法，并结合我国的国情，分类进行详细表述如下。

一、禁用染料

（一）偶氮染料

偶氮染料是指分子结构中含有一个或多个偶氮基团（—N═N—），而与其连接部分至少含有一个芳香族结构的染料。事实上，偶氮染料本身并无致癌性，目前市场上流通的合成染料品种约有 2 000 种,其中约 70% 的合成染料是以偶氮化学为基础。研究表明,部分偶氮染料在一定条件下会还原出某些对人体或动物有致癌作用的芳香胺,而涉嫌可还原出致癌芳香胺的染料品种(包括某些颜料和非偶氮染料)约为 210 种。此外,虽然有些染料不会被还原出致癌芳香胺,但由于合成时中间体的残余或杂质和副产物的分离不完善而仍可被检测出存在致癌芳香胺,从而使最终产品无法通过检测。

1994 年 7 月,德国政府首次以立法的形式,禁止生产、使用和销售可还原出致癌芳香胺的偶氮染料及使用这些染料的产品,荷兰政府和奥地利政府也发布了相应的法令。目前,禁用偶氮染料的监控已成为国际纺织品贸易中最重要的品质控制项目之一,也是生态纺织品最基本的质量指标之一。

经过多年的研究,目前纺织品上禁用偶氮染料检测的技术已相当成熟,主要采取 GC-MS 和 HPLC-DAD 技术,其检测方法为:将纺织品试样中所使用的偶氮染料溶解在 pH=6.0 的柠檬酸盐缓冲溶液介质中,用连二亚硫酸钠还原分解,以产生可能存在的违禁芳香胺,用适当的液液分配柱提取或溶剂直接萃取水溶液中的芳香胺,浓缩后用合适的有机溶剂定容,用配有质量选择监测器的气相色谱仪进行定性,气相色谱/质谱仪(GC/MS)或高压液相色谱/二极管阵列监测器(HPLC/DAD)进行定量。该检测方法的检出限仅为几个 ppm,而国际上通行的德国允许限量标准为 30 ppm,其他部分标准为 20 ppm,可由买家根据相应的法规和标准选定。

(二)致癌染料

致癌染料是指未经还原等化学变化即能诱发人体癌变的染料,其中最著名的品红(CI 碱性红 9)染料早在 100 多年前已被证实与男性膀胱癌的发生有关联。目前已知的致癌染料有 11 种,其中直接染料 3 种、溶剂型染料 3 种、分散染料 2 种、碱性染料 1 种,但被列入生态纺织品监控范围的致癌染料仅有 7 种,这 7 种致癌染料在纺织品上绝对禁用。其检测方法是:选用甲醇作为萃取剂对致癌染料在 70 ℃、超声波振荡的条件下进行萃取,采用 HPLC/DAD 法对萃取液进行定量分析。

(三)致敏染料

所谓致敏染料是指某些可引起人体或动物的皮肤、黏膜或呼吸道过敏的染料。这些染料主要用于聚酯纤维、聚酰胺纤维和醋酯纤维的染色,目前市场上初步确认的过敏性染料有 27 种,其中包括 26 种分散染料和 1 种酸性染料,但不包括部分对人体具有吸入过敏和接触过敏反应的活性染料。Oeko-Tex 100 规定了 21 种致敏染料,实际是 20 种,其中分散橙 76 和分散橙 37 化学结构一样。Eco-label 规范则规定了 19 种,并规定当染色纺织品的耐汗渍色牢度(酸性和碱性)低于 4 级时,不得使用。国标 GB/T 18885《生态纺织品技术要求》中规定了 20 种被限用。Oeko-Tex 100 和国标 GB/T 18885 均限定致敏染料的合格限量值为 60 mg/kg。

致敏染料的检测一般是通过对比参照物质,用色谱法对所萃取的染料进行鉴别。常用的标准有 DIN NMP 512 Draft 和我国的国标 GB/T 20383-2006。这些标准一般采用甲醇溶液在 70 ℃下对样品进行超声提取,然后用有机滤膜过滤后直接用高效液相色谱和液质联用进行检测。

二、可萃取重金属

纺织品上重金属的主要来源：①金属络合染料，这类染料中所含的金属以铬、铜、镍占绝大多数，按染料的应用分类有金属络合酸性染料、金属络合活性染料、金属络合直接染料；②天然植物纤维生长过程中重金属可以通过环境迁移、生物富集而沾污纤维；③天然染料为环保型染料，但天然染料对纺织纤维没有亲和力或直接性，需要和媒染剂一起使用，才能固着在纤维上，而媒染剂均为重金属，也会使染色后的纺织品上含有重金属。

事实上，纺织品上处于非游离状态的重金属对人体不会造成危害。而可萃取重金属是可以人工酸性汗液进行萃取，并可能进入人体对健康造成危害的重金属，这些重金属包括锑(Sb)、砷(As)、铅(Pb)、镉(Cd)、汞(Hg)、铜(Cu)、铬(Cr)、钴(Co)、镍(Ni)、锌(Zn)，钛Ti(2000年列入)用在涤纶切片中。

国标 GB/T 17593-1998 纺织品重金属离子检测方法基本雷同生态纺织品标 Oeko-Tex Standard 200。纺织品上游离重金属统一用人工酸性汗液萃取，依照 ISO 105-E04（试验溶液 II）执行。萃取液可采用等离子发射光谱法(ICP)，原子吸收分光光度法(AAS)和 UV-VIS 等仪器进行定量分析。样品如果不是由天然纤维或其混纺织物制成，则不必监测砷和汞，对于金属辅料不管其表面是否进行涂渍以及电镀过塑料辅料，在萃取时必须用未经过染色的化学惰性纺织品（如聚酯、聚丙烯腈）包裹，以免因磨损等造成分析误差。

(一) Cr(VI)

铬媒染料染色是由该染料与铬媒染剂（如重铬酸钾）在纺织品上形成络合物。使用铬媒染料染色会产生三种铬污染，特别是六价铬离子[Cr(VI)]，会造成严重污染，欧盟生态标准(2002/371/EC)中规定不允许使用铬媒染料。Cr(VI)是一种强氧化剂，它能引起皮肤刺激疼痛和过敏，对人体和环境有相当大的毒性。因此，生态纺织品标准中，对总 Cr 含量进行监控的同时，对 Cr(VI) 也进行严格的控制，Oeko-Tex Standard 100 中 Cr(VI) 的限定值为 $0.5\ \mu g/kg$。

检测方法：采用磷酸盐缓冲液萃取试样中可溶性铬[Cr(VI)]酸盐，过滤，滤液于酸性条件下与 1,5-二苯卡巴肼反应生成紫红色化合物，于波长 540 nm 处测定吸光度值，标准曲线法定量。

(二) 镍(Ni)标准释放量

某些纺织品辅料或饰品常采用含镍合金或表面含有镍涂层等方法，以此提高其硬度和耐腐蚀性能。此类含镍配件直接或长期与人体皮肤接触会引起过敏和严重的皮炎，德国、英国及欧盟都已对此制订有严格的法规并加以监控。其检测方法包括标准释放量检测方法和加速磨损、腐蚀的检测方法。

(三) 总镉(Cd)含量

镉(Cd)常被用作高分子材料的着色剂、涂料的着色剂、PVC 材料的稳定剂、金属的表面处理剂和涂料中的颜料及染料工业。镉是一种有毒的重金属，质地柔软，既抗腐蚀又耐磨，其沸点为 767 ℃，稍经加热即易挥发，生成深黄色单原子蒸汽，并进一步与空气中氧结合转为棕色粉末状氧化镉(CdO)。进入人体的镉仅少量被吸收，其余部分随粪便排出，部分被吸收于血液中的镉与血浆蛋白结合，并随血液循环选择性地储存于肾脏和肝脏，其次为脾、胰腺、甲状腺、肾上腺和睾丸,它能引起肾脏的损伤和贫血。吸收后的部分镉主要经肾由尿液排出,少量随唾液、乳汁排出。同时,由于镉的累积效应,对环境也会造成非常大的危害。因此,德国、瑞典、瑞士、荷兰等国和欧盟已有相应的法规。通过分解塑料样品,可以用 ICP 方法测定溶出的总镉(Cd)含量。

三、游离甲醛含量

甲醛作为树脂整理常用交联剂广泛应用于纯纺或混纺产品中(包括部分真丝产品),其主要功能是提高助剂在纺织品上的耐久性。甲醛的使用还涉及固色剂、防水剂、柔软剂、黏合剂等。含甲醛的纺织品在服用过程中,未交联的或水解生成的甲醛会逐渐释放出来,通过人体呼吸及皮肤接触,在体内的甲醛被富集在骨髓造血组织中,在体内通过去甲基化作用及葡萄糖醛酸反应而将其转化、解毒。对一些先天或后天因素造成的此项解毒能力不足者,有可能诱发白血病、淋巴瘤和骨髓增生异常综合征。

各国的法规或标准均对产品的游离甲醛含量作了严格的限定,欧盟、北美包括日本在内,均对其含量有相当严格的规定。其中,成人外衣甲醛含量必须低于 300 mg/kg;成人内衣、睡衣及袜子中甲醛含量必须低于 75 mg/kg;而婴幼儿类服装甲醛含量应低于 20 mg/kg。

纺织品上游离甲醛的测试方法很多,最常用的是戊二酮(又名乙酰丙酮)法。戊二酮在醋酸及醋酸铵作缓冲剂条件下,可与甲醛作用生成二甲基吡啶(简称 DDL),二甲基吡啶呈微黄色,其黄色水溶液的最大吸收光谱波长为 412~415 nm,并且该水溶液的色泽深度与甲醛含量成正比,因此可采用比色法来测定游离甲醛的含量。

四、pH 值

纺织品表面的 pH 值在微酸性和中性之间可保护皮肤,以防止病菌的侵入。若纺织品处于较强的酸性或碱性条件下不仅纺织品本身容易受损,而且也会刺激皮肤。故在 Oeko-Tex Standard 100 和我国生态纺织品技术要求的国家标准中均规定婴幼儿用品和直接接触皮肤用品的 pH 值为 4.0~7.5,不直接接触皮肤用品和装饰材料的 pH 值为 4.0~9.0。

依照 GB/T 7573-2002,称取适量纺织品试样三份,分别放入装有去离子水的三角烧瓶中,摇动烧瓶以使试样润湿,然后在振荡机上振荡 1 h。在室温下,用带有玻璃电极的 pH 计测定上述萃取液的 pH 值。

五、氯化酚和有机氯载体

五氯苯酚(PCP)是纺织品、皮革制品和木材、浆料采用的传统的防霉、防腐剂。PCP 化学稳定性很高,自然降解过程漫长,它不仅对人体有害,而且对环境也会造成持久的危害,因而在纺织品和皮革制品中受到严格限制。另外,PCP 处理后的物质暴露在阳光下或在燃烧时会释放出二噁英类化合物对人体和环境造成更为严重的损害。PCP 被美国 EPA 列为内分泌扰乱物质,内分泌扰乱物质在环境中是以痕量浓度存在的,这对检测提出了更高的要求。2,3,5,6-四氯苯酚(TeCP)是 PCP 合成过程中的副产物,对人体和环境同样有害。

邻苯基苯酚(OPP)也是含氯酚中的一个品种,常用于载体染色法生产疏水性合成纤维(如氯纶、涤纶)时的载体,及杀菌剂、消毒剂和防腐剂,OPP 对人体和环境也会造成一定的危害。所以,纺织品上残留的 PCP、TeCP 和 OPP 都是生态纺织品监控的内容。

多氯联苯衍生物(PCBs)常是作为抗静电剂及阻燃剂被引入纺织品。由于 PCBs 含有大量的氯原子,很容易积聚在有机体和环境中,对环境造成污染的主要是二联苯的氯化物,少数为三联苯的氯化物。它对人体的荷尔蒙系统、肝脏、脾脏、免疫和中枢神经系统都有影响,还会引起皮肤着色、肠胃不适,还有致癌作用。当人体 PCBs 的摄入量达到 0.5～2 g 即可出现中毒症状,体内的 PCBs 还可经胎盘转移至胎儿体内。此外,燃烧 PCBs 时会产生有毒的多氯氧芴,其毒性高于 PCBs 本身,与二噁英的毒性相当。

Oeko-Tex Standard 100 对纺织品中含氯酚残留限量为婴儿与儿童服饰产品≤0.05 mg/kg,其他服饰和装饰产品≤0.5 mg/kg,纺织品中氯代有机物的总量不得超过 1.0 mg/kg。2002 年 11 月 22 日由国家质量技术监督检验总局批准颁布 GB/T 18885-2002《生态纺织品技术规范》参照采用 2002 年版 Oeko-Tex Standard 100 对含氯有机物含量的限定值也规定为 1.0 mg/kg。Eco-label 规定聚酯载体染色时不能使用卤代物载体。

由于氯代酚分子结构中含有极性较大的羟基,检测时很容易出现拖尾峰,并且峰形很宽,检测重复性和灵敏度都较差,为得到尖锐的色谱峰、好的重现性和提高检测灵敏度,一般对酚羟基衍生化检测衍生物的含量,进而推断酚类化合物。依照国标 GB/T 18414.1-2001 纺织品中氯代酚的测定,精确称取适量的纺织品试样,首先用碳酸钾溶液提取样品中的五氯苯酚并将其转化为五氯苯酚钾,然后加入乙酰化试剂乙酸酐,与五氯苯酚钾作用生成五氯苯酚乙酯,再用正己烷萃取,正己烷萃取液通过 GC/MS 定量。

有关有机氯载体的检测,虽然有限量标准,但尚无测定方法标准,只要生产企业提供声明即可。

六、农药残留物

天然植物纤维,如棉花,在种植中会用到多种农药,如各种杀虫剂、除草剂、落叶剂、杀菌剂等。在棉花生长过程中使用的农药,有一部分会被纤维吸收,虽然纺织品加工过程中绝大部分被吸收的农药会被去除,但仍可能有部分会残留在最终产品上。农药残留对人体健康造成的危害是显而易见的,有机磷类农药残留进入人体后,其中以肝脏中分布最多,其次为肾、骨、肌肉和脑,长期吸入微量有机磷可引起胆碱酯酶持续性降低,具有烷化作用的有机磷农药可导致基因突变和染色体畸变,还可引起迟发性神经中毒。对人体健康造成危害较大的为有机氯类农药残留,其毒性作用主要表现为侵犯肝、肾和神经系统,可诱导肝微粒体酶而影响生化代谢,对生殖机能也会产生影响。

Oeko-Tex Standard 100 中限用的杀虫剂共有 54 种。当然,如果产品不含天然纤维,则不必进行杀虫剂残留量的检测。2002/371/EC 最新生态标准规定,棉和其他天然纤维素纤维,不得含有超过 0.05 mg/kg 的下列物质:艾氏剂、敌菌丹、氯丹、DDT、狄氏剂、异狄氏剂、七氯、六氯代苯、六氯代环己烷(包括所有异构体)、2,4,5-T、氯二甲基-甲基对硫磷、对硫磷和磷铵。

依照 GB/T 18412-2001 纺织品有机氯杀虫剂残留量的测定,称取适量试样两份,放入滤纸筒中,然后置于索氏提取器中,加入石油醚在 80～90 ℃水浴中回流提取 6 h,冷却后将提取液于 40 ℃水浴中,旋转浓缩至近干,用正己烷溶解,并定容至 5.0 mL,供 GC/MS 测定和确证。

七、色牢度

Oeko-Tex Standard 100 标准中提出将纺织品的四种色牢度指标作为监控内容,包括耐水渍、耐汗渍(酸性/碱性)、耐摩擦(干/湿)和耐唾液及汗渍(尤其对婴幼儿)。而这几种色牢度与人体穿着或使用纺织品都有直接关系,特别是婴幼儿服装的唾液及汗渍色牢度指标尤为重要,因为婴幼儿可通过唾液和汗渍吸收染料。纺织品的色牢度如果不好,则其中的染料分子、重金属离子等都可能通过皮肤为人体吸收,从而危害人体健康。

(一)耐水渍色牢度测定

按照 ISO 105-E01(GB/T 5713-1997)执行,将纺织品试样与一块或两块规定的贴衬织物贴合一起,浸入水中至浸透,取出挤干水分,置于试验装置(耐汗渍色牢度试验仪)的两块平板之间,承受规定压力 12.5 kPa 在 37±2 ℃条件下平衡 4 h,干燥试样和贴衬织物用灰色样卡评定试样变色和贴衬织物的沾色。

(二)耐汗渍(酸性/碱性)色牢度测定

按照 ISO 105-E04 执行(GB 3922-1995),将纺织品试样与规定的贴衬织物缝合在一起,置于含有组氨酸的两种不同试液中(酸性、碱性),分别处理后,在室温下放置 30 min,使其完全润湿,取出挤干,置于试验装置(耐汗渍色牢度试验仪)的两块平板中间,承受规定压力 12.5 kPa,在 37±2 ℃条件下平衡 4 h,干燥试样和贴衬织物用灰色样卡评定试样变色和贴衬织物的沾色。

(三)耐干摩擦色牢度测定

按照 ISO 10 X 12 执行(GB/T 3920-1997),将纺织品试样用一块干摩擦布固定在试验机的摩擦头上,使摩擦布的经向与摩擦头运行方向一致。在干摩擦试样的长度方向,在 10 s 内摩擦 10 次,往复运程为 100 mm,垂直压力为 9 N,摩擦布的沾色用灰色样卡评定。

(四)唾液和汗液色牢度测定

按照 LMBG§35 82.02.10-1《染色玩具耐唾液和汗液的试验方法》执行。该方法不提供具体的染色牢度等级,只是按照"对唾液和汗液坚牢"或"对唾液和汗液不坚牢"的表述方法给出测定结果。

八、有机挥发物和气味

近年来,人们已经意识到室(车)内的空气质量对人体健康有极为重要的影响。随着人们生活水平的提高,室内保温、空调等使居室和办公室密封性更好,产生的污染物难以向室外扩散,而室(车)内空气污染根本原因在于纺织品如地毯、床上用品、窗帘、贴墙布、车顶篷、车坐垫、车用地毯等释放出很多对人体有害的物质。任何与产品无关或虽与产品有关,但浓度过大(专家评价)的气味(如霉味、恶臭味、鱼腥味或其他异味),都表明纺织品上有过量的化学品残留,有可能对健康造成危害。因此,各种纺织品上特殊的气味仅允许有微量存在。指标的测试在纺织行业尚属新的项目,有关这方面的研究或检验方法的制定尚属空白。

国际纺织生态学研究与检测协会颁布 Oeko-Tex Standard 100 标准对纺织品上有机挥发物进行限制,挥发物释放(对婴幼儿、装饰材料)0.5 mg/m^2,在 Oeko-Tex Standard 200

中,将有机挥发物的检测分为两类:(1)可挥发有机物质;(2)可感觉气味。Oeko-Tex Standard 100 中限制使用的一些有机挥发物见表 8-1。

目前国际上测定有机挥发物的方法共有三种:(1)直接顶空进样—毛细管气相色谱—质谱联用仪测定。在恒温的密闭容器中,试样中的挥发性有机物在气、固两相间分配,达到平衡。取固、气相样品进色质联用仪分析。目前,车内饰件采用该方法,方法标准为 PV 3341。(2)容器捕集,用 Tenax 柱固相吸附,热脱附后—毛细管气相色谱—质谱联用仪测定。在一个特定尺寸的空间内,将一块特定面积的试样置于一个有固定空气交换速率的调温调湿环境内,在持续挥发的情况下,吸收一定量的空气作为样品,并使其通过 Tenax 柱固相吸附,然后用合适的温度进行热脱附后,毛细管气相色谱法进行测定,检测器选用质谱检测器。目前,地毯、装饰材料采用该方法,方法标准为 GB18587-2001 室内装饰装修材料地毯、地毯衬垫及地毯胶粘剂有害物质释放限量。(3)固相微萃取(SPME),SPME 技术克服了以前传统的样品预处理的缺陷,它无需溶剂和复杂装置,能直接从样品中采集挥发和半挥发性的化合物,直接在 GC、GC/MS 上分析。SPME 由收兵和萃取头两部分构成,形状似一支色谱注射器,萃取头是一根涂不同色谱固定相或吸附剂的熔融石英纤维,接不锈钢丝,外套细的不锈钢针管。将 SPME 针管穿透样品瓶隔垫,插入瓶中推手柄使纤维头伸出针管置于样品上部空间(顶空方式),萃取时间大约 30 min 左右。缩回纤维头,然后将针管退出样品瓶,将 SPME 针管插入 GC 仪进样口推手柄杆伸出纤维头,热脱附样品进样毛细管柱。

表 8-1 限制使用的一些有机挥发物

中文名	英文名	纺织品上的来源
甲苯	Toluene	涂层、印花色浆
苯乙烯	Styrol	涂层
苯基环己烷	Phenylcyclohexane	涂层
丁二烯	Butadiene	涂层
氯乙烯	Vinylchloride	涂层
芳香烃	Aromatic hydrocarbons	涂层
有机挥发物	Organic volatiles	涂层、涂料印花、化学整理

按照 Oeko-Tex Standard 200 规定纺织品材料用有机溶剂萃取,萃取液经纯化后采用气相色谱法进行测定。测试步骤:精确称取试样,置于提取器中,加入正己烷,置于超声波浴中萃取 20 min 重复两次,合并萃取液,浓缩并定容,用配有质量检测器的气相色谱仪进行检测。

九、有机锡化物

有机锡化合物包括很多物质,它们都是由锡以及直接连接在锡上的各种有机官能团组成。纺织行业利用三丁基锡 TBT 作为抗菌整理剂,去除鞋袜和运动服的汗臭,三苯基锡 TPT,作为聚氯乙烯稳定剂的添加剂,高浓度的 TBT 和 TPT 会产生毒性。透过皮肤而被人体吸收,吸入过量会使神经系统受损,在生态纺织品标准(Oeko-Tex Standard 100)中对有机锡的含量做出明确的规定(<1 mg/kg)。

三丁基锡(TBT)常用作纺织品的抗微生物整理,TBT 可有效防止纺织品上(如鞋、袜和运动服装)沾染的汗液因微生物分解而产生难闻的臭味。二丁基锡(DBT)主要用于高分子材料,如 PVC 稳定剂的中间体以及聚氨酯和聚酯的催化剂。高浓度的有机锡化合物对人体健康是有害的,可引起皮炎和内分泌失调,对人体损害的程度取决于剂量和人的神经系统机能。有机锡化物能够破坏人体的免疫系统和荷尔蒙系统,具有相当的毒性。

试样用生态纺织品标准 Okeo-Tex Standard 200 规定的人工酸性汗液和乙酸乙酯:正己烷=3:2 进行萃取,萃取液用四乙基硼酸钠为衍生化试剂进行衍生化反应,然后加入正己烷进行萃取,取正己烷相纯化后用气相色谱/质谱联用仪(GS/MS)进行定性、外标法定量分析。

十、PVC 肽酸盐软胶添加剂

此类软胶添加剂,或称增塑剂(见表 8-2),在纺织品中主要是出现在进行聚氨酯(PU)和聚氯乙烯(PVC)涂层整理的产品上。欧盟(2002/371/EC)生态标准规定:在涂层、复合和薄膜产品生产中不得使用这类增塑剂。这类增塑剂已经被确定为环境荷尔蒙,儿童接触或吮吸后容易进入体内,会影响儿童的正常发育。

表 8-2 对人体有害的增塑剂

中文名	英文缩写	CAS NO.
邻苯二甲酸二甲酯	DMP	000131-11-3
邻苯二甲酸二乙酯	DEP	000084-66-2
邻苯二甲酸二正丙酯	DPRP	000131-16-8
邻苯二甲酸二异丁酯	DIBP	000084-69-5
邻苯二甲酸二丁酯	DBP	000084-74-2
邻苯二甲酸二正戊酯	DAP	000131-18-0
邻苯二甲酸己酯	DHP	000084-75-3
邻苯二甲酸丁基苄基酯	BBP	000085-68-7
邻苯二甲酸二(2-乙基)己酯	DEHP	000117-81-7
邻苯二甲酸二壬酯	DINP	068515-48-0
邻苯二甲酸二辛酯	DNOP	000117-84-0

Oeko-Tex Standard 100 中,婴幼儿使用的纺织品对邻苯二甲酸酯类增塑剂限制值为 0.1‰。准确称取试样两份,放入滤纸筒中,然后置于索氏提取器中,加入正己烷,在 80 ℃水浴中回流提取 6 h,提取完毕后,将正己烷提取液过预先用正己烷活化过的 SAX 固相萃取小柱,进行浓缩和净化富集,上样完毕后用 30%乙酸乙酯的正己烷溶液洗脱,用带定量刻度的离心管收集洗脱液供气相色谱分析,外标法定量。

十一、常被买家列入监控范围的化学品和原材料

除了 Oeko-Tex Standard 100 中所限制使用的有害物质外,在纺织工业中还会经常遇到一些"准"环境荷尔蒙,见表 8-3。

表 8-3 其他"准"环境荷尔蒙

中文名	用途
多溴联苯	阻燃剂
二苯甲酮	抗紫外整理剂
萘	浆料、防虫蛀整理剂

常用的纺织品阻燃整理助剂有,三-(2,3-二溴丙基)磷酸酯(TRIS)、多溴联苯(PBB)、多溴联苯醚(PBDE)、TECP 和氯化石蜡等含溴、含氯阻燃剂。阻燃剂具有一定的毒性,长期与这些高毒性的阻燃剂接触可造成免疫系统的恶化、生殖系统的障碍、甲状腺功能低下、记忆力丧失和关节僵直等病症。因此,在各国制定的法律法规和标准中阻燃剂都被列入监控内容,而德国的法规则明确禁止在纺织品上使用此类阻燃剂。

表 8-4 中化合物被美国 EPA、疾病控制和预防中心以及世界野生动物基金会列为内分泌扰乱物质,该类物质在环境中是以痕量存在。检测时,准确称取试样两份,加入二氯甲烷,在超声波浴中振荡萃取 20 min,此操作反复进行两次,合并二氯甲烷,经无水硫酸钠脱水后,用旋转蒸发器浓缩,进行吸光度测定。

抗微生物整理剂是用于纺织品的抗菌防臭、防虫整理的助剂,这种整理助剂一般为有机化合物或季铵盐,它们中大部分都具有一定的毒性。经测试,虽然最终产品的急性毒性和慢性毒性指标都大大低于安全性限定的要求,凡欲申请生态纺织品标签的产品,均不允许进行抗微生物整理。但目前尚未见到有关抗微生物整理剂测定的方法标准。

根据目前科研水平和人们认知水平,上述检测指标和检测方法并非一成不变的,除了各国或生产厂商会根据自身的法律法规和技术标准进行增删外,随着科学技术的发展和生态纺织技术的发展,人们对环境认识的增强,新的测试仪器及检测技术的成熟,对检测指标及检测方法会提出越来越高的要求。

参考文献：

[1]邢声远.生态纺织品检测技术[M].北京:清华大学出版社,2006.

[2]姜怀主编.生态纺织的构建与评价[M].上海:东华大学出版社,2005.

[3]陈荣圻,王建平.纺织新技术书库 17 生态纺织品与环保染化料[M].北京:中国纺织出版社,2002.

[4]陈荣圻,王建平.禁用染料及其代用(第二版)[M].北京:中国纺织出版社,1998.

[5]房宽峻.纺织品生态加工技术[M].北京:中国纺织出版社,2001.

[6]中国纺织工业协会产业部组织编写.生态纺织品标准[M].北京:中国纺织出版社,2003.

[7]杨辉.我国生态纺织品标准体系的现状及发展趋势[J].非织造布,2009,17(1):3~5.

[8]赵嵩,张菁.出口纺织品中禁用 4-氨基偶氮苯检测方法探讨[J].上海丝绸,2007,(4):2~13.

[9]由瑞,薛璐,布岩.纺织品中有害化学成分的检测技术研究[J].山东纺织经济,2010,(4):56~58.

[10]刘晓霞.生态纺织系统的概念与特征[J].中国纺织,2001,(12):37~38.